並行プログラミング入門

―Rust、C、アセンブリによる実装からのアプローチ―

高野 祐輝　著

本書の内容について、株式会社オライリー・ジャパンは最大限の努力をもって正確を期していますが、本書の内容に基づく運用結果については責任を負いかねますので、ご了承ください。

はじめに

　本書は、2020 年 3 月頃から世界的に蔓延した新型コロナウイルス COVID-19 の災禍の真っ最中に執筆した。流行開始から 1 年以上たった 2021 年 4 月現在でも、日本ではその勢いは衰えることなく逆に増してきている。COVID-19 の流行により緊急事態宣言やロックダウンが発動され世界経済は大きな打撃を受けたが、逆に本書の執筆が進んだ。これは、緊急事態宣言による巣ごもり効果もあるが、明日死ぬかもしれないという考えがめぐり、急いで書き上げたのも理由にある。幸い、著者は COVID-19 に感染することもなく無事に過ごせてはいるが、志半ばで病に倒れた方も世界には大勢いるだろう。そのような方々のご冥福をお祈りするとともに、一刻も早い収束を願う。また、医療従事者やエッセンシャルワーカの尽力にも感謝したい。

　よく、並行プログラミングは難しいと言われるが、その「難しい」には 2 種類ある。1 つは、並行プログラミングのしくみを理解していないことによる「難しい」である。もう 1 つは、並行プログラミングの本質的な難しさからくる「難しい」である。本書は前者の「難しい」を解消し、後者の「難しい」に本格的に取り組むための入門としての役割を果たす。

　我々はリストや木構造のしくみや、ソートなどのしくみを理解してからプログラミングを行う。利用するツールやライブラリの動作原理を理解しプログラミングすることで、開発速度や実行速度を含めて効率的に実装を行える。一方、並行プログラミングについては、そのしくみを理解しないままプログラミングしていることがまま見受けられる。しかし、これは必ずしも開発者の不勉強が原因ではなく、勤勉な開発者であっても、並行プログラミングについて理解していない場合が多い。

　このような事態となっている理由は諸説あるとは思うが、主要因の 1 つとして、並行プログラミングについて包括的に説明した書籍が少ない、あるいは古い書籍しかないからではと著者は考えている。多種多様なデバイスがネットワークに繋がるようになり、並行プログラミング技術が必要なソフトウェアが爆発的に増加しているにもかかわらず、並行プログラミングについて包括的に習得できないというのは憂慮すべき事態である。

　そこで本書では、このような事態を打破すべく、並行プログラミングに関するトピックを網羅的に解説する。オライリー・ジャパンの編集者である赤池さんに、本書と他の並行プログラミングの

違いについて聞かれたとき、著者は、アセンブリからアルゴリズム、計算モデルまでの広範囲なトピックを網羅的に扱った世界初の書籍であると説明した。実際、著者の知る限り、実装と理論を含めてここまで広い範囲を扱っている書籍はない。

本書は主に Rust 言語を用いて解説し、C 言語とアセンブリ言語を 2 割程度の割合で用いている。Rust 言語を採用した理由は、並行プログラミングにおける安全性、メモリを意識した記述を可能であること、さらに async/await など高級な概念を適用しているからである。C 言語とアセンブリ言語でも説明する理由は、裏側にあるしくみについても説明するためである。

高度な抽象化を行ったプログラミング言語を用いれば、メモリモデルについて意識する必要なく並行プログラミングが可能であるという考え方がある。それは大変魅力的な考え方である。その考えに基づけば、アセンブリなどの学習はナンセンスである。しかし、著者はそのような考えはランタイムを軽視しすぎているのではと感じる。ランタイム、つまりプログラムが動作するハードウェア、OS、ライブラリについて理解することで、実行速度やメモリ効率（パフォーマンス）の優れた設計、実装が可能となる。パフォーマンスは人類を魅了する性質の 1 つであり、それにあらがうことは難しい。

一方、動作上のパフォーマンス至上主義で、プログラミング言語理論に基づく高度な抽象化を嫌う一派もある。著者はその考えには賛同しかねる。たしかにパフォーマンスは非常に重要ではあるものの、並行プログラミングを行う際には、いかに誤りなく実装するかもまた重要である。高度な抽象化は、並行プログラミング特有の罠を回避し、ソースコードの見通しを向上させ、保守の容易なソフトウェアを実現する。パフォーマンスと抽象化のバランスを見極め、目的に応じた設計を行えることが優れたアーキテクトの証である。

従来のプログラミング言語は、C や C++ などハードウェアや OS の説明に向いている言語か、Erlang や Haskell など高度な抽象化の説明に向いている言語のどちらかであった。一方、Rust はその両方を説明することのできる希有な言語である。本書を読み進めるうちに、なぜ Rust を選択したかを理解できるだろう。

Rust は並行プログラミングについて熟考されたプログラミング言語ではある。しかし、それはまだ完璧とは言えず、いくつもの発展可能な余地がある。例えば、本書で解説するセッション型といった型システムや、ソフトウェアトランザクショナルメモリを扱うにはまだ改良が必要である。本書を読むことで未来の Rust 言語の一端を垣間みるだろう。

本書の対象読者および事前に必要な知識

本書の対象とする読者は、C や Rust の基本を習得し、本格的にソフトウェアを実装し始める段階にある大学 3、4 年生や、大学院生、社会人である。また、一定のプログラミング経験はあるものの、並行プログラミングについて体系的に学習したい技術者、研究者も対象としている。よって、プログラミング経験の浅い読者は、まずは C や Rust 言語などの入門書で学習してから本書を読み進めることをおすすめする。

本書の読者は、C 言語はすでにある程度理解していると想定している。特にポインタを理解していないと、本書を読むのは難しいかもしれない。ポインタが全くわからない場合は他の書籍を参考

にしながら読み進めてほしい。Rust 言語については、基本的な文法は本書でも解説しているため、そちらを読んでわからない箇所があれば、他の書籍やオンラインドキュメントを参考にしてほしい。

　また、本書ではアセンブリ言語を用いてプログラミングも行う。アセンブリ言語を理解するためには計算機アーキテクチャの知識があることが望ましい。ただし、アセンブリ言語については、簡単ではあるが本書でも説明するため、本書を順に読み進めていけば理解可能であると思われる。

　本書で用いる CPU アーキテクチャは Arm の AArch64 と、AMD、Intel の x86-64 の両方である。x86-64 は広く普及しているパソコン、ノートパソコン、クラウドサービスで用いられている CPU アーキテクチャであるため、そちらを利用するとよいだろう。一方、AArch64 はスマートフォンなどで用いられることが多いが、最近では Apple の Mac にも搭載されている（本書が読まれる頃には Mac の CPU はすべて Arm となっているかもしれない）。Mac 以外にも Raspberry Pi や Pine64 といったシングルボードコンピュータや、Amazon EC2 の Arm インスタンスを用いると AArch64 環境が手に入るため、AArch64 でテストしたい場合はそれらを利用してほしい。

　本書掲載のソースコードは Linux を用いてテストしている。そのため、Linux の基本的な使い方は習得済みである方がよい。ただし、本書で説明する多くのプログラムは Mac や BSD 系の OS でも動作するため、そちらを用いてもよい。Linux のみの動作となるのは、epoll という非同期 IO を実現するためのシステムコールを利用しているソースコードのみとなる。Windows については全く検証していないため注意されたい。

　以上、必要知識をいくつか述べた。しかし、このような知識よりも、日々の積み重ねと、実際に自分でコードを書いて動かしてみることが何よりも重要である。本書のコードはすべて著者が実装し動かして動作確認している。しかし、これらはあくまでサンプルコードであるため、エラーハンドリングを省略していたり、グローバル変数を利用していたりと、説明を簡潔にするためにありとあらゆる手抜きが行われており、改良点はいくらでも見つかる。読者諸氏は、実際に自分で実装、改良し、実行速度の計測も行ってほしい。そうすることで、本章冒頭で述べた 1 つ目の「難しい」は確実に解消され、並行プログラミングのしくみを理解できる。

本書の内容と読み進め方

　1 章では、並行の概念とその周辺技術に関する説明を行い、なぜ並行プログラミングが重要かについて述べる。1 章ではコンピュータ技術についての一般を説明しているため、多くの読者にとっては既知の内容に思われるため気楽に読んでほしい。

　2 章では、アセンブリ言語、C 言語、Rust 言語について解説する。これらの章ではプログラミング言語の基礎的な概念や構文などについて説明する。したがって、すでにある程度プログラミング経験のある読者はこの章は飛ばしてもらっても構わない。自分の知識に応じて、読むべきトピックを取捨選択してほしい。

　3 と 4 章では、並行プログラミングに必須となる同期処理アルゴリズムについてと、並行プログラミング特有のバグについてを説明する。これらの章では、本書を読み進める上で必須となる知識について説明しているため、必ず目を通してほしい。ミューテックスやデッドロックといった基本

の説明もしているため、熟練のプログラマにとっては既知の内容もあるかもしれないが、Rust 言語特有の利点と問題点なども解説しているため一読する価値はあるだろう。

5 から 8 章ではより発展的な話題を扱う。5 章以降は自分の興味に応じて好きな章を読み進めてほしい。

5 章では非同期プログラミング、特に IO 多重化と Rust 言語の async/await について説明する。本章では async/await を実現するための基盤となる技術、コルーチンや IO 多重化について説明し、Rust で async/await の簡素なランタイムも実装する。そのため、async/await の使い方にとどまらず、正確な概念からしくみまでを習得することができる。よって、JavaScript や Python など、他のプログラミング言語での async/await を利用する際にも有用な知識となるだろう。

6 章ではマルチタスクについて説明する。マルチタスクとは、CPU のコア数よりも多くのプロセスを並行に動作させるための技術であり、通常はオペレーティングシステム（OS）の専門書に記載される内容である。しかし、マルチタスク技術は OS のみではなく、Erlang や Go 言語といった並行プログラミングを得意とするプログラミング言語でも用いられる技術であり、並行プログラミングのしくみを理解する上では必須であると考え、本書でも説明する。本章では Rust 言語を用いてアクターモデルをユーザランドで実装するといった、他の書籍では見られないユニークな方法でマルチタスクについて解説する。

7 章では、公平な同期処理、ソフトウェアトランザクショナルメモリ（STM）、ロックフリーデータ構造といった、より高度な同期処理技術について解説する。STM は Haskell や Clojure 言語で採用されている同期処理手法であり、ミューテックスなどとは全く異なる性質を持つ。本章では、STM の使い方のみではなく、そのアルゴリズムまでをも解説する。ロックフリーデータ構造は、ミューテックスなどの排他制御を必要としないデータ構造とそのアルゴリズムである。本章ではそれについてのアルゴリズムと問題点を説明する。

8 章では並行プログラミングを計算モデル的な側面から説明する。計算モデルとは、理論的な空想上の計算機であり、本章ではそれら理論上の計算機を用いて並行性について解釈する。並行計算モデルにはいくつかの種類があるが、著者が特に重要だと考える、アクターモデルと π 計算について、それらを学習するために必要な λ 計算について解説する。π 計算の節では、並行プログラミングにおける通信を記述するための先進的な型システムであるセッション型についても説明する。

なお、本書のソースコードはすべて、https://github.com/oreilly-japan/conc_ytakano にあるため、本書を読み進める際に参考としてほしい。

本書の表記法

本書では次の表記法を使う。

ゴシック（sample）

新出用語や強調を表す。

等幅（sample）

プログラムリストのほか、本文中で変数や関数名、データ型、文、命令、修飾子、指定子、キーワード、シグナル、システムコールなどのプログラム要素を表すのに使う。また、ファイル名やファイル拡張子も表す。

イタリック（*sample*）

数式や欧文の文献名に使う。

ヒントや提案を表す。

一般的なメモを表す。

警告や注意事項を表す。

連絡先

本書に関するコメントや質問については下記に送ってほしい。

株式会社オライリー・ジャパン
電子メール japan@oreilly.co.jp

本書には、正誤表、追加情報等が掲載された Web ページが用意されている。

https://www.oreilly.co.jp/books/9784873119595/

目　次

1章
並行性と並列性

本書は並行プログラミングに関する書籍であるが、**並行性**（concurrency）と似たような言葉に**並列性**（parallelism）という言葉があり、並行性と同時に並列性についても言及する。ところで、世の中を見渡してみると、並行性と並列性が同じ意味で利用されていることも多く、これらの単語の解釈について、しばしば混乱が見られる。そこで、本章では、並行プログラミングの説明を行う前に、並行性と並列性、この良く似た2つの概念について厳密に考察する。

1.1　プロセス

並行性と並列性の説明に移る前に、本節では、プロセスという用語と概念の定義を行う。存在論的に述べるならば、物事にはモノとプロセスがあり、モノとは空間的な広がりはあるが時間的な広がりはないような存在者で、プロセスは空間と時間の両方に広がりがあるような存在者となる。つまり、モノはある特定の時間で全体が存在するが、プロセスは特定の時間では部分しか存在しないような存在者である。例えば、サッカーボールはある時間で全体が存在するようなモノであるが、サッカーのゲームはある時間ではゲームの一部分しか存在せず時間的な広がりのあるプロセスである。

プロセスとはこのようにある種のカテゴリーを表す用語であるが、本書でプロセスと言ったときは、何らかの計算を行う抽象的な計算実行体という計算に関するプロセスのみを指す。そのようなプロセスには、例えば、画面に絵を描画するプロセス、テストの平均点を計算するプロセスなど、さまざまな計算、あるいは処理を行うプロセスが存在する。プロセスは、計算を完了させるためにいくつかのステップを経た後、最終的に計算を停止する（当然、計算が停止しない問題では計算は停止せず、永遠に実行中か待機中となる）。このプロセスは、本書では以下のように定義する。

> **定義：プロセス**
> 　プロセスとは計算を実行する主体のことであり、大きく分けて以下の4つの状態をとり計算を進めていく。

1. **実行前状態**：計算を実行する前の状態。実行状態へ遷移可能。
2. **実行状態**：計算を実行中の状態。待機状態か計算終了状態へ遷移可能。
3. **待機状態**：計算を一時停止中の状態。実行状態へ遷移可能。
4. **終了状態**：計算が終了した状態。

 本書では、抽象的な計算を実行する主体のことをプロセスと呼び、オペレーティングシステム（OS）の提供するプロセスのことを OS プロセスと呼ぶことにする。

次の図は、プロセスの状態遷移図を表したものとなる。

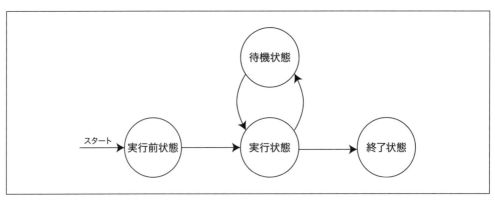

図1-1　プロセスの状態遷移図

　この図からわかるように、プロセスの状態は実行前状態から開始し、実行状態と、待機状態を経て終了状態へ遷移していく。この状態遷移を見てわかるとおり、プロセスは常に実行状態となっているわけではなく、実行前状態から終了状態へ至る途中で、待機状態となる場合がある。待機状態へ遷移する理由は 3 つある。

　1 つ目の理由はデータの到着を待つためである。計算とは、すなわち、あるデータに対して何らかの演算を行うことであるが、このデータがない、もしくは到着していない場合は計算を実行することができない。そのため、計算対象となるデータの到着を待つ間プロセスは待機状態となる場合がある。

　2 つ目の理由は計算リソースの空きを待つためである。例えば、2 人以上の数学者が存在して、その 2 人は計算するために定規が必要であるとしよう。しかし、定規は 1 つしかない。この場合、定規を使えるのは 1 人の数学者のみであるため、定規を使用している数学者でない方は待機状態とならざるを得ない。この例の場合、定規が計算リソースであり、リソースが空くのを待つために数学者（プロセス）は待機状態となることがある。

　3つ目の理由は、自発的に待機状態となるためである。自発的に待機状態となる理由は、例えばタイマなどが該当する。定期的に何らかの計算を行う必要があるが、それ以外の時間、すなわち何もする必要がないときにプロセスは待機状態となる。こうすることで、無駄に計算リソースを専有することがなくなる。

　このように、プロセスは実行状態と待機状態への遷移を繰り返しながら計算を進めていくが、並行性と並列性は、この実行状態と待機状態に関係する概念である。

1.2　並行性

　並行性とは、2つ以上のプロセスが同時に計算を進めている状態を表す言葉である。本節では、この同時に計算を進めているという状態を厳密に定義する。

　次の図は、あるプロセスの状態遷移を時間軸で表したものである。

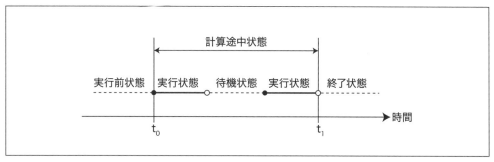

図1-2　あるプロセスの状態遷移と計算途中状態

　この図では、このプロセスは、時刻 t_0 にて計算が開始し、t_1 にて計算が終了している。ここで、プロセスが実行状態か待機状態のどちらかにあるとき、そのプロセスは計算途中状態にあると定義する。すなわち、プロセスが計算途中状態にあるときに、計算を進めている状態であると言える。

　したがって、プロセスが並行に実行されている状態とは以下のように定義できる。

定義：並行

　時刻 t において、ある複数のプロセス $p_0, \ldots, p_n$ が計算途中状態にある ⇔ プロセス $p_0, \ldots, p_n$ は時刻 t において並行に実行されている。

　次の図は、ある2つのプロセスの状態遷移を時間軸で表したものである。

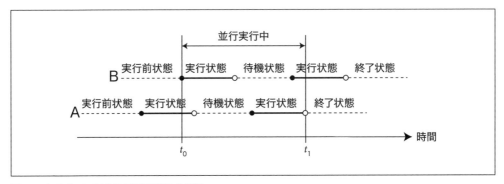

図1-3　あるプロセスAとBの実行状態と並行性

　この例では、プロセス A はプロセス B より先に実行前状態から実行状態へ遷移しており、さらに、プロセス A の方がプロセス B より先に終了状態へ遷移している。したがって、先の定義より、A、B の両プロセスが計算途中状態にある時刻 $t \mid t_0 \leqq t < t_1$ のときに、プロセス A と B は並行実行中であると言える。

　一般的に、並行計算可能、あるいは並行処理可能と言ったときは、2 つ以上の最大 n 個のプロセスが、ある時刻 t で同時に計算途中状態となることのできるような計算モデル、計算基盤のことを指す。オペレーティングシステム分野では、同時に 1 つのプロセスしか扱えない OS のことをシングルタスク OS と呼び、並行処理可能な OS をマルチタスク OS と呼ぶ。シングルタスク OS で代表的な OS は MS-DOS というマイクロソフト社が 1980 年代の前半に開発した OS が有名であるが、MS-DOS は本書執筆時点においてほとんど利用されておらず、現在広く普及している OS である Linux、BSD や Windows はマルチタスク OS である。

　ここで、OS プロセスとスレッドについて簡単に説明する。一般的には、OS プロセスとはカーネルから見たプロセスのことであり、スレッドとは OS プロセス内に内包されるプロセスと分類される。多くの場合では、アプリケーションを起動すると 1 つ（あるいは少数）の OS プロセスが生成され、その OS プロセス内で複数のスレッドが生成される。

　次の図は、OS プロセスとスレッドの特徴を端的に表したものとなる。

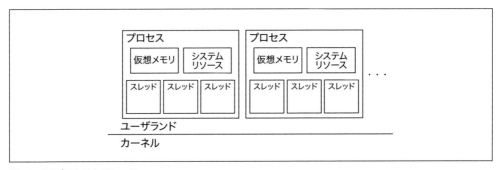

図1-4　OSプロセスとスレッド

この図のように、OS プロセスでは OS が各プロセスに独立した仮想メモリ空間を割り当て、各スレッドは所属する OS プロセスの仮想メモリ空間とシステムリソースを共有している。ここでいうシステムリソースとはファイルディスクリプタなどのことを指す。つまり、同一 OS プロセス内のスレッド間では同じファイルディスクリプタは同じファイルを指すが、異なる OS プロセス間では、同じファイルディスクリプタでも異なるファイルを指す場合がある。

 ファイルディスクリプタは整数値で表される。つまりプロセス A の 10 というファイルディスクリプタと、プロセス B の 10 というファイルディスクリプタはほとんどの場合別のファイルを指す。

　実のところ、Linux の場合はスレッドは軽量な OS プロセスとして実装されており、スケジューリングする際も通常のプロセスと同等に扱われるため、実装的にはほとんど差がないとも言える。一方、mmap などを用いるとプロセス間でメモリ空間を共有できるため、プロセス間のメモリは完全に異なるメモリ空間であるとは言えない。いずれにせよ、OS プロセスもスレッドも並行性を実現するためのメカニズムであると考えてもらうとよい。

1.3　並列性

　並行性とは、2 つ以上のプロセスが同時に計算途中状態になっている状態であると説明した。一方、並列性とは、同じ時刻で複数のプロセスが同時に計算を実行しているという状態を意味している。すなわち、複数のプロセスが同時に実行状態にあるとき、それらは並列に動作していると言う。したがって、プロセスが並列に実行されている状態とは以下のように定義できる。

定義：並列

　　時刻 t において、ある複数のプロセス $p_0, \ldots, p_n$ が実行状態にある ⇔ プロセス $p_0, \ldots, p_n$ は時刻 t において並列に実行されている。

　次の図は、あるプロセス A と B の状態遷移を時間軸上で表し、プロセス A と B が並列実行している時間を図示したものである。この例では、時刻 $t \mid t_0 \leqq t < t_1$, $t_2 \leqq t < t_3$ のときに、プロセス A と B の両方ともが実行状態となっているため、この時刻 t でプロセス A と B は並列実行されていると言える。

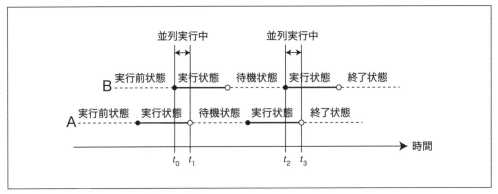

図1-5　あるプロセスAとBの実行状態と並列性

　この並列性の定義は、プロセスという視点から見た定義であるが、コンピュータアーキテクチャ、つまりハードウェアから見た場合、並列性は、タスク並列性、データ並列性、インストラクションレベル並列性の3種類に分類される。以下、これら3種類の並列性について簡単に説明する。

1.3.1　タスク並列性

　先に述べた並列処理は**タスク並列性**（task parallelism）と呼ばれる並列処理である。タスク並列とは、複数のタスク（本書で言うところのプロセス）が同時に実行されることを表している。OS は、計算処理を OS プロセスあるいはスレッドと呼ばれるプロセスで抽象化しているが、タスク並列処理では、この OS プロセス、あるいはスレッドを複数の CPU を用いて同時に動作させる。タスク並列性は、スレッド並列性と呼ばれることもある。

1.3.2　データ並列性

　データ並列性（data parallelism）とは、データを複数に分割して、分割したデータに対して並列に処理を行う方法である。例えば、ベクトル $v_1 = [1, 2, 3, 4]$ とベクトル $v_2 = [5, 6, 7, 8]$ の加算を考えた場合、1ステップずつ実行すると以下のようになる。

$$
\begin{aligned}
v_1 + v_2 &= [1+5,\ 2+6,\ 3+7,\ 4+8] \\
&= [6,\ 2+6,\ 3+7,\ 4+8] \\
&= [6,\ 8,\ 3+7,\ 4+8] \\
&= [6,\ 8,\ 10,\ 4+8] \\
&= [6,\ 8,\ 10,\ 12]
\end{aligned}
$$

　これは、演算器が1つしかない場合の計算方法（つまり1度に1回の加算しか実行できない方

法）であるが、もし演算器が4つあった場合、それぞれの計算を4つの演算器で別々に計算させれば、より高速に実行できるのは道理である。これを行う方法がベクトル演算と呼ばれる方法であり、ベクトル演算はデータ並列処理の一種である。例えば、Intel CPUの搭載しているAVX命令はベクトル演算用の命令であり、グラフィックスプロセッシングユニット（GPU）内部ではベクトル演算を基礎とした演算が行われている。

　当然、データ並列性はCPUの提供するベクトル演算命令以外の方法でも実現可能である。例えば、上記のベクトル同士の加算を4つのスレッドで実行すればデータ並列性を行っていると言える。これはデータ並列性をタスク並列性を利用して実現していると言える。ただし、このような計算量の少ない問題では、スレッド生成や同期処理のオーバーヘッドが大きいため高速化には寄与せず、逆に1ステップずつ計算するよりも遅くなるため注意が必要である。

1.3.2.1　応答速度とスループット

　ここで、計算の速度について整理しておこう。計算速度は、応答速度とスループットの2種類の尺度から考えることができる。応答速度とは、計算が開始してから終了するまでの期間を示すものである。応答速度を表すために、消費CPUクロック数や消費CPUインストラクション数などが尺度として用いられるが、これらはすべて時間に還元可能である。以下に、応答速度と消費CPUクロック数、消費インストラクション数の関係を示す。

$$応答速度 = \frac{消費\ CPU\ クロック数}{CPU\ 動作クロック周波数}\ [s]$$

$$応答速度 = \frac{消費\ CPU\ インストラクション数 \times CPI}{CPU\ 動作クロック周波数}\ [s]$$

　ここで、CPIはCycles Per Instructionの略であり、1インストラクションあたり平均何CPUサイクル消費するかを示す値である。ただし、CPIは、プログラムの種類によって異なってくることに注意が必要である。また、最近のCPUは消費電力を抑えるために、動作クロック周波数を動的に変化させることができるため、上式のCPU動作クロック周波数には、プログラム実行時の動作クロック周波数を代入する必要がある。

　スループットとは、単位時間あたりに実行可能な計算量を表すものであり、その単位にはMIPSや、FLOPSなどが尺度として利用される。MIPSとはMillion Instructions Per Second（100万命令毎秒）の略であり、1秒間に何百万回のインストラクションが実行できるかを示す単位である。また、FLOPSはFLoating point number Operations Per Second（浮動小数点演算毎秒）の略であり、1秒間に何回の浮動小数点演算が実行できるかを示す単位である。

1.3.2.2　アムダールの法則（Amdahl's law）

　並列化することで、どの程度応答速度が向上するかは、並列化可能な部分の処理と並列化が不可能な処理な部分との割合に加えて、並列化に伴うオーバーヘッドによって決定される。次の図は、

ある逐次処理を並列化したときの様子を表したものとなる。この図では、実線で描かれた四角が並列化可能な処理で、破線で描かれた四角が並列化が不可能な処理となり、実線部分の処理を4並列で並列化している。

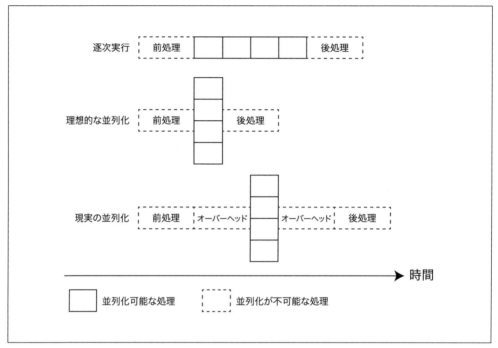

図1-6　並列化による高速化の例

　この図中央では、4並列で並列化した結果、逐次実行するよりも応答速度が向上している様子を示している。しかしながら、現実的にはスレッド生成や同期処理など、並列化に伴うオーバーヘッドが原因で、この図の一番下のように逐次実行するよりも遅くなってしまう場合がある。

　一般的に、並列化不可能な処理の割合の方が、並列化可能な処理の割合よりも十分に小さいときに並列化による高速化が有効に働く。逆に、そうでない場合は、この例のように並列化した方が遅くなってしまう場合があるため、データ並列化する際は、どの程度の粒度で並列化すればよいかを十分に考慮しなければならない。

　アムダールの法則は、一部処理の並列化が全体的にどの程度高速化するかを予測する法則である。アムダールの法則によると、並列化による応答速度の向上率は以下の式で得られる。

$$\frac{1}{(1 - P) + \dfrac{P}{N}}$$

　ここで、P は全体のプログラム中において並列化可能な処理が占める割合、N は並列化の数である。この式は、並列化に伴うオーバーヘッドがない理想的な状態における性能向上率を示しているが、オーバーヘッドを考慮した場合の性能向上率は以下の式で得られる。

$$\frac{1}{H + (1 - P) + \dfrac{P}{N}}$$

　ここで、H はオーバーヘッドの応答速度と逐次実行したときの応答速度の比である。

　例えば、逐次実行する場合の応答速度が 100[ns] とし、並列化のオーバーヘッドが 50[ns] の場合、$H = \dfrac{50}{100} = 0.5$ となる。また、逐次実行のうちの処理の半分が並列化可能な場合、$P = 0.5$ となる。したがって、この処理を 4 並列で並列化した場合を求めると、以下のようになる。

$$\frac{1}{0.5 + (1 - 0.5) + \dfrac{0.5}{4}} = \frac{1}{1.125} \approx 0.889$$

　よって、並列化した場合、約 0.889 倍高速になる。すなわち、応答速度で換算すると、逐次実行する場合よりも 1.125 倍の時間がかかる計算になり、並列化した方が応答速度が遅くなってしまう。これを図で表したのが、先に説明した**図1-6** となる。

　次の図は、並列化数を変化させたときに高速化する倍率を求めたものとなる。

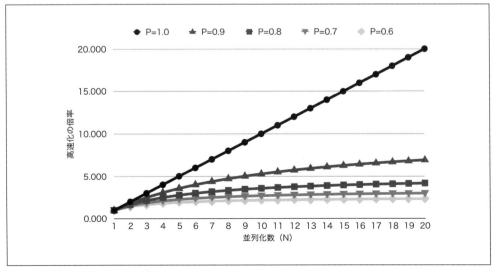

図1-7　並列化数と高速化倍率の関係

この図より、$P = 1.0$ のときに理想値となり、並列化数が N のときに N 倍高速になるが、P の値が小さくなるとともに並列化による高速化倍率も小さくなることがわかる。このように、比較的大きなデータを分割してデータ並列化する場合は、P の値が大きくなり並列化による高速化の恩恵も大きくなるが、小さなデータを分割する場合は並列化の効果がそれほど得られないことに注意する必要がある。

1.3.3　インストラクションレベル並列性

インストラクションレベル並列性（instruction-level parallelism）とは、その名前が示すとおりインストラクション、すなわち CPU の命令語レベルで並列化を行う手法である。インストラクションレベル並列性は、現在では、主にハードウェアやコンパイラが暗黙的に行う並列化であり、プログラマがインストラクションレベル並列性を意識してプログラミングを行うことはほとんどない。プログラマがインストラクションレベル並列性まで意識するのは、相当レベルにまで最適化を行うときである。

インストラクションレベル並列性までを考えてプログラミングをする例としては、ループ展開を行う場合や、データのプリフェッチを行う場合である。典型的に、ループは条件文と実際に実行を行う 2 つの文で構成されているが、条件文と実際の実行文を短い頻度で繰り返すと、条件文が原因でインストラクションレベル並列性が下がってしまう場合がある。ところが、これは、ループ展開を行っておくと回避できる可能性がある。

データのプリフェッチは、後ほどメモリ上にあるデータを用いて計算を行うことがあらかじめわかっている場合、事前にメモリからデータを読み込んでおく方法である。なぜ、事前にメモリ読み込みを行うかというと、メモリ読み込み命令は、加算や減算などの命令と比較して応答速度の遅い命令だからである。しかし、CPU の備えるインストラクションレベル並列化機構により、メモリ読み込み中にも他の加算や減算などの演算命令を実行できるため、メモリ読み込みと、演算を並列に実行できるという寸法である。この手法は一般的にメモリプリフェッチと呼ばれており、プログラマが明示的に指定することもある。ただし、繰り返しになるが、ループ展開、データプリフェッチ、このどちらもコンパイラが最適化で行うことがほとんどであり、プログラマが明示的に指定することはそれほど多くない。

インストラクションレベル並列性も奥が深く興味の尽きない技術ではあるが、本書の対象とは若干異なるため、本節ではインストラクションレベル並列化手法の 1 つである、パイプライン処理のみについて概要を解説する。インストラクションレベル並列性の詳細について知りたい方は、参考文献 [pathene] を参照されたい。本参考文献では、パイプライン処理のみではなく、アウトオブオーダ実行や投機的実行などのインストラクションレベル並列性についても解説している。また、インストラクションレベル並列性のみではなく、データ並列性やタスク並列性のハードウェア実装方法についても解説しているため、ハードウェアにまで興味のある方は参考されたい。

ここで、パイプライン処理について概要の解説を行う前に、CPU 内部での命令実行方法について解説する。CPU は一定間隔ごとに命令列を実行していくが、現在の CPU のほとんどは 1 つの命令をいくつかのステップに分割して実行する。例えば、命令実行を 5 つに分割すると以下のようになる。

命令読み込み（IF：Instruction Fetch）

　　次に実行する命令をメモリ上から読み込む。

命令解釈（ID：Instruction Decode）

　　読み込んだ命令の解釈を行う。

実行（EX：EXecution）

　　実際に命令の実行を行う。

メモリアクセス（MEM：MEMory access）

　　メモリアクセスを行う（読み込みまたは書き込み）。

書き込み（WB：Write Back）

　　レジスタに演算結果を書き込む。

　これはすなわち、加算、減算、メモリ読み書きなどの命令が5つの手順に分割されて実行されることを示している。この、分割された小ステップのことをパイプラインステージと呼び、分割する数のことをパイプライン段数と呼ぶ。この例ではパイプライン段数は5となる。

　次の図は、各パイプラインステージでどのように実行されるかを表した概念的な例となる。

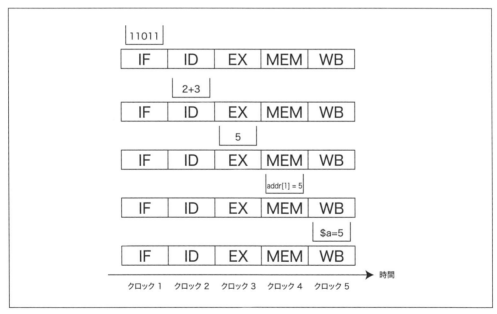

図1-8　各パイプラインステージでの実行例

　ここでクロック1でのバケツ中のデータ 11011 は、2 + 3 を計算して addr[1] と a レジスタに結果を保存するという命令を表すバイナリ列であるとする。

　この例では、2 + 3が実行されて、addr[1]とaレジスタ（$a）に結果を保存する命令を実行しているとする。パイプライン処理は、よくバケツリレーを用いて喩えられるため、本書でもバケツリレーに喩えることにする。なお、CPUはクロックサイクル単位で処理を進めるため、時間軸には経過クロック数を表記している。

　この図では、クロック1のときに、まず、IFでメモリ上から命令を読み込んできて、バケツに命令を保存している。その後、クロック2でバケツ中にある命令が解釈される。ここでは、2 + 3を実行して、addr[1]とaレジスタに結果を保存する命令と解釈している（ただし、簡単のため、addr[1]とaに保存するという命令であるとの表記は、省略してある）。クロック3では実際に2 + 3が実行され、バケツの中身が実行結果の5に置き換わる。その後、クロック4でaddr[1]に結果が書き込まれ、クロック5でaレジスタに結果が書き込まれる。

　これは、実際のCPUよりもきわめて簡略化、抽象化された説明ではあるが、パイプライン処理で、どのように命令が複数のステージに分割されて実行されたかを明瞭に説明している。ところで、これよりから明らかなように、各クロックでは処理を実行中のステージ以外は何も行っていないことがわかる。バケツリレーでは、複数のバケツを使うと、1つのバケツを使って運ぶよりも大量に運ぶことができるが、パイプライン処理でもバケツリレーと同様に、**図1-8**の空いているステージでも同時に処理を行うことで複数のインストラクションを並列に実行する。

　次の図は、パイプライン処理の動作原理を表しており、横軸が経過時間を、縦軸が命令列を表しており、各クロックでどの命令がどのステージで実行されているかを表している。

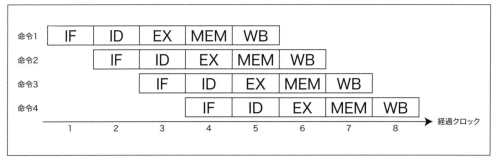

図1-9　パイプライン処理の動作原理

　このように行うことで、並列に命令を実行することができ、単位時間あたりに実行できる命令数、すなわちスループットが向上する。しかしながら、パイプライン処理を含む、インストラクションレベル並列性では、応答速度は向上しないことに注意したい。ちなみに、この図では、8クロックで4命令を並列に実行していることになり、CPIは$\frac{8}{4}$ = 2となり、パイプライン処理を行わない場合はCPIは5である。したがって、この場合、スループットは$\frac{5}{2}$ = 2.5倍向上していることになる。

　単純に計算すると、パイプライン処理を行うことでスループットはパイプライン段数と同じ数の倍率だけ向上する。つまり、**図 1-9** の例では最大 5 倍まで向上することになる。しかしながら、実際にはデータの依存関係などがあるため、理論どおりの倍率にはならないことがほとんどである。データの依存関係などが原因で、インストラクションレベルで並列実行できない状態をパイプラインハザードと呼び、CPU やコンパイラは各種パイプラインハザードに対応した処理をする必要がある。本書ではパイプラインハザードの処理方法については説明はせず、パイプラインハザードの種類だけを挙げるにとどめる（パイプラインハザードの詳細についても、参考文献［pathene］を参照されたい）。パイプラインハザードには以下の 3 種類がある。

構造ハザード（structural hazard）

　　ハードウェア的に並列実行できない命令を実行した場合に発生。例えば、**図 1-9** では、IF とMEM は両方ともメモリアクセスを行うと説明したが、ハードウェア的に同時にメモリアクセスができない場合に、IF と MEM が並列で実行できずに構造ハザード状態となる。

データハザード（data hazard）

　　データの依存関係がある場合に発生。例えば、命令 1 の演算結果を、続く命令 2 で利用する場合にデータハザード状態となる。

制御ハザード（control hazard）

　　条件分岐がある場合に発生。命令 1 が条件分岐で、続く命令 2 が命令 1 の結果によって実行されるかされないかが決まるときに、制御ハザード状態となる。

　以上、本節では、インストラクションレベル並列性について概要を説明した。しかしながら、本書の主題である並行プログラミングにおいて、インストラクションレベル並列性を意識することは設計や実装の段階ではあまりなく、最適化の段階で行うことがほとんどだろう。

1.4　並行と並列処理の必要性

　これまで、並行性と並列性について解説してきたが、本節ではなぜ並行処理と並列処理が重要なのかについて説明を試みたい。

1.4.1　並列処理と性能向上

　まず、並列処理の必要性だが、これはきわめて単純で性能向上のためである。しかし、データ並列性とインストラクションレベル並列性はソフトウェア側ではそれほど意識することなく、コンパイラやハードウェアが暗黙的に行っている。これは本書執筆時点とその過去においてそうであり、おそらく未来もあまり変わっていないだろう。しかし、タスク並列性については、CPU が複数個搭載されるマルチコア CPU や、あるいは百個単位で CPU が搭載されるメニコア CPU の登場が原因で、ソフトウェア側でも意識しなければならない問題となった。ソフトウェア側でも並列性を意識しなければならなくなった根本原因は、ハードウェア側、すなわち半導体技術の技術的限界にあり、ここで簡単にその経緯をおさらいしよう。

　CPUなどのチップはシリコンウェハーという、薄い円盤状のシリコン上に印刷するような形で製造される。次の図は、シリコンウェハー上に複数の**ダイ**（CPUのチップなどに相当。英語でdie）が作成された状態を示している。

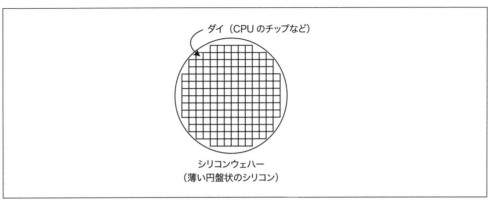

図1-10　シリコンウェハーとダイ

　半導体素子の微細化技術が進むとシリコンウェハー上に作成可能な回路数が多くなり、面積あたりにより多くの回路を作成できるようになる。そうすると、ウェハーあたりに作成可能なダイが多くなる。面積あたりにより多くの回路が作成できるようになると、本章で示したようなパイプライン処理や、ベクトル演算を行う複雑な回路をコスト的な面からも追加できるようになる。また、ウェハーあたりに作成可能なダイ数が多くなると、単純にダイの製造単価が下がるという利点がある。これら、コストの問題が半導体素子の微細化が行われる理由の1つにある。

　一方、半導体素子の微細化が進むと、半導体で作成されたトランジスタのオンオフを高速にできるようになり、CPUの動作クロックを上げることができるという利点もある。しかしながら、動作周波数を上げると消費電力が多くなり発熱も多くなってしまう。発熱が多くなると、半導体素子の劣化が激しくなり、動作が不安定になってしまう。消費電力と発熱を下げるためには、電圧かCPUの動作周波数を下げればよいのだが、CPUの高速化をしたいのに、CPUの動作周波数を下げたのでは本末転倒であるので、一般的には、動作周波数ではなく電圧を下げることで消費電力と発熱の問題に対処される。

　これはある程度まではうまく行っていたのだが、半導体素子の微細化が進みすぎたため、今度は半導体トランジスタ内におけるリーク電流が問題になってきた。トランジスタとは、要するに水道の蛇口のようなもので、蛇口の栓を操作し、流す水の量（電流）を変化させる装置である。リーク電流とは、喩えるなら、蛇口の栓を開いていないのに水が漏れ出たり、蛇口の栓から水が漏れ出たりすることである。リーク電流が多くなると、無駄に電力が消費され、発熱や、さらには誤作動の原因となってしまう。

　このリーク電流は、量子トンネル効果が原因で起きるため、解決するためには半導体素子を大き

くするか、電圧を上げなければならない。ところが、半導体素子を大きくすると製造コストが上がる上に動作周波数が下がり、電圧を上げると発熱と消費電力が多くなってしまう。このように、半導体素子の微細化が進み、動作周波数、消費電力、発熱、リーク電流に関する問題がどれも限界に達してしまった。その結果、CPU は、半導体素子の微細化と動作周波数の高速化という方向から、マルチコアやメニコア CPU といった方向へ進化していった。この変化が起きたのが、2000 年前半から中頃にかけてであり、本書執筆時点もその流れは続いている。そのため、2000 年代前半までではソフトウェア側では並列性はそれほど意識しなくても良かったが、現在ではソフトウェア側で意識せざるを得ない状況となっている。

1.4.2　並行処理の必要性と計算パス数爆発

　次に、並行処理が必要な理由と並行処理の抱える問題について議論したい。並行処理が重要とされる理由は、計算リソースの効率的な活用、公平性、利便性の 3 つである。並行処理ができると、IO 待ちなどの待機状態中に他の仕事を行えるため、計算リソースを効率的に利用できる。例えば、洗濯をする際、洗濯機が終了するまで他のことを何もしない人はそうそういないだろう。たいていは、洗濯機が回っている間は他のことを並行に行う。

　並行処理はその公平性も大きな特徴であり、公平な処理は利便性が高い。例えば、スマートフォンで音楽を聴きながら、インターネット接続してウェブサイトなどを閲覧できるのは、スマートフォン、あるいはその上にあるオペレーティングシステム（OS）が並行処理可能なソフトウェア基盤だからである。もしスマートフォンが並行処理ができない場合、音楽を聴いている最中は他に何もできなくなってしまい、全然スマートではないフォンとなってしまう。このような処理は、片方に偏りのある処理であり、公平とは言えず結果的に非常に不便なものとなってしまう。

　並行処理は、効率が良く利便性の高いものである一方、複雑性という問題も抱えている。並行処理の抱える複雑性を説明するために、簡単な例で示すことにしよう。いま、ある 4 つのプロセス a、b、c、d があるとする。ここで、各々のプロセスが並行に動作して、並列に動作しないとき、各プロセスの実行パターンはどうなるだろうか？ 次の図は、4 つのプロセスの並行実行例を示している。この例では、a、b、d、c の順にプロセスが実行されている。

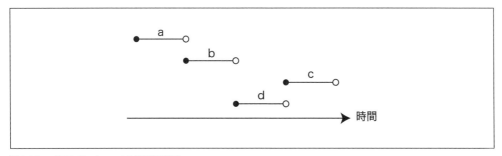

図1-11　プロセスa, b, c, dの並行処理例

　ところが、この例の順だけではなく、実際にとりうる実行順（計算パス）は複数あることは明らかである。これを**計算木**（computation tree）で表したのが次の図である。

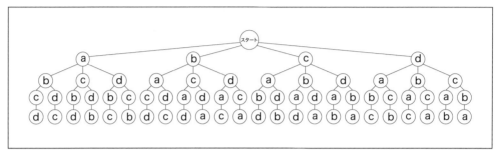

図1-12　プロセスa, b, c, dの計算木

　これより、4プロセスしかなくても、とりうる計算パスは24パターンもあることがわかる。この値は、順列の式より $_4\mathrm{P}_4 = 4! = 24$ と得られる。すなわち、プロセスが n 個あった場合、その組み合わせは $n!$ となってしまう。これは、もし、$n!$ のうち数パターンだけにバグが存在した場合、きわめて再現性の低い厄介なバグになってしまうことを意味している。例えば、$n = 10$ とした場合でも、そのとりうる計算パスの数は一気に 3,628,800 にまで膨れ上がってしまう。

　並行処理はこのように複雑性、すなわち計算パス数の爆発という問題がつきまとっている。そのため、漫然と並列プログラミングの技術のみで並行プログラミングを行っていると、簡単にその罠に陥ってしまう。そうならないためには、並行プログラミングの動作原理と理論モデルについて学び、バグを減らし、利便性そのままで、かつ並列で高速に動作するソフトウェアを実装する技術を身につける必要がある。

2章
プログラミングの基本

本章ではアセンブリ言語、C 言語と Rust 言語の基本的な説明を行う。しかし、C 言語に関しては基本的な文法などは説明せず、並行プログラミングに関係のあるトピックについてのみ解説する。Rust 言語は最近登場した言語であるが、並行プログラミングとその安全性を語る上では、現代では避けては通れないと考え本書で採用した。

本当は、本書で採用するのは Rust とアセンブリ言語のみとしたいところだが、OS とのインタフェースや標準 API を説明するためにはどうしても C 言語が必要なため、C 言語も利用している。ただし、本書の読者は C 言語の基礎的な事柄についてはすでに習得していると想定しているため、C 言語の基本的な文法などがわからない場合は他の書籍も参考にしてほしい。

アセンブリ言語の節では基本的なアセンブリ言語の記述についてのみ説明する。C 言語の節では、Pthreads と volatile 修飾子について解説する。Rust 言語の節では一通りの機能を簡単に解説する。しかし、すべてを解説することはしないので、他の書籍や公式のドキュメント [rust] も参考してほしい。

2.1 アセンブリ言語

本節では、アセンブリ言語について簡単に説明する。アセンブリ言語を説明する理由は、アセンブリ言語を知ることで並行プログラミングの原理がわかり、コンピュータの本質を理解できるようになるためである。アセンブリ言語は CPU アーキテクチャごとに異なるが、本書では、AArch64 と x86-64 アセンブリを用いるため、本節ではこの 2 つを用いて簡単に説明する。AArch64 とは Arm の 64 ビット CPU アーキテクチャであり、x86-64 は AMD と Intel CPU の CPU アーキテクチャのことである。詳細については「付録 A　AArch64 アーキテクチャ」と「付録 B　x86-64 アーキテクチャ」を参照してほしい。

2.1.1 アセンブリ言語の基本

まずはじめに、簡単にアセンブリ言語の基本を説明する。以下のような数式を考えてみよう。

```
x0 = x1 + x2
```

　この数式については説明するまでもないと思うが、一応解説すると、x1 と x2 を足した値を x0 に代入するという式である。このように、我々が普段目にする数式は、演算子が変数の中間に置かれる記法でこれは中置記法と呼ばれる。一方、アセンブリ言語では演算子を一番前に置く。つまり、以下のように記述される。

```
+ x0 x1 x2
```

　アセンブリ言語では + などの記号は使わず、すべて英単語で記述する。するとこの式は、AArch64 のアセンブリでは以下のように記述される。

ASM AArch64

```
add x0 x1 x2 ; x0 = x1 + x2
```

　ここで、add がニーモニックと呼ばれる命令の種類を表し、x0、x1、x2 が変数を示す。また、; から行末までがコメントである。

　アセンブリ言語の 1 命令は、このニーモニックと呼ばれる命令の種類（オペコード）を表すコードと、オペランドと呼ばれる 1 つまたは複数の定数かレジスタから成り立つ。レジスタとはコンピュータの中で最もアクセス速度が速く容量の少ない記憶領域のことである。上記の x0、x1、x2 という変数がレジスタに相当する。ニーモニックが関数名、オペランドが引数と考えればわかりやすいかもしれない。アセンブリ言語で書かれたプログラムをアセンブリコード、アセンブリコードを機械語にコンパイルするソフトウェアをアセンブラと呼ぶ。

　コンパイル時にニーモニックは適切な機械語に変換され、命令を表すバイトコードのことはオペコードと呼ぶ。つまり、もし add 命令を表すバイトコードが 0x12 であったら、0x12 がオペコードとなる。このような事情により、ニーモニックのこともしばしばオペコードと呼ぶ。

　アセンブリプログラミングではレジスタに加えてメモリアクセスも重要となる。メモリアクセスは例えば [x1] のように表記して、これは x1 レジスタの指すアドレスへのアクセスを表すとすると、以下のようにメモリ読み書きを記述できる。

ASM AArch64

```
ldr x0, [x1] ; [x1] のメモリの値を x0 へ読み込み
str x0, [x1] ; [x1] のメモリへ x0 の値を書き込み
```

　ここで、ldr はメモリ読み込み、str はメモリ書き込みの AArch64 命令となる。
　また、AArch64 での値の代入は mov 命令で行う。

ASM AArch64

```
mov x0 x1 ; x1 の値を x0 にコピー
```

2.1.2 x86-64アセンブリの基礎

これまでの例では、AArch64 を用いた例であった。本書では x86-64 でも説明するため、x86-64 の例も簡単に説明する。x86-64 アセンブリの記述は 2 種類あるが、本書では AT&T 記法と呼ばれる記法を採用する。これは、clang や gcc などの C コンパイラを利用する際に AT&T 記法の方が触れる機会が多いためである。

x86-64 での加算は以下のように行う。

ASM x86-64

```
addl %ebx, %ecx ; ebx と ecx を足して結果を ecx に保存
```

これは、ebx と ecx レジスタの値を足し、その結果を ecx レジスタに保存するという命令となる。AArch64 では保存先のレジスタを別に指定したが、x86-64 は読み込みと書き込みレジスタが同じになる。なお、addl の l はオペレーションサフィックスと呼ばれており、これはレジスタのサイズを指定する。ebx、ecx などのレジスタが 32 ビットレジスタで、rbx、rcx などのレジスタが 64 ビットレジスタとなる。

以下は、64 ビットレジスタのコピーとなる。

ASM x86-64

```
movq %rbx, %rcx ; rbx の値を rcx にコピー
```

64 ビットレジスタの場合、オペレーションサフィックスは q となる。書き込み先レジスタのことをデスティネーションレジスタ、書き込み元レジスタのことをソースレジスタと呼ぶが、AT&T 記法は、AArch64 とソースとデスティネーションレジスタの位置が逆になっていることに注意してほしい。

x86-64 では、メモリ読み書きも mov 命令で可能である。以下はメモリ読み書き命令の例となる。

ASM x86-64

```
movq (%rbx), %rax ; rbx の指すメモリ上のデータを rax に転送
movq %rax, (%rbx) ; rax の値を rbx の指すメモリに転送
```

1 行目がメモリ読み込み命令で、2 行目がメモリ書き込み命令となる。

以上がアセンブリ言語の基本となる。アセンブリプログラミングの雰囲気はつかめただろうか。これ以外にも多くの命令があるが、詳細についてはその都度説明する。

2.2 C言語

本節では、C 言語によるスレッドの扱いと、volatile 修飾子について解説を行うが、C 言語の基本的な文法などについては説明しない。これは、本書の読者はすでに C 言語の基本的な文法などはある程度修めていることを想定しているためである。C 言語を用いることについては議論の余地もあるだろうが、現在主流の OS は C 言語で実装されており、マルチスレッド用のライブラリである Pthreads も C 言語の API が基本となっているため、並行プログラミングの原理を知る意

味で C 言語を採用した。

　C 言語は構文もシンプルであるため、習得はそれほど難しくないと思うので、C 言語に詳しくない読者は、C 言語の書籍も参考にしながら本書を読み進めてほしい。著者はオライリーの『C 実践プログラミング』[c_oreilly] で勉強したが、この本はいささか古いため、他の書籍の方がよいかもしれない。最近だと、Web で公開されている『苦しんで覚える C 言語』[kuruc] やその書籍版 [kuruc_book]、『明快入門 C』[meikaic] などがおすすめである。

　また、C 言語ではポインタにつまづくことが多いと言われているが、それは、ポインタを理解していないのではなくコンピュータのメモリモデルを理解していないのである。そのため、ポインタにつまづいた人は、まず、参考文献 [x86_64assembly]、[pathene] などで、アセンブリやハードウェアについて理解した方がよい。これは、一見遠回りのように見えるかもしれないが、実はポインタを理解するための一番の近道である。また、ポインタ専用の本もあるため [pointer_oreilly]、それらを参考にするのもよいだろう。

2.2.1　Pthreads

　本節では、Pthreads についての基本的な事項を説明する。現在では、多くのプログラミング言語処理系にはスレッドを扱う機構がデフォルトライブラリとして提供されている場合が多いが、C 言語では外部ライブラリを利用しなければならない。Pthreads は POSIX 標準のインタフェースを備えるスレッドライブラリの総称で、Linux や BSD などの UNIX 系の OS で利用可能であり、Windows 実装も存在する。

2.2.1.1　スレッドの生成と終了待ち合わせ

　次のソースコードは、Phtreads を用いてスレッドの生成と終了の待ち合わせを行う例である。

C

```c
#include <pthread.h> // ❶
#include <stdio.h>
#include <stdlib.h>
#include <unistd.h>

#define NUM_THREADS 10 // 生成するスレッドの数

// スレッド用関数
void *thread_func(void *arg) { // ❷
    int id = (int)arg; // ❸
    for (int i = 0; i < 5; i++) { // ❹
        printf("id = %d, i = %d\n", id, i);
        sleep(1);
    }

    return "finished!"; // 返り値
}
```

```
int main(int argc, char *argv[]) {
    pthread_t v[NUM_THREADS]; // ❺
    // スレッド生成 ❻
    for (int i = 0; i < NUM_THREADS; i++) {
        if (pthread_create(&v[i], NULL, thread_func, (void *)i) != 0) {
            perror("pthread_create");
            return -1;
        }
    }

    // スレッドの終了を待機 ❼
    for (int i = 0; i < NUM_THREADS; i++) {
        char *ptr;
        if (pthread_join(v[i], (void **)&ptr) == 0) {
            printf("msg = %s\n", ptr);
        } else {
            perror("pthread_join");
            return -1;
        }
    }

    return 0;
}
```

❶ Pthreads を使う際は必ずこの pthread.h を読み込む。

❷ スレッド用の関数。この関数が並行に動作する。

❸ Pthreads では、スレッド用の関数の型は、void* 型の値を受け取り、void* 型の値をリターンする関数でなければならない。引数 arg は、スレッド生成時に渡される引数であり、void* 型となる。そのため、void* 型から、実際の型の int 型にキャストする。

❹ スレッド関数が行うメイン処理。ここでは、引数で渡された値とループ回数を表示して、1秒スリープするという単純な処理を繰り返す。

❺ スレッド用のハンドラを保存する配列を定義。スレッドを生成すると、pthread_t という型の値に情報が保存され、その値に対する操作が生成したスレッドに対する操作となる。

❻ NUM_THREADS の数だけスレッドを生成。スレッドの実際の生成は、pthread_create 関数を呼び出して行う。

❼ スレッド終了の待機コード。スレッド終了の待機は pthread_join 関数で行う。スレッドの待機を一般的に join するなどということもある。

pthread_create 関数は、第1引数に pthread_t 型のポインタを受け取り、第2引数にスレッドの特徴を示すアトリビュートを渡す。このコードでは第2引数にヌルを渡しており、デフォルトのアトリビュートを適用している。第3引数へはスレッド生成用の関数を渡し、第4引数へは第3引数で渡した関数の引数を渡す。つまり、第4引数の値が arg 変数に渡されることになる。

pthread_create 関数は成功すると 0 が返り、失敗すると 0 以外の値が返る。失敗したときには errno に情報が保存されるため、perror 関数で詳細を表示できる。Pthreads の他の関数も同様に、失敗した場合に errno に情報が保存され、perror 関数を用いることができるため、以降ではその説明は割愛させてもらう。エラー情報については、各自 man などで詳細を確認してもらいたい。

　pthread_join 関数は、第 1 引数に pthread_t 型の値を受け取り、第 2 引数にスレッドの返り値を受け取る void** 型のポインタ変数を受け取る。このコードでは thread_func 関数が char* 型のポインタをリターンするため、第 2 引数には char* 型の ptr のポインタを渡している。その後、スレッドの返り値を表示している。ここでは、リターンされた文字列である finished! が表示される。pthread_join も成功した場合に 0 が返り、失敗した場合には 0 以外の値が返る。

2.2.1.2　デタッチスレッド

　先の例ではスレッドの終了を pthread_join 関数で待ち合わせしていた。pthread_join 関数で終了処理を行わないと、メモリリークしてしまうので、join は必須である。一方、スレッドの終了時に自動的にスレッド用のリソースを解放する方法もあり、そのようなスレッドのことをデタッチスレッドと呼ぶ。スレッドをデタッチスレッドとする方法は 2 通りあり、1 つ目が、pthread_create 関数呼び出し時のアトリビュート（第 2 引数）で指定する方法で、2 つ目が、pthread_detach 関数を呼び出す方法である。

　次のソースコードは、アトリビュートを指定してデタッチスレッドを生成する例となる。

C

```c
#include <pthread.h>
#include <stdio.h>
#include <stdlib.h>
#include <unistd.h>

// スレッド用関数
void *thread_func(void *arg) {
    for (int i = 0; i < 5; i++) {
        printf("i = %d\n", i);
        sleep(1);
    }
    return NULL;
}

int main(int argc, char *argv[]) {
    // アトリビュートを初期化 ❶
    pthread_attr_t attr;
    if (pthread_attr_init(&attr) != 0) {
        perror("pthread_attr_init");
        return -1;
    }
```

```
    // デタッチスレッドに設定 ❷
    if (pthread_attr_setdetachstate(&attr, PTHREAD_CREATE_DETACHED) != 0) {
        perror("pthread_attr_setdetachstate");
        return -1;
    }

    // アトリビュートを指定してスレッド生成
    pthread_t th;
    if (pthread_create(&th, &attr, thread_func, NULL) != 0) {
        perror("pthread_create");
        return -1;
    }

    // アトリビュート破棄
    if (pthread_attr_destroy(&attr) != 0) {
        perror("pthread_attr_destroy");
        return -1;
    }

    sleep(7);

    return 0;
}
```

❶アトリビュート用に `pthread_attr_t` 型の変数を定義し、`pthread_attr_init` 関数で初期化。

❷ `pthread_attr_setdetachstate` 関数を用いて、アトリビュートに `PTHREAD_CREATE_DETACHED` を設定してデタッチスレッドとするように指定。アトリビュートでは、これ以外にも、スレッドのスタックサイズや CPU アフィニティ（スレッドをどの CPU で動かすかの情報）なども設定することが可能。

次のソースコードは、スレッドを生成した後でデタッチスレッドとする例である。

```
void *thread_func(void *arg) {
    pthread_detach(pthread_self());
    // 何かしらの処理
    return NULL;
}
```

　これはスレッド用の関数だが、`pthread_self` 関数で自分自身のスレッド情報を取得し、`pthread_detach` 関数で自身をデタッチスレッドとしている。スレッドをデタッチするだけなら、アトリビュートを用いるよりも、この方法が容易である。もちろん、自分自身でデタッチするのではなく、`pthread_create` 関数の直後に `pthread_detach` 関数を呼び出してもよい。

2.2.2 volatile修飾子

本節では volatile 修飾子について説明する。volatile 修飾子を利用すると、コンパイラの最適化を抑制したメモリアクセスを実現することができる。メモリアクセスはレジスタアクセスに比較して遅いため、コンパイラはメモリアクセスを抑制するために、レジスタにいったんコピーしてから値を利用する。しかし、メモリ上の値を監視したりするときに、この最適化は障害になる場合があり、そのときに volatile 修飾子を使う。

次のソースコードは、あるメモリ上の値が非ゼロとなるまで待機する C のコードとなる。

C

```c
void wait_while_0(int *p) {
    while (*p == 0) {}
}
```

ここでは、引数にポインタを受け取り、そのポインタの指す値が非ゼロとなるまでループしている。このコードを -O3 -S オプションを付けてコンパイルすると、以下のようなアセンブリコード（AArch64）が出力される。

ASM AArch64

```
wait_while_0:
    ldr w8, [x0]    ; w8 にメモリから読み込み ❶
    cbz w8, .LBB0_2 ; if w8 == 0 then goto .LBB0_2 ❷
    ret
.LBB0_2:
    b   .LBB0_2     ; goto .LBB0_2
```

❶ メモリから値を読み込み、その値が 0 かをチェック。
❷ その結果非ゼロなら関数からリターン。ゼロの場合 .LBB0_2 にジャンプして無限ループしてしまう。

したがって、このコードは明らかに期待したものではない。このようなコードが出力されたのは、メモリアクセスが最適化されたからである。次のソースコードは、volatile 修飾子を用いてメモリアクセスの最適化を抑制するコードとなる。

C

```c
void wait_while_0(volatile int *p) {
    while (*p == 0) {}
}
```

基本部分は同じだが、引数に volatile と指定している。このコードを -O3 -S オプションを付けてコンパイルすると、以下のようなアセンブリコード（AArch64）が出力される。

ASM AArch64

```
wait_while_0:
.LBB0_1:
    ldr w8, [x0]    ; w8 にメモリから読み込み ❶
    cbz w8, .LBB0_1 ; if w8 == 0 then goto .LBB0_1 ❷
    ret
```

❶メモリ読み込み。

❷メモリの指す値がゼロかをチェックして、0 なら .LBB0_1 にジャンプして繰り返す。非ゼロの場合はリターン。

このように、複数のプロセスから同一メモリにアクセスを行いたい場合に、コンパイラの最適化によりメモリアクセスを行わなくなってしまうと問題が起きるため注意されたい。このようなコンパイラによる最適化が並行プログラミングを難しくしている要因の 1 つでもある。C 言語では volatile 修飾子を用いるが、次節で述べる Rust 言語では、read_volatile と write_volatile 関数があり、それらを用いてメモリアクセスを確実に行う。Rust 言語の例は、それらを用いるときにまた説明する。

2.2.3　スタックメモリとヒープメモリ

本書を読み進める上で、コンピュータのメモリモデルの理解は必須である。そこで、本節ではスタックメモリとヒープメモリについて簡単に説明する。スタックメモリとは一言で言うならば関数のローカル変数を保存するためのメモリ領域で、ヒープメモリとは関数のスコープに依存しないようなメモリを動的に確保するためのメモリ領域となる。

次のソースコードは、fun1 関数から fun2 関数を呼び出す単純な例となる。

C

```c
int fun1() {
    int a = 10;
    return 2 * fun2(a);
}

int fun2(int a) {
    int b = 20;
    return a * b;
}
```

このコードでは、fun1 関数内でローカル変数 a を、fun2 関数内でローカル変数 b を定義している。ローカル変数の生存期間は関数からリターンするまでであり、そのデータはスタック上に保存される。なお、コンパイラによる最適化が行われると、a も b もスタックではなくレジスタに保存されるだろうが、今回はコンパイラによる最適化は行われないものとする。この様子を表したのが次の図となる。

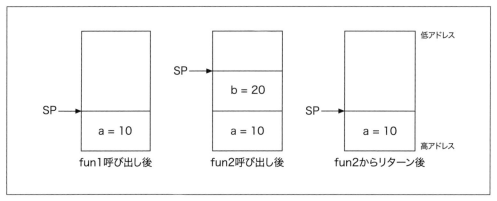

図2-1　スタックメモリ

　スタックメモリは多くの場合、高アドレスから低アドレス方向へと成長していく。図中の SP が
スタックポインタであり、どこまでスタックメモリを消費したかを示すレジスタとなる。まず、
fun1 関数が呼び出された際にはローカル変数 a の情報のみがスタックに保存される。その後、
fun2 関数が呼び出されると、ローカル変数の情報もスタックに保存される。fun2 関数からリター
ンした場合は、ローカル変数 b は解放される。

 実際のスタック操作はスタックポインタの値を変更するのみで行われるため、この時点ではローカ
ル変数 b の情報はスタック上に残ったままであるが、ここでは概念的な意味で考えてほしい。概念
と実装を切り分けて考えるのがソフトウェアでは重要である。

　このように、ローカル変数は関数からリターンすると破棄されてしまう。しかし、ヒープメモリ
を利用すると関数のスコープに縛られない変数を定義できる。次のソースコードは、ヒープメモリ
を利用する例となる。C 言語では、ヒープメモリの確保と解放は malloc と free で行える。

C

```c
#include <stdlib.h>

void fun1() {
    int a = 10;        // 地点 A
    int *b = fun2(a);  // 地点 C
    free(b);           // ヒープメモリ解放
}

int* fun2(int a) {
    int *tmp = (int*)malloc(sizeof(int)); // ヒープメモリ確保
    *tmp = a * 20;
    return tmp;        // 地点 B
}
```

このソースコードでは、まず、fun1 が呼ばれ、その後 fun2 が呼ばれる。fun2 では malloc で
ヒープメモリを確保し、関数内の a*20 という値を保存している。fun2 がリターンする値はヒー
プメモリの先を指すポインタであり、fun2 からリターンした後も、ヒープメモリ上に保存された
a*20 という値は生存したままとなる。最後に fun1 が free を呼び出すとヒープメモリが解放され
る。

これを表したのが次の図となる。

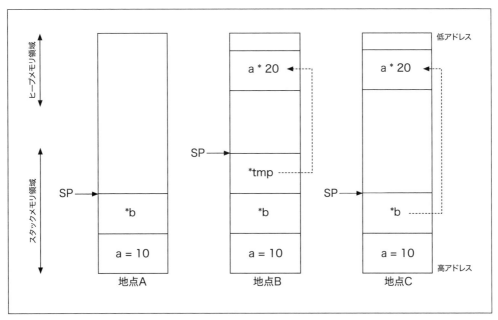

図2-2　ヒープメモリ

コンピュータ上ではメモリは少なくともスタックメモリとヒープメモリに役割を分類されて利用
される。地点 A の時点では、fun1 のローカル変数 a と *b しかスタックメモリ上に確保されてい
ない。しかし、地点 B では fun2 のローカル変数 *tmp がスタックメモリに、a*20 という値がヒー
プメモリ上に確保される。その後、地点 C まで処理が進んでも、a*20 という値はヒープメモリ上
に保存されたままになる。ただし、ヒープメモリ上の値は明示的に解放するまで確保されたままに
なるので注意する必要がある。

なお、ヒープメモリ上に確保した値の解放を忘れてしまうことはメモリリークと呼ばれ、C 言語
では主要なバグの 1 つである。次節で述べる Rust 言語では、ヒープメモリ上に確保された値の生
存期間をコンパイラが推定することで、メモリリークを防ぐことができるようになっている。

2.3 Rust言語

　本節では Rust 言語について駆け足で説明する。Rust は、元々は Firefox ブラウザなどの開発を行っている Mozilla の従業員であるグレイドン・ホアレの個人プロジェクトとして開発されていた。その後、Mozilla も開発に関わり、2015 年に正式版の 1.0 がリリースされている。現在、Rust は Firefox ブラウザをはじめ多くのプロジェクトで採用され始めており、今後もこの流れは加速していくものと思われる。

　Rust は、型安全な型システムを備えているという大きな特徴がある。そのため、ぶら下がりポインタやヌルポインタ例外といったポインタ周りの問題が起きにくくなっている。しかし、完璧に型安全というわけではなく、システムプログラミングが容易に行えるよう、unsafe なプログラミングも行うことができる。型安全なプログラミングと unsafe なプログラミングをバランス良く記述できるのが、Rust が広く受け入れられた理由の 1 つであると著者は考えている。

2.3.1　型システム

　Rust は静的型付け言語であり、型を意識した方がよりよくコーディングができるため、まずはじめに、Rust の型システムについて説明する。Rust の型システムは C 言語の型と、関数型言語で見られる代数的データ型を混ぜ合わせたようなものとなっている。

2.3.1.1　基本的な型

　次の表は整数型の一覧となる。

表2-1　整数型

ビット長	符号付き整数	符号なし整数
8	i8	u8
16	i16	u16
32	i32	u32
64	i64	u64
128	i128	u128
環境依存	isize	usize

　Rust では、8 から 128 ビットまでの整数型を利用でき、符号付き整数はプレフィックスとして「i」が、符号なし整数はプレフィックスとして「u」が型名に付く。後半の数字はビット長を表しており、数字が末尾に付かない isize と usize はビット長が環境依存である。つまり、64 ビット CPU なら isize と usize は 64 ビット長になり、32 ビット CPU なら 32 ビット長になる。

　次の表は整数型以外の基本的な型となる。

表 2-2　整数型以外の基本的な型

型	説明	リテラル
f32	32 ビット浮動小数	3.14
f64	64 ビット浮動小数	3.14

型	説明	リテラル
bool	真偽値	true、false
char	文字	'a'、'あ'
(型，型，...)	タプル	(true, 10)
[型；整数値]	配列	[3; 10]、[3, 5, 7]

プレフィックスに「f」が付く型は浮動小数点数の型であり、f32 と f64 はそれぞれ、32 ビット長、64 ビット長の浮動小数点数の型である。浮動小数点数のリテラルは、3.14 というように書ける。bool 型は真偽値の型であり、そのリテラルは true か false のみとなる。char 型は文字型であるが C 言語と違って UTF-32 であるため 32 ビット長となる。文字のリテラルはシングルクオーテーションで囲み、'a' や、'あ' と記述できる。

タプルは複数の値を持つ型であり、Rust では丸括弧で複数の型を並べて表記する。その具体的な値は、(true, 10) というように記述でき、この値の型は例えば (bool, u32) となる。配列も複数の値を持つ型であるが、すべての要素が同じ型となるような型である。例えば、[u32; 10] と書いた場合は、u32 型の値を 10 個持つ配列の型となる。配列の値は、[3; 10] と記述でき、これは、3 が 10 個ある配列の値となる。また、[3, 5, 7]、つまり 3、5、7 の値を持つ要素数が 3 の配列、というような記述もできる。

2.3.1.2　ユーザ定義型

次に、ユーザ定義型について説明する。Rust では代数的データ型を利用可能であり、直和型が列挙型（enum）、直積型が構造体（struct）となる。列挙型は C 言語の列挙型と似てはいるが、関数型言語のようなパターンマッチに用いることができる。パターンマッチについては後ほど説明する。

次のソースコードは列挙型の定義例である。ここでは、ISO 5218 に基づいて、性別を表す Sex という列挙型を定義しており、この型は 4 つのいずれかの値をとりうる。

Rust

```rust
enum Sex {
    Unknown,
    Male,
    Female,
    NotApplicable
}
```

次のソースコードは、値を持つ列挙型の例である。ここでは、それぞれの値にさらに値を含めている。

Rust

```rust
enum Role {            // ❶
    Player(u32, u64), // ❷
    Supporter(u32)    // ❸
}
```

❶ Role という型名の列挙型を定義。

❷ Player の後に (u32, u64) と型が指定されているが、これは、Player は u32 と u64 の値を持つことを示す。

❸ 同様に、Supporter の後にある (u32) は、Supporter は u32 の値を持つことを示す。

次のソースコードは構造体の定義とインスタンス生成例を示している。

Rust

```rust
struct Person { // 構造体定義
    age: u16,
    sex: Sex,
    role: Role
}
Person { age: 20, sex: Sex::Female, role: Role::Supporter(70) } // インスタンス生成
```

構造体では、型名に続く波括弧中にメンバ変数の値を埋めていく。最終行でメンバ変数の初期化を行っており、変数名にコロンを書いた後に、その変数の初期値を書いて初期化する。先に定義したように、Supporter は u32 型の値を 1 つ持つため、ここでは 70 という値を指定している。このようにして、ユーザ定義型のインスタンスが生成可能である。

Rust では基本的にすべての変数は利用時に必ず初期化しなければならない。したがって、C 言語のように構造体のインスタンスを先に生成して、後で値を決定するということはできない。これはいささか煩雑なように思えるが、変数の初期化忘れなどはよくあるバグの 1 つであり、そのようなバグが入り込む余地をなくすことができる。

 変数を初期化しない方法もあるが、OS などを実装しない限り利用することはないだろう。

2.3.1.3　ジェネリクス

一般的には関数は値を受け取り値をリターンするものであるが、ジェネリクスは型を受け取り型をリターンするような関数とも考えられる。ジェネリクスの適用された型をジェネリックであると呼ぶ。次のソースコードは、ジェネリックな列挙型の例を示している。

Rust

```rust
enum Option<T> {
    Some(T),
    None
}
```

これは、先に示した Gender 型とほぼ同じあるが、1 行目の <T> という部分が異なっている。

この〈T〉は型引数と呼ばれ、ここに型を代入すると新たな型を得ることができる。例えば、Option〈i32〉とすると、Some(T) の T の部分が、i32 に置き換わった Option 型が得られる。この T は変数なので何でもよいが、Rust ではアルファベットの大文字から始まる変数名にすることが推奨されている。

次のソースコードは、ジェネリックな構造体の例である。

Rust

```rust
struct Pair<A> {
    first: A,
    second: A,
}
```

ここでも同じように、1 行目で〈A〉と型引数を定義しており、Pair〈bool〉というようにすると、Pair 内の A が bool に置き換わった Pair 型が得られる。

Option 型は Rust で非常によく使われる型であり、自分で定義しなくても標準で利用可能である。この Option 型は、何か失敗する関数があったとき、成功した場合に Some の中に値を内包させ、失敗した場合に None をリターンするように用いられる。これは、関数型言語である ML 系言語（option 型）や Haskell（Maybe 型）などでよく用いられる方法である。

また、失敗する可能性のある関数の返り値には、以下のような Result 型もよく利用される。

Rust

```rust
enum Result<T, E> {
    Ok(T),
    Err(E),
}
```

成功した場合は Ok に値を包んでリターンし、失敗した場合は Err にエラーの詳細を包んでリターンする。

2.3.1.4 参照型

次に参照型について説明する。コンピュータ上では Person や u64 といったオブジェクトはメモリ上に配置されるが、参照とはそのメモリのアドレスのみを保持するための型である。C 言語でいうところのポインタに相当するが、プログラミング言語的には参照と言われることが多い。Rust では、型の前に & を付けると参照型になる。次は参照型の例である。

Rust

```rust
&u64        // ❶
&mut u64    // ❷
&Person     // ❸
&mut Person // ❹
&&u64       // ❺
```

❶ u64 の参照型。Rust はデフォルトでは破壊的代入は許可されていないため、&u64 の参照型を

通して、元のデータを書き換えることはできない。

❷破壊的代入可能な u64 の参照型。参照先に対して破壊的代入を可能にするためには、& の後ろに mut を付ける必要がある。なお、この mut は mutable の略。

❸ Person の immutable な参照型。

❹ Person の mutable な参照型。

❺参照の参照。参照も当然メモリ上に配置されるので、その参照が保持されている場所を参照する参照を得られる。

2.3.2　基本的な文法

次に、Rust の基本的な文法について解説する。Rust の構文は基本的に C 言語がベースとされている。そのため、同じく C をベースとした JavaScript や Java とも似たような構文となっている（JavaScript と Java は名前こそ似ているが、全く別の言語である）。

2.3.2.1　let 文

let 文は変数定義を行う文である。Rust は静的型付け言語であるが、型推論を備えているため型指定子は省略することもできる。ただし、変数への初期化は必須であるため、let 文で定義した変数は、let 文内か、もしくは関数内のどこかで初期化しなければならない。初期化していない変数を参照しようとするとコンパイルエラーとなる。

以下のソースコードは let 文の例を示したものである。

Rust

```
fn let_example() -> u32 {
    let x = 100;
    let mut y = 20; // mutable 変数 ❶
    let z: u32 = 5; // 明示的に型を指定可能
    let w;          // ❷
    y *= x + z;     // y は mut で宣言されているため、破壊的代入可能
    w = 8;          // ❸
    y + w           // ❹
}
```

❶ let の後に mut という指定子が付いているが、これは y が mutable、つまり破壊的代入が可能な変数であることを示しており、変数 y に別の値を代入可能。

❷ let 文内で初期化されない変数 w を定義。

❸ w に初めて値を代入。この代入がない場合はコンパイルエラー。

❹関数の返り値。

Rust ではセミコロンが行末（あるいは式の終端）にあるとそれは文としてみなされ（正確にいうと、() という空のタプルをリターンする式だが詳細は割愛する）、セミコロンを使うと複数の式

を連続して並べることができる。逆に、末尾にセミコロンがないものが値をリターンする式である。

ちなみに、プログラミング言語では、式とは何か計算して値をリターンするコードのことを指し、文とは値をリターンしないコードのことを指す。セミコロンの意味論的な話はλ計算等で形式的に説明すれば、もう少し厳密に理解できると思われるが、本書では割愛させてもらう。

2.3.2.2 関数定義と呼び出し

次に、関数定義と呼び出しについて説明する。Rust では関数定義は fn で行い、fn の後に関数名、その後に引数、関数本体が続く。次のソースコードは関数定義の例である。

Rust

```rust
fn hello(v: u32) { // ❶
    println!("Hello World!: v = {}", v); // ❷
}

fn add(x: u32, y: u32) -> u32 { // ❸
    x + y
}

fn my_func1() {
    let n = add(10, 5); // 関数呼び出し
    hello(n);
}
```

❶ hello という関数を定義し、この関数では、u32 型の値を v という変数に受け取る。

❷ Hello World! と、受け取った v の中身を表示。

❸ u32 型の値を 2 つ変数 x と y に受け取る add という関数を定義。関数の返り値の型は u32 型であり、これは後ろの方に記述される「-> u32」で指定される。

println! は関数ではなくマクロとなる。マクロ呼び出しの場合は、マクロ名の末尾にエクスクラメーションマーク（!）が付く。println! は標準出力に文字を出力するマクロであり、第 1 引数に出力文字列を渡す。出力文字列中にある {} という文字列が、第 2 引数以降の値を表示する場所を示しており、C でいうところの printf の %d などと同じとなる。

2.3.2.3 if 式

続いて、if 式について説明する。C 言語では if は文であり値をリターンしなかったが、Rust では if は式なので値をリターンする。つまり、条件が真のときにリターンする値と、偽のときにリターンする値の型は一致しなければならない。C や JavaScript などしか知らない場合はこれは奇妙に思えるかもしれないが、OCaml や Haskell といった型に厳格なプログラミング言語では一般的で極自然である。次のソースコードは if 式の例である。

```
                                                                          Rust
fn is_even(v: u32) -> bool {
    if v % 2 == 0 {
        true  // 真の場合のif式の値
    } else {
        false // 偽の場合のif式の値
    }
}
```

Rustでは、if式の条件は必ずbool型でなければならない。また、Cなどでは条件部分を括弧で囲う必要があったが、Rustでは必要ない。ちなみに、賢明な読者は、このif式は余分であり、v % 2 == 0だけで十分だと気が付くかもしれないが、あくまでif式の例なので容赦してほしい。

2.3.2.4　match式

次に、match式について説明する。match式はパターンマッチと呼ばれる機構を実現するものであり、Cでいうswitchに若干近い。なお、match式もif式と同じく式であるため値をリターンする。次のソースコードは、match式の例であり、受け取った数の1つ前の値（つまり1引いた値）をリターンする関数の定義と使い方となる。

```
                                                                          Rust
fn pred(v: u32) -> Option<u32> { // ❶
    if v == 0 {
        None
    } else {
        Some(v - 1)
    }
}

fn print_pred(v: u32) {
    match pred(v) {  // ❷
        Some(w) => { // ❸
            println!("pred({}) = {}", v, w);
        }
        None => {    // ❹
            println!("pred({}) is undefined", v);
        }
    }
}
```

❶受け取ったu32型の値の前の値（つまり1引いた値）をリターンする関数定義。u32型には0の前の値はないため、0を受け取った場合はOption型のNoneを返し、それ以外の場合はSomeで値を包んでリターンする。

❷パターンマッチ。

❸Someの場合に行う処理。Some(w)で、Someに包まれた整数値をwという変数に代入し、

println! マクロで結果を表示。

❹ None の場合に行う処理。

> パターンの後に式を 1 つだけ書く場合は波括弧は省略可能である。つまり、Some(w) => w, と記述
> できる。

このように、match 式を使うと値に応じた場合分けが記述できる。

2.3.2.5　for 文

次に Rust の for 文について説明する。for 文は繰り返しを行う文であるが、C 風の言語とは異
なり、繰り返しを行う対象を明示的に指定する。これは、Python 言語などの for（for each と呼
ばれることもある）に近い考えである。次のソースコードは、for 文の例である。

Rust

```rust
fn even_odd() {
    for n in 0..10 {
        println!("{} is {}", n,
            if is_even(n) { "even" } else { "odd" });
    }
}
```

2 行目からが for 文となり、ここでは、0..10 が繰り返しを行う対象となる。この 0..10 は、0
以上 10 未満の範囲を示しており、0, 1, 2,..., 9 と順に変数 n に代入されて、println! が実行され
る。

2.3.2.6　loop 文

次に、loop 文について説明する。loop 文は無限ループを行うための構文であり、loop 文の他に
C 言語と同様の while 文もある。次のソースコードは loop 文の例である。

Rust

```rust
fn even_odd() {
    let mut n = 0;
    loop {
        println!("{} is {}", n,
            if is_even(n) { "even" } else { "odd" });
        n += 1;
        if n >= 10 {
            break;
        }
    }
}
```

　　ここでは、ループ中に n の値を検査し、10 以上であれば loop を抜ける。loop や for は C と同じように break で抜けることができる。

2.3.2.7　参照の取得と参照外し

　　次に、参照の取得と参照外しについて説明する。参照とは実体ではなくアドレスを保持する変数のことであった。したがって参照先の実体を取得するには、参照外しをしなければならず、実体のアドレスを得るには参照を得なければならない。次のソースコードは、参照の取得と参照外しの例である。

Rust

```rust
fn mul(x: &mut u64, y: &u64) {
    *x *= *x * *y; // (*x) = (*x) * ((*x) * (*y)) という意味 ❶
}

fn my_func2() {
    let mut n = 10;
    let m = 20;
    println!("n = {}, m = {}", n, m); // n = 10, m = 20
    mul(&mut n, &m);                  // ❷
    println!("n = {}, m = {}", n, m); // n = 2000, m = 20
}
```

❶参照 x の指す先に、(*x) * ((*x) * (*y)) という値を代入。ここで、変数の前にあるアスタリスク (*) が参照外しを行う演算子となる。ただし、*= と、*x と *y との間にある * は乗算の演算子である。

❷n と m の参照を mul 関数に渡して呼び出している。

　　ここで、参照の取得の仕方に、&mut n とする方法と、&m とする方法が示されているが、&mut とした場合は mutable な参照を、& とした場合は immutable な参照を取得できる。

2.3.2.8　関数ポインタ

　　次に関数ポインタについて説明する。関数ポインタとはその名前のとおり、関数のアドレスを指すものである。ポインタと参照、同じような意味の用語が混在して奇妙に思うかもしれないが、Rust では、参照とポインタは区別されており、参照は、後に述べる所有権やライフタイムによって安全性が保証されているが、ポインタはその限りではない。しかし、ほとんどの場合は実行コードが動的に変化することはないため、関数ポインタに限り安全に利用できる。次のソースコードは関数ポインタの例を示している。

Rust

```rust
fn app_n(f: fn(u64) -> u64, mut n: u64, mut x: u64) -> u64 { // ❶
    loop {
        if n == 0 {
            return x;
```

```
        }
        x = f(x);
        n -= 1;
    }
}

fn mul2(x: u64) -> u64 {
    x * 2
}

fn my_func3() {
    println!("app_n(mul2, 4, 3) = {}", app_n(mul2, 4, 3));
}
```

app_n 関数は、x を初期値として関数 f を n 回適用する関数である。app_n 関数の引数 f は、u64 型の値を受け取り u64 型の値をリターンする関数ポインタ型となる。よって、このように、引数 f は関数として利用できる。

以下は、Rust と C の関数ポインタの比較である。

Rust
```
f: fn(isize) -> isize
```

C
```
int (*f)(int)
```

両方とも、符号付き整数値を 1 つ引数に受け取り、符号付き整数値をリターンする関数ポインタ f を定義している。C の記述は最低と言ってよいぐらいわかりにくいが、Rust はかなりわかりやすくなっている。

2.3.2.9 クロージャ

クロージャとは関数のことであり、関数本体に加えて関数の外でキャプチャされた自由変数の値を含んでいる。クロージャの元々の考えは λ 計算の出現した 1960 年頃までさかのぼることができ、元々は単なる無名関数であった。しかし、スタックベースの実行環境で自由変数のキャプチャを行うと、スタック上に確保された値が破棄されてしまう場合があり問題が起きてしまう。そこで、Landin が 1964 年に発表した SECD マシンでは、ヒープ上に関数と自由変数の環境を配置してこの問題を解決し、これをクロージャと定義した [Turner12]。Rust でも同様にクロージャは関数と自由変数の環境から成り立つ。次のソースコードはクロージャの例である。

関数の外で定義される変数を自由変数、関数の中で定義される変数を束縛変数と呼ぶ。関数型言語の流れも汲む Rust は関数内で関数を定義できるため、クロージャについて考える場合は関数の内と外のどちらで行われた変数定義かを区別する必要がある。C では関数内で関数は定義できないため、自由変数がグローバル変数であり、束縛変数がローカル変数である。しかし、Rust の場合はグローバル変数は自由変数だが、ローカル変数は自由変数と束縛変数のどちらにもなりうる（同じ変数でも関数によって異なる）。自由変数と束縛変数の詳細な説明 は、「**8.2 λ計算**」で行う。

Rust

```rust
fn mul_x(x: u64) -> Box::<dyn Fn(u64) -> u64> { // ❶
    Box::new(move |y| x * y) // ❷
}

fn my_func4() {
    let f = mul_x(3);          // ❸
    println!("f(5) = {}", f(5)); // ❹
}
```

❶ u64 型の値（x）を受け取り、Box::<dyn Fn(u64) -> u64> 型の値をリターンする関数 mul_x を定義。

❷ クロージャを定義。クロージャは「| 変数 1，変数 2，...| 式」というように記述でき、変数 1，変数 2，... がクロージャの引数を表し、式がクロージャの本体となる。

❸ mul_x に 3 を渡し、|y| 3 * y というクロージャをヒープ上に生成。

❹ 生成したクロージャを呼び出し、3 * 5 を計算して出力。

Box というのはコンテナの一種で、ヒープ上にデータを配置したい場合に用いられる。Box はスマートポインタの一種であるため、Box 型の変数がスコープから抜けると、確保されたデータは自動的に破棄される。dyn は、そのトレイトの振る舞いが動的に決まることを表している。つまり、dyn トレイトの参照は、関数とデータへのポインタ（環境）を持ち、それらは動的に割り当てられる。C++ の仮想関数テーブルとクラスのメンバ変数と思うとわかりやすいかもしれない。先に述べたように、クロージャは関数と自由変数の環境を持つため、この dyn がクロージャでは必要となる。Fn(u64) -> u64 は、関数ポインタと同じく、u64 型の値を受け取り、u64 型の値をリターンする関数となる。つまり、Box::<dyn Fn(u64) -> u64> 型は、ヒープ上に確保された関数とデータへのポインタを持つクロージャへのスマートポインタである。

|y| x * y というクロージャは、変数 y が引数に現れているため y は束縛変数となるが、変数 x は自由変数となる。すなわち、クロージャの外側で定義された変数 x が、このクロージャによってキャプチャされる。クロージャの変数キャプチャの戦略として、借用（参照を取得）するか、所有権を移動させるかがあり、クロージャ定義の前に move と書いた場合は所有権を移動させる（所有権については次節で述べる）。

2 行目で所有権を移動させているのは、参照を取得した場合、変数 x は関数 mul_x から抜けた時点で破棄されてしまい、無効な参照となってしまうからである。Rust ではこのような無効な参照

を生成することはできず、コンパイルエラーとなる。すなわち、`Box::new(move |y| x * y)` は、
ヒープ上に `x * y` を行うクロージャを生成し、自由変数 `x` は所有権移動によりキャプチャされる、
という意味となる。

2.3.3 所有権

Rust の所有権について説明する前に、少し寄り道をして線形論理という論理体系について説明
しよう。Γ と φ は論理式の集合とすると、$\Gamma \vdash \varphi$ という式は Γ が正しいとき、φ を正しいと証明
できるということを意味する。また、次の式は、モーダスポネンスと呼ばれる推論規則である（分
数ではない）。

$$\frac{A \quad A \to B}{B}$$

これは、A であり $A \to B$（A ならば B）であるなら、B であると推論できるという規則である。
例えば、A を雨である、B を地面が濡れているとし、$A \to B$ を雨ならば地面が濡れているとして、
これらは正しいとする。すると、次の式のように書ける。

$$雨である，雨ならば地面が濡れている \vdash 地面が濡れている$$

これは記号的に書くと次のような式になる。

$$A, \quad A \to B \vdash B$$

ここで、さらに C を傘が売れるとし、$A \to C$ を雨ならば傘が売れるとし、$A \to C$ が正しいとす
る。すると、これは以下のように表すことができる。

$$A, \quad A \to B, \quad A \to C \vdash B \wedge C$$

以上が古典的（あるいは直観主義的）な論理である。
ここで、A（雨である）というすでにある前提をさらに追加してみよう。すると、これは以下の
ように書ける。

$$A, \quad A, \quad A \to B, \quad A \to C \vdash B \wedge C$$

これは、「雨である」と同じことを 2 回言っているだけなので、元の式と論理的には同じ意味と
なる。これが成り立つのは、雨であるという事実は特に利用回数に制限はなく、1 回言ったことは

何度も使えるためである。

　では、例えば、次のように考えてみたらどうなるだろうか？ A をりんごが 1 個ある、B をお腹が膨れる、C をお金が増えるとしたとき、次の式はどうなるだろうか？

$$A, \quad A \rightarrow B, \quad A \rightarrow C \vdash ?$$

　りんごがあれば、お腹を膨らますことができるか、もしくはお金を得ることができるが、りんごは 1 個しかないのでどちらも両方行うことはできない。したがって、この式の？には、B か C が入る。このような、リソースの利用に制限を持たせることのできる論理体系に線形論理がある。線形論理では、→（ならば）を ⊸ で表す。するとこの式は、

$$A, \quad A \multimap B, \quad A \multimap C \vdash B$$

か、

$$A, \quad A \multimap B, \quad A \multimap C \vdash C$$

になる。

　線形論理を元にした型システムに線形型があり、線形型を適用したプログラミング言語に Cyclone［cyclone］がある。Rust は Cyclone の影響を大きく受けて開発された言語であり、Rust では線形型の姉妹分であるアフィン型を適用している。

　次のソースコードは Rust の所有権と move セマンティクスの例である。

Rust

```rust
struct Apple {}      // りんご ❶
struct Gold {}       // お金
struct FullStomach {} // 満腹感

// りんごを売ってお金を得る関数
fn get_gold(a: Apple) -> Gold {
    Gold{}
}

// りんごを食べて満腹感を得る関数
fn get_full_stomach(a: Apple) -> FullStomach {
    FullStomach{}
}

fn my_func5() { // ❷
    let a = Apple{};     // りんごが 1 個あるとする ❸
```

```
    let g = get_gold(a); // りんごを売ってお金を得る ❹

    // 以下は、りんごを売ってすでにお金を得ているためコンパイルエラー
    // let s = get_full_stomach(a); ❺
}
```

❶りんご、お金、満腹感を表す型を定義。

❷りんごを売ってお金を得る動作を表す関数。

❸まずりんごが 1 個あると定義。このとき、りんごの所有権が変数 a にあると言う。

❹りんごが get_gold 関数に渡されお金を得ている。はじめは、変数 a がりんごを所有していた が、get_gold 関数に渡されることで、りんごの所有権が get_gold 関数に移動する。この所有 権の移動が move と呼ばれ、この意味論が move セマンティクスと呼ばれる。

❺所有権が変数 a から get_gold へ移動したため、売ってしまったりんごを用いて満腹感を得る ことはできず、コンパイルエラーとなる。

　以上が Rust の所有権であるが、元となった線形論理と対比して考えることで、その意味すると ころが明確になる。多くのプログラミング言語では所有権の考えがないため、所有権の概念につま づく初学者が多いと言われているが、その大元の思想に立ち返ってみると非常に理にかなった考え であることがわかる。

2.3.4　ライフタイム

　Rust の変数はライフタイムと呼ばれる状態を保持している。ライフタイムとはその名のとおり、 その変数の生存期間、つまり、いつからいつまでその変数が存在しているかという情報のことであ る。次のソースコードは Rust の変数に、ライフタイムを明示的に記述できるよう独自に拡張した 言語の例となる（実際には、Rust 言語に以下のような拡張はないため注意されたい）。

Rust（独自拡張）

```
{
    let r@'a;              // ❶
    {
        let x@'b = 5;      // ❷
        r = &x;
    }                      // ❸
    println!("r: {}", r);
}                          // ❹
```

　ここで、r@'a や、x@'b は、r と x が変数名で、@ 以降の 'a と 'b がそれら変数のライフタイムと なる。ライフタイム 'a は変数 r が生成されて、スコープが外れるまで、つまり、1 から 4 までの 区間となる。一方、ライフタイム 'b は変数 x が生成されて、スコープが外れるまでの 2 から 3 ま での区間となる。つまり、'a = [1, 4]、'b = [2, 3] と考えることができる。すると、変数 x の ライフタイムが 'b = [2, 3] であるのに、その参照を保持するライフタイムが 'a = [1, 4] であ

ると、println! の行では、変数 r は生存していない変数 x への無効なメモリへの参照となってしまう。Rust コンパイラは、このような無効な参照をコンパイル時に検出してエラーを出力する。

　次のソースコードは、Rust でライフタイムを明示する例である。前のソースコードは Rust 言語に独自の拡張を加えた物で、実際には動作しないコードであったが、次のコードは正しい Rust のコードとなる。

Rust

```rust
struct Foo {
    val: u32
}

fn add<'a>(x: &'a Foo, y: &'a Foo) -> u32 { // ❶
    x.val + y.val
}

fn my_func6() {
    let x = Foo{val: 10}; // ❷
    {
        let y = Foo{val: 20};
        let z = add(&x, &y); // ❸
        println!("z = {}", z);
    }
}
```

❶この add 関数は、ライフタイムを 'a という変数に受け取り、さらに、&'a Foo という型の参照を、変数 x と y に受け取り、u32 型の値をリターンする関数である。

❷x と y に Foo 型の値を代入し。

❸その後、add 関数を参照渡しで呼び出し。

　この記述はジェネリクスの一種であり、型を引数として受け取る関数であることを示している。つまり、「**2.3.1　型システム**」の節では、「型」を受け取り「型」をリターンするような「型」の説明をしたが、こちらは、「型」を受け取り「関数」をリターンするような「関数」である。実は、ライフタイムも型の一種であり、ライフタイムを受け取る引数にはプレフィックスとしてシングルクオーテーションが付く。シングルクオーテーションがプレフィックスに付かない変数には、u32 や bool などの普通の型を引数としてとることができる。Rust ではライフタイムを明示できるのは参照のみで、明示する場合は、& の後にライフタイムの変数を記述する。つまり、&'a Foo がライフタイムを明示した参照型となる。

　ところで、add 関数の引数 x と y のライフタイムは同じでなければならないように見える。しかし、my_func6 中の x のライフタイムを行番号で考えると [10, 16] であるのに対して、y のライフタイムは [12, 15] と異なっている。ところがこの場合、[12, 15] < [10, 16] であるため、x と y の両方のライフタイムを範囲の小さい方の [12, 15] に合わせて参照を渡してもよいとみなせる。このよ

うに、Rust では異なるライフタイムでも一方に合わせることができるようになっており、これは**部分型付け**（subtyping）と呼ばれる技術で実現している。

　部分型付けは、元々は、オブジェクト指向におけるクラスで多相性を実現するための型システムの一種であった。例えば、オブジェクト指向の言語では、犬や猫というクラスは同じ機能を持っているため、動物というクラスから派生させて、両方とも同じ関数で操作できる。動物から犬や猫のクラス派生を、動物＜犬、動物＜猫と考えると、動物を扱う関数なら、どちらも同じように操作可能であり、これを実現するのが部分型付けとなる。ライフタイムの場合、[12, 15] < [10, 16] をクラスの派生と考えてみると、[10, 16] は、[12, 15] として扱えると考えることができ、これはクラスの部分型付けと同じである。ただし、Rust の場合は、ライフタイムの部分型付けは特別にライフタイムサブタイピングと呼ばれる。

2.3.5　借用

　次に本節では借用の説明を行う。「**2.3.3　所有権**」の節では所有権と、move セマンティクスの説明を行った。しかし、move セマンティクスのみでは、例えば関数へ所有権を渡して計算した後に同じ値を利用して別の計算をしたい場合、その関数から再び所有権を取り戻す必要がある。次のソースコードは、そのような計算の例である。

Rust

```rust
struct Foo {
    val: u32
}

fn add_val(x: Foo, y: Foo) -> (u32, Foo, Foo) {
    (x.val + y.val, x, y) // ❶
}

fn mul_val(x: Foo, y: Foo) -> (u32, Foo, Foo) {
    (x.val * y.val, x, y) // ❷
}

fn my_func7() {
    let x = Foo{val: 3};
    let y = Foo{val: 6};
    let (a, xn, yn) = add_val(x, y); // ❸
    let (b, _, _) = mul_val(xn, yn); // ❹
    println!("a = {}, b = {}", a, b);
}
```

❶ Foo 内のメンバ変数 val を足し算。ただし、これら関数をいったん、変数 x と y に所有権を得た値を返り値として結果の値とともに返却。

❷ Foo 内のメンバ変数 val を掛け算。同じく変数 x、y の所有権を返却。

❸ add_val 関数に変数 x と y の持つ Foo の所有権を渡して呼び出し、さらに結果の値（変数 a）

とともに返却された `Foo` の所有権を変数 `xn` と `yn` に格納。

❹変数 `xn` と `yn` の所有権を `mul_val` 関数に渡して呼び出して、結果を変数 `b` に得ている。

> ここで、`mul_val` 関数からリターンされる値はこれ以降は利用しないため、変数名にアンダースコ
> ア（`_`）としており、これは、結果を無視するときに利用する特殊な変数名となる。同様に、アン
> ダースコアで始まる変数（例えば `_foo`）も無視される変数となる。

このコードも 1 つの正しい Rust のコードではあるものの、このような書き方はいかにも冗長であり、実際には参照を用いて実装される。この参照だが、Rust では借用という考え方の下に参照の利用方法についてはいくつか制約を設けている。制約があるために記述の自由度は低下するが、高速性、安全性という大きなメリットを得ることができる。

借用が重要となるのは破壊的代入可能なオブジェクトの場合であり、借用が保証することは以下の 2 つである。

- あるオブジェクトに破壊的代入を行えるプロセスは、同時に 2 つ以上存在しない。
- ある時刻で、あるオブジェクトに破壊的代入を行えるプロセスが存在する場合、その時刻では、そのオブジェクトの読み書きが可能なプロセスは他に存在しない。

これらを保証する大きな理由の 1 つが、並行プログラミング時における問題を軽減するためである。共有オブジェクトを複数のプロセスが保持して更新すると、どのタイミングでそのオブジェクトが更新されるかを完全に把握してプログラミングしなければならない。しかし、「**1.4.2　並行処理の必要性と計算パス数爆発**」の節で見たように、並行プロセスのとりうる状態は膨大になるため全体を把握することは難しく、バグの温床となってしまう。そこで、Rust では参照に上記のような制約を設けることで、状態管理を容易にしバグを軽減させる。分散コンピューティングの世界では、高効率な計算と高可用性を実現するための設計思想として、シェアード・ナッシングと呼ばれるものがある。シェアード・ナッシングでは、共有資源を全く持たないように分散システムを設計、実装するが、Rust の所有権と借用も大元には、このシェアード・ナッシングの考えがあると思われる。

Rust の借用を理解する上で重要なのは、変数は「mutable 変数」、「immutable 変数」、「mutable 参照」、「immutable 参照」の 4 つの種類に分けることができるという点と、それぞれの変数の状態遷移である。mutable 変数、参照はその名のとおり、破壊的代入可能な変数、参照のことで、immutable 変数、参照は破壊的代入が許されない変数、参照のことである。ここで、immutable 変数の借用は特に問題になることはないと思われるので、それ以外の、mutable 変数、mutable 参照、immutable 参照の 3 つについて説明する。

次の図はこれら 3 つの変数の状態遷移を示している。

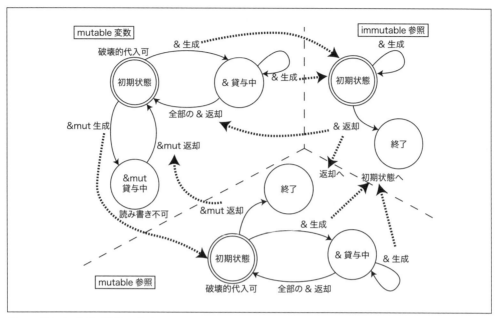

図2-3　借用時の状態（簡易モデル）

 実際の Rust コンパイラは参照の生成だけでは検査は行わず、読み書きを行うタイミングで検査を行うため、この状態遷移図は厳密には異なる。しかし、借用を理解して実装するには有用であると考えており、借用理解のための簡易モデルと考えてもらうとよいだろう。

　一番はじめに生成されるのは mutable 変数であり、そこから & や &mut で immutable と mutable 参照を生成する。この参照の生成を Rust では借用と呼んでおり、この図では太い点線で借用と返却（参照の破棄）を示している。破壊的代入が可能なのは、mutable 変数、もしくは mutable 参照が初期状態の場合のみであり、その他の状態の場合はできない。また、mutable 変数が &mut 貸与中の場合は、読み書きの両方ができない。

　次のソースコードは借用の例である。

Rust

```rust
struct Foo {
    val: u32
}

fn my_func8() {
    let mut x = Foo{val: 10}; // x は mutable 変数 ❶
    {
        let a = &mut x; // a は mutable 参照 ❷
```

```
        println!("a.val = {}", a.val);

        // x は「&mut 貸与中」状態のためエラー
        // println!("x.val = {}", x.val); ❸

        let b: &Foo = a; // b は immutable 参照 ❹
        // a.val = 20;    // a は「& 貸与中」状態のためエラー ❺
        println!("b.val = {}", b.val); // ❻
        // ここで b が借用中の所有権が返却される

        a.val = 30;
    }

    {
        let c = &x; // c は immutable 参照 ❼
        println!("c.val = {}", c.val);
        println!("x.val = {}", x.val);

        // let d = &mut x; // x は「& 貸与中」状態のためエラー ❽
        // d.val = 40;

        println!("c.val = {}", c.val);
    }

    println!("x.val = {}", x.val);
}
```

❶ mutable 変数 x の状態は「初期状態」となる。

❷ mutable 変数 x から mutable 参照を生成し、それを mutable 参照 a が借用。このとき、mutable 変数 x は「&mut 貸与中」、mutable 参照 a は「初期状態」となる。

❸ mutable 変数 x へアクセスしようとしても、変数 x は「&mut 貸与中」のためコンパイルエラーとなる。

❹ mutable 参照 a から immutable 参照を生成し、その所有権を immutable 参照 b が借用。このとき、mutable 参照 a は「& 貸与中」、immutable 参照 b は「初期状態」となる。

❺ mutable 参照 a へ破壊的代入を行おうとするとコンパイルエラーとなる。

❻ immutable 参照 b が最後に利用され、借用された参照の返却はこれ以降に起きる。そのため、この行実行後に immutable 参照 b が借用していた所有権が変数 a に返却されて、mutable 参照 a は「初期状態」に戻る。結果、mutable 参照 a に対して再び破壊的代入が可能となる。

❼ mutable 変数 x から immutable 参照が生成され、その所有権を immutable 参照 c が借用。このとき、mutable 変数 x は「& 貸与中」、immutable 参照 c は「初期状態」となる。

❽ よって、mutable 変数 x から mutable 参照を生成して破壊的代入を行おうとすると、コンパイルエラーとなる。

　以上が借用の説明となる。所有権と借用という概念を導入することで得られるメリットは、先にも述べた並行プログラミングにまつわる問題と、もう 1 つ、ガベージコレクション（GC）にまつわる問題がある。あるオブジェクトが複数の箇所から参照されると、そのオブジェクトが参照されなくなるタイミングを検知して、オブジェクトを破棄する必要がある（そうしないとメモリリークしてしまう）。それを行うのが GC であるが、GC は一般的にプログラマが管理するのは難しく、実行速度にクリティカルな場面では GC が邪魔になる場合がある。さらに、参照カウンタなどを含めて、GC には一定以上のオーバーヘッドが発生してしまう。しかし、所有権と借用があると、オブジェクトを破棄するタイミングがコンパイル時にわかるため、そのような問題は起きない。

2.3.6　メソッド定義

　オブジェクト指向言語では、あるオブジェクトに対する関数を定義することができ、そのような関数は**メソッド**（method）と呼ばれる。Rust では、`impl` キーワードを用いてメソッド定義を行うことができる。次のソースコードは、メソッド定義の例である。

Rust

```rust
struct Vec2 {
    x: f64,
    y: f64
}

impl Vec2 { // ❶
    fn new(x: f64, y: f64) -> Self { // ❷
        Vec2{x, y}
    }

    fn norm(&self) -> f64 { // ❸
        (self.x * self.x + self.y * self.y).sqrt()
    }

    fn set(&mut self, x: f64, y: f64) { // ❹
        self.x = x;
        self.y = y;
    }
}

fn my_func9() {
    let mut v = Vec2::new(10.0, 5.0); // ❺
    println!("v.norm = {}", v.norm());
    v.set(3.8, 9.1);
    println!("v.norm = {}", v.norm());
}
```

❶ Vec2 型用のメソッド定義。

❷ new メソッドは、Vec2 型のオブジェクトを生成するための関数であり、このメソッドはインスタンスを引数にとらなくても呼び出せる。Rust では、慣習としてオブジェクト生成のために new メソッドを実装することが多い。

❸ ピタゴラスの定理を用いてベクトルの長さを計算する norm メソッドを定義。ここでは、Vec2 インスタンスの immutable 参照を &self 変数にとる。

❹ ここでは self は mutable 参照とする。

❺ new メソッドを用いて Vec2 を生成し、続いて、Vec2 のメソッドを呼び出す。

この self は、C++ や Java ではコンパイラが隠してしまうため見たことのない人もいるだろうが、実は C++ などでも裏側ではこっそり self と同じものをメソッドに渡しており、それらは this と呼ばれる。Rust（や Python）では self は隠さずに明示するようになっている。ちなみに、.sqrt() という書き方は、f64 型に実装されている sqrt メソッドを呼び出していることになる。

self の型には参照以外にも、参照ではない普通の型や、Box や後に述べる Arc といったスマートポインタとすることもできる。参照でなく普通の型にすると関数呼び出し時に所有権を奪う。

impl はメソッド定義のみではなく、次節で述べるトレイトの関数を実装するためにも利用される。本書では、impl でメソッド定義したり、トレイトの関数を実装することを、その型に実装するなどと言う。また、メソッドは単に関数であるので関数と呼ぶ。

2.3.7　トレイト

トレイトは Java で言うところのインタフェースと、Haskell の型クラスの合いの子といった機能である。トレイトで実現する主要機能の 1 つに、アドホック多相（C++ で言うところの多重定義）がある。アドホック多相とは、異なる関数を同じ関数名として定義、利用可能な性質である。例えば、u32 型の加算と f32 型の加算は実際には別々の処理を行うが、それらの加算に同じ +（プラス）演算子を利用して行うことができるのは、アドホック多相のおかげである。アドホック多相のない OCaml では、整数の加算演算子は + だが、浮動小数点数の加算演算子は +. となる。

OCaml のような設計は悪い点とは言い切れない。例えば、0.1 + 0.1 + 0.1 == 0.3 を、いろいろなプログラミング言語で計算してみてみると、整数と浮動小数点数の加算が別物であると気が付く。

次のソースコードは、トレイトの定義例である。

Rust

```rust
trait Add<RHS=Self> { // ❶
    type Output; // ❷
```

```
    fn add(self, rhs: RHS) -> Self::Output; // ❸
}
```

この例は、Rust の標準ライブラリにある Add トレイトを表しており、Add トレイトを実装した型は + 演算子が利用できるようになる。

❶ Add トレイトを定義。このトレイトはジェネリクスとなっており型引数をとる。RHS が型引数で、Self がデフォルト型引数となり、型引数が指定されない場合は RHS は Add トレイトを実装した型と同じとなる。
❷ このトレイト内で利用する型を定義。
❸ 実装すべき add 関数の型を定義。

次のソースコードは、トレイトを利用する例となる。

Rust

```rust
use std::ops::Add; // ❶

struct Vec2 {
    x: f64,
    y: f64
}

impl Add for Vec2 { // ❷
    type Output = Vec2;

    fn add(self, rhs: Vec2) -> Vec2 {
        Vec2 {
            x: self.x + rhs.x,
            y: self.y + rhs.y,
        }
    }
}

fn my_func10() {
    let v1 = Vec2{x: 10.0, y: 5.0};
    let v2 = Vec2{x: 3.1, y: 8.7};
    let v = v1 + v2; // + 演算子が利用可能。v1 と v2 の所有権は移動 ❸
    println!("v.x = {}, v.y = {}", v.x, v.y);
}
```

❶ Add トレイトを標準ライブラリからインポート。
❷ Vec2 型のための Add トレイトの実装。Output の型と add 関数を定義。
❸ add 関数呼び出し。

　ちなみに、3では所有権の移動が発生するため、v1 と v2 はこれ以降は利用することはできない。しかし、他の u32 型などでは所有権移動は起きず、+演算子の後でも値にアクセス可能である。この挙動は、Copy トレイトを実装しているかどうかによって変わる。つまり、u32 型などは Copy トレイトを実装しているために変数束縛時にコピーが発生するが、Vec2 型は Copy トレイトを実装していないため変数束縛は所有権の移動となる。

　Copy トレイトの実装は、上記のようにもできるが、derive アトリビュートを使うとより簡単に実装可能である。次のソースコードは derive アトリビュートの例である。

Rust

```rust
#[derive(Copy, Clone)]
struct Vec2 {
    x: f64,
    y: f64
}
```

　ここでは、Vec2 型は Copy と Clone トレイトをコンパイラ側で自動的に実装するように指定している。なお、Clone は Copy アトリビュート実装に必要なトレイトであるため、こちらも指定する必要がある。

　あるトレイトを実装するオブジェクトを対象としたジェネリクス関数は、トレイト制約と呼ばれる機能を用いることで実装できる。次のソースコードはトレイト制約の例である。

Rust

```rust
fn add_3times<T>(a: T) -> T
where T : Add<Output = T> + Copy // ❶
// where 以降を書く代わりに ❷
// fn add_3times<T : Add<Output = T> + Copy>(a: T) -> T
// と書いてもよい
{
    a + a + a
}
```

❶ where で型引数 T のトレイト制約を明示。ここでは、型 T は、Add と Copy トレイトを実装しており、Add トレイト中の Output 型は T であるとしている。このようにすることで、add_3times は Add と Copy トレイトを実装した型にのみ適用可能となる。

❷ where と書く代わりに、型引数中にトレイト制約を記述可能。

2.3.8　?演算子とunwrap

　基本的に、Rust のエラー処理は Option 型か Result 型を用いて行うが、すべてのエラー判定をパターンマッチで行うと記述が冗長になってしまう。そこで、簡略表記可能にするために、?演算子と unwrap 関数が用意されている。

　次のソースコードは?演算子の意味を示している。

Rust

```
// ?演算子の例
let a = get(expr)?; // ❶

// get 関数が Option 型をリターンする場合、
// 上記?演算子は、下のパターンマッチに等しい
let a = match get(expr) { // ❷
    Some(e) => e,
    None => return None,
};

// get 関数が Result 型をリターンする場合、
// 上記?演算子は、下のパターンマッチに等しい
let a = match get(expr) { // ❸
    Ok(e) => e,
    Err(e) => return Err(e),
};
```

❶ Option 型か Result 型のどちらかの値をリターンする get 関数を呼び出しており、その後ろに ? 演算子が記されている。

❷ get 関数の返り値の型が Option 型の場合。

❸ get 関数の返り値の型が Result 型の場合。

つまり、? 演算子は match と return の糖衣構文となる。? 演算子は非常に便利なため、是非利用方法を覚えてほしい。

次のソースコードは、unwrap 関数の例となる。Rust では、Option 型や Result 型などに unwrap という関数を実装する場合があり、成功して値を取り出せるときには取り出し、取り出せない場合には panic で終了させる動作を記述できる。

Rust

```
// unwrap 関数の例
let a = get(expr).unwrap(); // ❶

// get 関数が Option 型をリターンする場合、
// 上記 unwrap 関数呼び出しは、下のパターンマッチに等しい
let a = match get(expr) { // ❷
    Some(e) => e,
    None => { panic!() },
};

// get 関数が Result 型をリターンする場合、
// 上記 unwrap 関数呼び出しは、下のパターンマッチに等しい
let a = match get(expr) { // ❸
    Ok(e) => e,
```

```
        Err(e) => { panic!() },
};
```

❶ Option 型か Result 型のどちらかの値をリターンする get 関数を呼び出しており、それらに
実装されている unwrap 関数を呼び出し。

❷ get 関数の返り値の型が Option 型の場合。

❸ get 関数の返り値の型が Result 型の場合。

unwrap 関数は失敗した場合にプログラムを異常終了させてしまうため、その利用には注意が必
要である。よく使うのは、unwrap を呼び出してもコード上明らかに panic とならない場合であり、
そうでない場合は、極力エラーハンドリングを行うべきと著者は考える。しかし、本書では例示
コードを極力短くするために unwrap をしばしば利用するので、実業務で利用する際は注意された
い。

2.3.9　スレッド

本節では、Rust でのスレッドの利用方法について説明する。次のソースコードは、スレッドの
利用例となる。

Rust

```rust
use std::thread::spawn; // ❶

fn hello() { // ❷
    println!("Hello World!");
}

fn my_func11() {
    spawn(hello).join(); // ❸

    let h = || println!("Hello World!"); // ❹
    spawn(h).join();
}
```

❶ スレッドの生成を行うために spawn 関数をインポート。

❷ スレッド生成で利用する関数を定義。

❸ spawn 関数を呼び出してスレッドを生成。spawn 関数の引数には、hello という関数ポインタ
を渡しているため、別スレッドから Hello World! が表示される。Rust のスレッドは基本的
にデタッチスレッドであるため、join する必要はないが、join 関数でスレッドの終了を待つ
こともできる。

❹ クロージャを用いてもスレッド生成可能。

次のソースコードは、もう少し複雑なスレッドの利用例となる。

Rust

```
use std::thread::spawn;

fn my_func12() {
    let v = 10;
    let f = move || v * 2; // ❶

    // Ok(10 * 2) が得られる
    let result = spawn(f).join(); // ❷
    println!("result = {:?}", result); // Ok(20) が表示される

    // スレッドが panic した場合は、Err( パニックの値 ) が得られる
    match spawn(|| panic!("I'm panicked!")).join() { // ❸
        Ok(_) => { // ❹
            println!("successed");
        }
        Err(a) => { // ❺
            let s = a.downcast_ref::<&str>();
            println!("failed: {:?}", s);
        }
    }
}
```

❶スレッド生成のためのクロージャを定義。Rustのスレッドは値をリターンすることができる。

❷定義したクロージャを spawn 関数に渡してスレッドを生成。スレッドの返り値は、join 関数の返り値に含まれている。ただし、join 関数の返り値は、Result 型であるため、実際には、Ok(20) と包まれて返ってくる。

❸スレッドがパニックして終了した例。panic! マクロを呼び出してスレッドをパニックさせるクロージャを spawn 関数に渡してスレッドを生成して join。

❹スレッドが正しく終了した場合の処理。

❺スレッドがパニックした場合、join 関数の返り値に、Result 型の Err にパニック時の値が包まれる。Err に包まれている値の型は、どのような型にもなれる Any と呼ばれる特殊な型である。そこで、この Any 型から、println! 関数へ渡すために &str 型へとキャストして表示。

以上のようにすることで、スレッドの返り値か、パニックした場合の返り値を取得することができる。

以上が Rust の簡単な説明である。ここで説明した以外にも学ぶべき箇所は多くあるが割愛させてもらった。本書でこれら以外の機能を用いる際は、その都度説明を行う。詳細はプログラミング Rust［rust_oreilly］や、Rust の公式ドキュメントを参照するとよいだろう［rust］。

3 章
同期処理 1

　この世の中は並行に物事が進んでいる。例えば車は道路の上をめいめい独立に走行している。しかし、完全に独立しているかというとそうではなく、信号やルールによって一定の協調を強いられている。協調的に動作することで、多くの車が混乱なく走行することが可能になる。並行プログラミングでも、複数のプロセス間で協調動作が必要なのは同じであり、タイミングの同期やデータ更新などを複数のプロセス間で協調的に行うような処理のことを同期処理と呼ぶ。本章では、並行プログラミングの基本的な要素である同期処理について、そのハードウェア的なメカニズムからアルゴリズムまでを説明する。

　本章では、まずはじめに、なぜ同期処理が必要なのか、つまりレースコンディションについて説明し、C 言語とアセンブリを用いて、現代的な CPU で利用可能なアトミック演算命令とアトミック処理について説明する。また、同期処理の基本であるミューテックス、セマフォ、条件変数、バリア同期、Readers-Writer ロック、Pthreads について説明する。C 言語とアセンブリを用いることで、原始的な命令と関数についての理解が深まる。

　その後、Rust 言語の同期処理ライブラリについて現代的な同期処理手法について説明する。原始的な命令と関数でも同期処理は行えるが、そこにはいくつもの落とし穴がある。一方、Rust 言語では同期処理で陥りがちなミスを型システムにより防ぐことができる。現代のプログラマには是非これらを習得してほしい。C と Rust の同期処理手法を対比して学ぶことで、Rust の先進的な同期処理手法に関する理解が深まる。最後に、アトミック命令に依存しない代表的な同期処理アルゴリズムであるパン屋のアルゴリズムを紹介する。

Rust 言語の同期処理ライブラリは裏側で Pthreads を利用している。並行プログラミングのしくみを知るという意味で、はじめに C 言語で Pthreads の説明を行う。

　なお、本章では、スレッドや OS プロセスのことをひとまとめにプロセスと呼ぶ。これは、本章で述べる内容は、OS のスレッドに限定しない内容だからである。実際、本章で述べるアトミック

命令やスピンロックなどは、スレッドやOSプロセスに限らず、カーネルスペースへも適用可能である。

3.1　レースコンディション

　レースコンディション（race condition）とは日本語で競合状態と訳され、複数のプロセスが並行して共有リソースにアクセスした結果引き起こされる、予期しない異常な状態のことを指す。並行プログラミングでは、このレースコンディションをいかに引き起こさずに正しくプログラミングするかが課題の1つとなる。

　レースコンディションの例として、共有メモリ上にある変数を複数のプロセスがインクリメントするという単純な例を考えてみよう。ただし、メモリへの読み書きを同時に行うことはできず、読み込みと書き込みは別々のタイミングで行わなければならないとする。次の図は、2つのプロセスAとBが共有変数vをインクリメントする例となる。

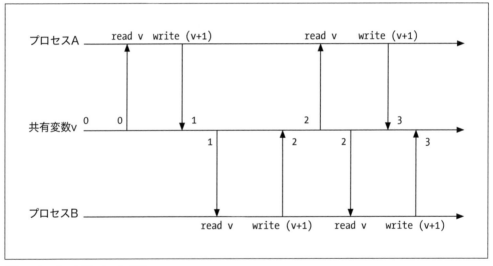

図3-1　レースコンディションの例

　はじめにプロセスAがvから値を読み込み、その後すぐにvへインクリメントした値を書き込んでいる。vの初期値は0のため、この時点ではvの値は1となる。次に、プロセスBがvから値を読み込み、その値をインクリメントして値を書き戻す。するとvの値は2となる。ここまでは問題ない。しかし、続く処理で、プロセスAがvの値を読み込んだ後すぐにプロセスBもvの値を読み込んでいる。このとき、どちらのプロセスも読み込んだ値が2のため、インクリメントした3をvへ書き込んでしまっている。期待されるvの最終的な値は4であるが、実際には3となってしまっている。このように、並行プログラミングにおいて、予期しない不具合に陥ってしまった状態のことをレースコンディションと呼ぶ。

レースコンディションを引き起こすプログラムコード部分のことを**クリティカルセクション**（critical section）、日本語だと危険領域、と呼ぶ。クリティカルセクションを保護するためには本章で述べるような、同期処理の機構が用いられる。

3.2 アトミック処理

アトム（atom）とは古代ギリシアの哲学者デモクリトスが発明した用語で、この世の中はこれ以上分割不可能な単位であるアトムから構成されているという考えから来ている。これと同じように、**アトミック処理**（atomic operation）とは、不可分操作とも呼ばれる処理であり、それ以上は分割不可能な処理のことを言う。厳密に考えていくとCPUのadd（加算）やmul（乗算）のような命令もアトミックな処理に思われるが、一般的にアトミック処理というと、特に複数回のメモリアクセスが必要な操作が組み合わされた処理のことを指し、加算や乗算など単純な命令などは通常指さない。

したがって、アトミック処理の厳密な定義はここで与えないが、アトミック処理の性質は以下のように定義することができる。

定義：アトミック処理の性質

ある処理がアトミックである⇒その処理の途中状態はシステム的に観測することができず、かつ、もしその処理が失敗した場合は完全に処理前の状態に復元される。

最近のCPUでは、アトミック処理用の命令がサポートされており、このアトミック処理を利用してさまざまな同期処理機構や、より抽象度の高いプログラミング言語レベルでのアトミック処理を実装している。本節ではCPUの提供するいくつかの代表的なアトミック処理について解説する。現代のコンピュータ上での同期処理のほとんどはアトミック命令に依存している。アトミック処理について学ぶことで、並行プログラミングのしくみについてより深く理解できる。

3.2.1 Compare and Swap

Compare and Swap（CAS）は同期処理機構の1つであるセマフォや、ロックフリー、ウェイトフリーなデータ構造を実装するために利用される処理である。次のソースコードはCASの意味を示したコードとなる。

```c
bool compare_and_swap(uint64_t *p, uint64_t val, uint64_t newval)
{
    if (*p != val) { // ❶
        return false;
    }
    *p = newval; // ❷
    return true;
}
```

❶ *p の値が val と異なる場合、false をリターン。
❷ *p の値が val と同じ場合、*p に newval を代入し、true をリターン。

　一般的にこのプログラムはアトミックではない。事実、2 行目の *p != val や、5 行目の *p = newval といった式は別々に実行される。この compare_and_swap 関数は C 言語コンパイラで次のようなアセンブリコード（x86-64, System V x86-64 ABI）にコンパイルされる。なお、セミコロン（;）以降の文は著者が追記したコメントである。

例 3-1　x86-64 でのコンパイル結果　　　　　　　　　　　　　　　　　　　　　　ASM x86-64

```
    cmpq    %rsi, (%rdi) ; %rsi == (%rdi) ❶
    jne     LBB0_1       ; if %rsi != (%rdi) then goto LBB0_1 ❷
    movq    %rdx, (%rdi) ; (%rdi) = %rdx
    movl    $1, %eax     ; %eax = 1
    retq                 ; ❸
LBB0_1:
    xorl    %eax, %eax   ; %eax = 0 ❹
    retq                 ; ❺
```

❶ rsi レジスタの値と rdi レジスタが指すメモリ上の値を比較しており、その結果が ZF フラグと呼ばれるフラグに保存される。
❷ 比較結果（ZF フラグを検査）が等しくない場合、LBB0_1 ラベルへジャンプ。
❸ 1 をリターン。
❹ xorl 命令で eax レジスタの値を 0（つまり false）に設定。
❺ 0 をリターン。

　このアセンブリコード中の、rdi、rsi、rdx はそれぞれ関数の第 1、2、3 引数として利用されるレジスタであり、これは System V x86-64 Application Binary Interface（ABI）で決められている。つまり、rdi、rsi、rdx レジスタは、C 言語のコード中の変数 p、val、newval に相当する。また、%rsi と書かれたときは rsi レジスタに格納された値そのものを指し、(%rdi) と丸括弧付きで書かれたときは rdi レジスタに格納されたアドレスが指すメモリ上の値を指す。つまり、アセンブリコード中の (%rdi) は C のコード中の *p に相当する。
　このように、C のコードで示した処理は、通常はアセンブリコードレベルでも複数の操作を組み合わせて実現される。しかし、gcc や clang などの C コンパイラでは、これと同じ操作をアトミックに処理するための組み込み関数である __sync_bool_compare_and_swap 関数が用意されている。

C

```
bool compare_and_swap(uint64_t *p, uint64_t val, uint64_t newval)
{
    return __sync_bool_compare_and_swap(p, val, newval);
}
```

　なお、`__sync_bool_compare_and_swap` 関数の意味と引数は、先に示した `compare_and_swap` 関数と全く同じである。

　このソースコードは、以下のようなアセンブリコードに変換される。

例 3-2　x86-64 の CAS　　　　　　　　　　　　　　　　　　　　　　　　　　　　　　ASM x86-64

```
movq    %rsi, %rax        ; %rax = %rsi ❶
xorl    %ecx, %ecx        ; %ecx = 0 ❷
lock cmpxchgq %rdx, (%rdi) ; CAS ❸
sete    %cl              ; %cl = ZF flag ❹
movl    %ecx, %eax        ; %eax = %ecx
retq
```

❶第 2 引数を表す rsi レジスタの値を rax レジスタにコピー。

❷ ecx レジスタの値をゼロクリア。

❸ cmpxchgq 命令を利用してアトミックに比較と交換。lock を指定した場合、指定された命令中のメモリアクセスは排他的に行われることが保証される。もう少し具体的にいうと、命令中で指定されたメモリに該当する CPU キャッシュラインの所有権が排他的であることが保証される。つまり、CPU が複数ある場合でも、lock で指定されたメモリへアクセスできる CPU は同時に 1 つだけとなる。

❹ sete 命令は Set Byte on Condition 命令と呼ばれる命令の 1 つであり、ZF フラグの値を cl レジスタ（sete 命令では 8 ビットレジスタのみ指定可能で、cl レジスタは ecx レジスタの下位 8 ビットに相当）に保存。

cmpxchgq 命令は以下のソースコードのような意味となる。

```
                                                                    C
if (%rax == (%rdi)) {
    (%rdi) = %rdx
    ZF = 1
} else {
    %rax = (%rdi)
    ZF = 0
}
```

　つまり、cmpxchgq %rdx, (%rdi) では、まず rax レジスタの値と第 1 引数を表す rdi レジスタの指すメモリ上の値を比較し、その値が同じ場合、rdi レジスタの指すメモリ上に第 3 引数を表す rdx の値を代入し、ZF フラグの値を 1 に設定する。そうでない場合は、rdi レジスタの指すメモリ上の値を rax レジスタに設定し、ZF フラグの値を 0 に設定する。当然だが、このソースコードの意味は compare_and_swap 関数と同じとなる。

3.2.2　Test and Set

次のソースコードは Test and Set（TAS）と呼ばれる操作を行う関数である。

C

```c
bool test_and_set(bool *p) {
    if (*p) {
        return true;
    } else {
        *p = true;
        return false;
    }
}
```

この関数は、入力されたポインタ p の指す値が true ならただ単に true をリターンし、false の場合は p の指すメモリの値を true に設定して false をリターンする。TAS も CAS と同様にアトミック処理の1つであり、値の比較と代入がアトミックに実行され、スピンロックなどを実装するために利用される。

このソースコードをそのままコンパイルしてもアトミックに実行はされないが、CAS と同様に、gcc や clang などの C コンパイラでは、TAS 用の組み込み関数である __sync_lock_test_and_set 関数が用意されている。しかし、この関数の動作は test_and_set 関数（TAS 関数）とは異なっており、その意味は以下のソースコードのような意味となる。

C

```c
type __sync_lock_test_and_set(type *p, type val) {
    type tmp = *p;
    *p = val;
    return tmp;
}
```

この関数は、ポインタ p と値 val を引数にとり、val をポインタ p の指す値に代入して p の指していた古い値をリターンする。

実は、__sync_lock_test_and_set 関数の第2引数に 1（true）を指定することで、TAS 関数と同じ挙動となる。次の表は TAS 関数呼び出し前後での *p の状態と返り値を表したものとなる。

表3-1　組み込みTAS関数の挙動

	*p	*p'	返り値
TAS	0	1	0
	1	1	1
組み込み TAS	0	1	0
	1	1	1

　ここで、*p は TAS 関数呼び出し前の値で *p' は呼び出し後の値となり、1 が true を、0 が false を表すとする。また、組み込み TAS 関数（つまり __sync_lock_test_and_set 関数）の第 2 引数は 1 に固定しているとする。この表から、どちらの TAS 関数も挙動的には同じであることがわかる。

　次のソースコードは組み込み関数を用いたアトミックに動作する TAS 関数である。

C

```c
bool test_and_set(volatile bool *p) {
    return __sync_lock_test_and_set(p, 1);
}
```

　ここでは、先に述べたように第 2 引数に定数 1 を渡しているだけである。このソースコードは以下のアセンブリコードのようにコンパイルされる。

例 3-3　x86-64 の TAS　　　　　　　　　　　　　　　　　　　　　　　　　　　ASM x86-64

```
movb    $1, %al       ; %al = 1
xchgb   %al, (%rdi)   ; TAS ❶
andb    $1, %al       ; %al = %al & 1 ❷
retq
```

❶ xchgb 命令で al レジスタの値と、第 1 引数を意味する rdi レジスタの指すメモリの値を交換。xchgb 命令の意味は、TAS 関数と同じである。結果的に、rdi レジスタの指していたメモリの値は al レジスタに保存される。

❷ al レジスタの下位 1 ビットのみの値が取り出される（1 か 0 の値のみをメモリに格納するならこの論理積命令は不要であるが、ここではコンパイラが出力したコードをそのまま載せた）。

　　　　xchgb 命令は lock 命令プレフィックスがなくても、lock が付いているものとして扱われる。

　__sync_lock_test_and_set 関数でセットしたフラグは、__sync_lock_release を利用して解放でき、その使い方はきわめて単純で以下のソースコードのとおりとなる。

C

```c
void tas_release(volatile bool *p) {
    return __sync_lock_release(p);
}
```

　この関数は単純に false（つまり 0）を代入しているのみである。

3.2.3 Load-Link / Store-Conditional

x86-64 やその元となった x86 などの CPU アーキテクチャでは、`lock` 命令プレフィックスを使ってメモリへの読み書きを排他的に行うように指定した。一方、ARM、RISC-V、POWER、MIPS などの CPU では Load-Link / Store-Conditional（LL/SC）命令がアトミック処理の実装に用いられる。LL 命令はメモリ読み込みを行う命令だが、読み込む際にそのメモリを排他的に読み込むように指定する。SC 命令はメモリ書き込みを行う命令であり、LL 命令で指定したメモリへの書き込みが他の CPU によって行われていない場合のみに書き込みが成功する。

次の図は LL/SC 命令を使ったインクリメントの例を示している。

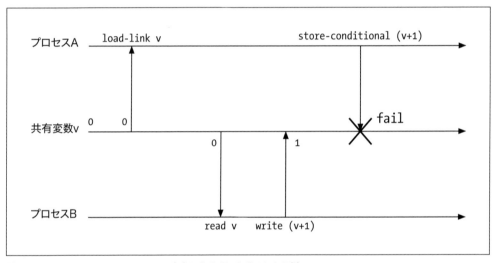

図3-2　Load-Link / Store-Conditional命令によるインクリメントの例

ここでは、まずはじめにプロセス A が LL 命令を用いて共有変数 v の値を読み込んでいる。続いて、他のプロセス B が共有変数 v から値を読み込み、その後に何かしらの値を書き込んでいる。次にプロセス A が SC 命令を用いて値を書き込んでいるが、プロセス A の LL 命令と SC 命令の間に共有変数 v への書き込みが発生しているため、この書き込みは失敗する。書き込みが失敗した場合は、もう一度読み込みと書き込み操作を行うことで、見かけ上はアトミックにインクリメントすることができる。

表3-2 AArch64のLL/SC命令（A/Lはload-Acquireとstore-reLease命令）

	LL	SC	クリア命令
8 ビット	ldxrb	stxrb	clrex
8 ビット（A/L）	ldaxrb	stlxrb	clrex
16 ビット	ldxrh	stxrh	clrex
16 ビット（A/L）	ldaxrh	stlxrh	clrex
32 or 64 ビット	ldxr	stxr	clrex
32 or 64 ビット（A/L）	ldaxr	stlxr	clrex
ペア	ldxp	stxp	clrex
ペア（A/L）	ldaxp	stlxp	clrex

　「A.3　メモリ読み書き」の節で説明するように、読み込みを行う命令は、読み書きを行うサイ ズによって異なっているため、それぞれに対応したLL/SC命令が用意されている（網羅している わけではないので詳細はマニュアルを参照すること）。また、`ldaxr`のように命令中に a がある LL 命令は load-acquire を意味し、`stlxr` のように命令中に l がある SC 命令は store-release を意味 する。load-acquire 命令に続く命令は、必ずこの命令が終了した後に実行されることを保証し、 store-release 命令より以前の命令は、この命令の実行前に必ずすべて実行されることを保証する。 これは CPU のアウトオブオーダ実行を制御するためであり、詳細は**「4.7　メモリバリア」**の節 で説明する。`clrex` 命令はクリア命令と呼ばれる命令で、`ldxr` 命令などで排他的に読み込みを行っ たメモリの状態を、排他アクセスの状態からオープンアクセスの状態に戻す命令である。
　次のソースコードは、AArch64 アセンブリを用いて TAS 関数を実装したものとなる。

例 3-4　AArch64 の LL/SC を用いた TAS　　　　　　　　　　　　　　　　　　　　　ASM AArch64

```
    mov     w8, #1       ; w8 = 1
.LBB0_1:
    ldaxrb  w9, [x0]     ; w9 = [x0] ❶
    stlxrb  w10, w8, [x0]; [x0] = w8 ❷
    cbnz    w10, .LBB0_1 ; if w10 != 0 then goto .LBB0_1 ❸
    and     w0, w9, #1   ; w0 = w9 & 1
    ret
```

---

❶第 1 引数を表す x0 レジスタの指すメモリの値を w9 レジスタに読み込む。

❷w8 レジスタの値を x0 レジスタの指すメモリに書き込んでいるが、この書き込みは、`ldaxrb` 命令以降、同じメモリ位置に対して他の CPU により書き込みがない場合のみ行う。もし書き 込みができた場合は w10 レジスタの値は 0 に、できなかった場合は 1 に設定される。

❸w10 レジスタの値が 0 でなければ 3 行目から処理をやり直し、そうでない場合は処理を進め る。

　もう 1 つ、LL/SC 命令を使った簡単な例を次のソースコードで示そう。このソースコードはア トミックに値をインクリメントする例であり、共有変数へのアドレスは x0 レジスタに保存されて いるとする。

例 3-5　AArch64 の LL/SC を用いたアトミックインクリメント　　　　　　　　　　　ASM AArch64

```
.LBB0_1:
    ldaxr  w8, [x0]    ; w8 = [x0] ❶
    add    w8, w8, #1  ; w8 = w8 + 1 ❷
    stlxr  w9, w8, [x0] ; [x0] = w8 ❸
    cbnz   w9, .LBB0_1 ; if w9 != 0 goto .LBB0_1 ❹
```
---

❶ x0 レジスタの指すメモリから値を読み込み、w8 レジスタに保存。

❷ w8 レジスタの値をインクリメント。

❸ w8 レジスタの値を x0 レジスタの指すメモリへ保存。ただし、ldaxr 命令とこの命令の間に、他の CPU から当該メモリへ書き込みがあった場合はこの書き込みは失敗する。

❹ w9 レジスタの値を検査して 0 でなければもう一度処理をやり直す。

LL/SC 命令は、このように他の CPU からの書き込みがあったかどうかを検知できるが、この点が x86-64 の lock 命令プレフィックスと大きく違う点である。x86-64 アーキテクチャでこれを検知するには、ハザードポインタと呼ばれる手法などを用いる必要がある。これらについては「7.3.2 ABA 問題」の節で解説する。

Arm v8.1 からは cas 命令などが追加されたため、LL/SC を使わずにアトミック処理を実装可能となっている。

3.3　ミューテックス

ミューテックスは MUTual EXclusion（mutex）の略であり、日本語だと排他実行とも呼ばれる同期処理の方法である。その名前のとおり、ミューテックスはクリティカルセクションを実行可能なプロセスの数を高々 1 つに制限するような同期処理である。排他的に実行を行うために、共有変数となるフラグを用意しておき、そのフラグが true ならクリティカルセクションを実行し、そうでなければ実行しないというような処理が考えられる。具体的には以下のようなソースコードとなるように思われる。

例 3-6　bad_mutex　　　　　　　　　　　　　　　　　　　　　　　　　　　　　　　C

```
bool lock = false; // 共有変数 ❶

void some_func() {
retry:
    if (!lock) { // ❷
        lock = true; // ロック獲得
        // クリティカルセクション
```

```
    } else {
        goto retry;
    }
    lock = false; // ロック解放 ❸
}
```

❶各プロセスで共有される変数を定義。初期値は `false`。

❷すでに他のプロセスがクリティカルセクションを実行中でないかを確認し、どのプロセスも実行中でなければ、クリティカルセクション実行中であることを示すため、共有変数 `lock` に `true` を代入してして、クリティカルセクションを実行。逆に、もし他にクリティカルセクションを実行中のプロセスがいる場合はリトライ。

❸共有変数 `lock` に `false` を代入して処理を終了。

 クリティカルセクション実行の権限を得ることを「ロックを獲得する」と言い、獲得した権限を解放することを、「ロックを解放する」という。

　この関数は複数のプロセスから並行に呼び出され、`lock` 変数はすべてのプロセスで共有されているとする。このプログラムは一見うまく動きそうだが、複数のプロセスがクリティカルセクションを同時に実行してしまう可能性がある。次の図は、排他実行されない例を示している。

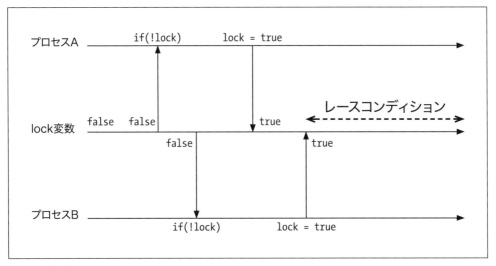

図3-3　排他実行されない例

　この図では、2つのプロセスAとBが共有変数 `lock` にアクセスしているが、プロセスAが

some_func 関数内にある if の条件部分を実行した直後に、プロセス B が同じく if の条件部分を実行している。このプロセス B による lock 変数の読み込みは、プロセス A が lock 変数に true を設定するよりも前に実行されるため、結果的にプロセス A と B の両方とも同時刻にクリティカルセクションを実行してしまう。

次のソースコードは、正しく排他制御を行う実装である。

例3-7　good_mutex.c   C

```c
bool lock = false; // 共有変数

void some_func() {
retry:
    if (!test_and_set(&lock)) { // 検査とロック獲得
        // クリティカルセクション
    } else {
        goto retry;
    }
    tas_release(&lock); // ロック解放
}
```

このソースコードでは、単純に lock 変数を検査して値を設定するのではなく、アトミック版の TAS 関数を利用して検査と値の設定を行っている。**図3-3** で示したように、**例3-6** のコードでは検査と値の設定が複数の操作から成り立っており、それが正しく排他制御されない原因となっていた。そこで、ここでは TAS を利用してアトミックに検査と値の設定を行うように修正している。

次の図は正しく排他制御される例を示している。

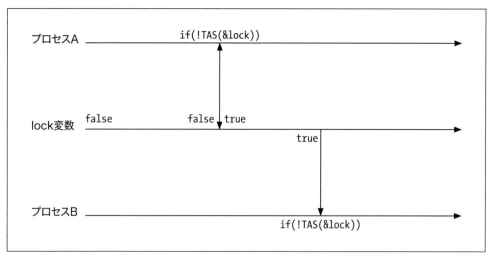

図3-4　正しい排他実行の例

　この図のように、TAS を用いることで lock 変数からの読み込みと書き込みが同時に行うことができるようになる。また、TAS で利用される xchg 命令は、キャッシュラインを排他的に設定するため、同じメモリに対する TAS が同時に実行されることはない。

3.3.1　スピンロック

　例 3-7 では、ロックが獲得できるまでループを繰り返していていたが、このようにリソースの空きをポーリングして確認するようなロックの獲得方法をスピンロックという。典型的には、スピンロック用の API はロック獲得用とロック解放用の関数の 2 つが提供され、それらは以下のソースコードのように記述される。なお、このアルゴリズムでは bool 型の共有変数 lock を 1 つ利用し、その初期値は false である。

C

```c
void spinlock_acquire(bool *lock) {
    while (test_and_set(lock)); // ❶
}

void spinlock_release(bool *lock) {
    tas_release(lock); // ❷
}
```

❶共有変数へのポインタを受け取り、TAS を用いてロックを獲得できるまでループ。
❷単純に共有変数を引数として tas_release 関数を呼び出しているのみ。

　ソースコードは正常に動作するが、一般的にアトミック命令は実行速度上のペナルティが大きい。そこで、TAS を呼び出す前に検査してから TAS を行うように改良することができ、それは以下のソースコードのようになる。

C

```c
void spinlock_acquire(volatile bool *lock) { // ❶
    for (;;) {
        while(*lock); // ❷
        if (!test_and_set(lock))
            break;
    }
}

void spinlock_release(bool *lock) {
    tas_release(lock);
}
```

❶ volatile としているのはループ中の最適化を防ぐため。
❷ lock 変数が false になるまでループしており、アトミック命令を無駄に呼び出す回数を減らしている。

このような TAS の前にテストするような方法は、Test and Test and Set（TTAS）とも呼ばれる。

スピンロックではロックを獲得できるまでループで何度も共有変数を確認するため、クリティカルセクション中の処理量が多い場合には、無駄に CPU リソースを消費してしまう。そのため、ロックを獲得できなかった場合はコンテキストスイッチで他のプロセスに CPU リソースを明け渡し、計算資源の利用を効率化する場合がある。また、クリティカルセクション実行中に、OS のスケジューラによって OS プロセスが割り込みによって待機状態になってしまった場合には特にペナルティが大きくなる。しかし、ユーザランドのアプリケーションでは OS による割り込みを制御することは難しいため、スピンロック単体での利用は推奨されず、次で述べる Pthreads や言語ライブラリで提供されるミューテックスを利用するか、スピンロックとこれらライブラリを組み合わせて利用すべきである。

次のソースコードはスピンロックの利用例を示している。

C

```c
bool lock = false; // 共有変数

void some_func() {
    for (;;) {
        spinlock_acquire(&lock); // ロック獲得 ❶
        // クリティカルセクション ❷
        spinlock_release(&lock); // ロック解放 ❸
    }
}
```

このように使い方自体はきわめて簡単であるが、実際にプログラムを書くと、ロック解放を忘れることがあるため気を付けなければならない。

3.3.2　Pthreadsのミューテックス

次に、Pthreads のミューテックスの説明を行う。先にも述べたが、通常のプログラムは spin lock などは自前で実装せず、ライブラリの提供するミューテックスを利用する方が望ましい。ソースコードは、Pthreads のミューテックスの利用例を示している。

C

```c
#include <stdio.h>
#include <stdlib.h>
#include <pthread.h>

pthread_mutex_t mut = PTHREAD_MUTEX_INITIALIZER; // ❶

void* some_func(void *arg) { // スレッド用の関数
    if (pthread_mutex_lock(&mut) != 0) { // ❷
        perror("pthread_mutex_lock"); exit(-1);
    }
```

```
    // クリティカルセクション

    if (pthread_mutex_unlock(&mut) != 0) { // ❸
        perror("pthread_mutex_unlock"); exit(-1);
    }

    return NULL;
}

int main(int argc, char *argv[]) {
    // スレッド生成
    pthread_t th1, th2;
    if (pthread_create(&th1, NULL, some_func, NULL) != 0) {
        perror("pthread_create"); return -1;
    }

    if (pthread_create(&th2, NULL, some_func, NULL) != 0) {
        perror("pthread_create"); return -1;
    }

    // スレッドの終了を待機
    if (pthread_join(th1, NULL) != 0) {
        perror("pthread_join"); return -1;
    }

    if (pthread_join(th2, NULL) != 0) {
        perror("pthread_join"); return -1;
    }

    // ミューテックスオブジェクトを解放
    if (pthread_mutex_destroy(&mut) != 0) { // ❹
        perror("pthread_mutex_destroy"); return -1;
    }

    return 0;
}
```

❶ ミューテックス用の変数 mut を定義。Pthreads では、ミューテックス用共有変数の型は pthread_mutex_t であり、初期化は PTHREAD_MUTEX_INITIALIZER マクロで行う。なお、ミューテックスの初期化は pthread_mutex_init という関数でも可能。

❷ pthread_mutex_lock 関数に、ミューテックス用の共有変数 mut のポインタを渡してロックを獲得。

❸ pthread_mutex_unlock 関数に mut へのポインタを渡して、ロックを解放。このように、Pthreads では、pthread_mutex_lock と pthread_mutex_unlock 関数を呼び出すことでロックの獲得と解放が可能。

❹生成したミューテックス用の変数は、pthread_mutex_destroy 関数で解放しなければメモリ
リークを引き起こす。

これら pthread 系の関数は、成功した場合に 0 が返って来るため、このソースコードでは返り
値が 0 かをチェックし、そうでない場合はプログラムを終了させている。

3.4　セマフォ

ミューテックスはロックを獲得できるプロセスは最大で 1 つであったが、**セマフォ**（semaphore）
では最大 N プロセスまで同時にロックを獲得できる。ただしここで N はプログラム実行前に自由
に決定できる値である。すなわち、セマフォはミューテックスをより一般化したもの、もしくは
ミューテックスはセマフォの特殊なバージョンと考えることができる。

次のソースコードはセマフォのアルゴリズムを示している。ここで、NUM は同時にロックを獲得
可能なプロセス数の上限である。なお、このアルゴリズムでは int 型の共有変数 cnt を 1 つ利用
し、その初期値は 0 である。

例 3-8　**semaphore.c**　　　　　　　　　　　　　　　　　　　　　　　　　　　　　　　　　C

```
void semaphore_acquire(volatile int *cnt) { // ❶
    for (;;) {
        while (*cnt >= NUM); // ❷
        __sync_fetch_and_add(cnt, 1); // ❸
        if (*cnt <= NUM) // ❹
            break;
        __sync_fetch_and_sub(cnt, 1); // ❺
    }
}

void semaphore_release(int *cnt) {
    __sync_fetch_and_sub(cnt, 1); // ❻
}
```

---

❶引数として int 型の共有変数へのポインタを受け取る。ミューテックスの場合は、ロックがす
でに獲得されているかどうかだけわかればよかったため、bool 型の共有変数を利用していた
が、セマフォではいくつのプロセスがロックを獲得しているかを知る必要があるため int 型と
なっている。

❷共有変数の値が最大値 NUM 以上である場合にスピンして待機。

❸NUM 未満であれば共有変数の値をアトミックにインクリメント。

❹インクリメントした共有変数の値が NUM 以下であるかを検査し、そうであればループを抜けて
ロックを獲得。

❺そうでない場合は、複数のプロセスが同時にロックを獲得したため、共有変数の値をデクリメ
ントしてリトライ。

❻ロック解放。単純に共有変数の値をアトミックにデクリメント。

セマフォは物理的な計算リソースの利用に制限を設けたい場合などに利用できる。実世界でも、航空機などの利用は椅子の数に限りがあるため利用者数に制限を設けることがあるが、それと同じである。しかし、当然だが、セマフォでは複数のプロセスがロックを獲得する可能性があるため、ミューテックスでは防げたレースコンディションを防げないことがほとんどのため注意すること。

次のソースコードはセマフォの利用例を示している。

C

```c
int cnt = 0; // 共有変数

void some_func() {
    for (;;) {
        semaphore_acquire(&cnt); // ロック獲得
        // 何らかの処理
        semaphore_release(&cnt); // ロック解放
    }
}
```

利用方法はミューテックスと同じであり、セマフォでもロックの解放忘れに注意しなければならない。

3.4.1 LL/SC命令を用いた実装

次に、LL/SC命令を用いたセマフォの実装を示す。例3-8ではロック獲得が失敗した場合にもアトミックに共有変数をデクリメントする必要があったが、これはロック獲得時に値を検査せずにアトミックにインクリメントしているためである。一方、LL/SC命令を用いると、共有変数を検査して必要な場合のみインクリメントする、といった処理をアトミックに行うことができるため、semaphore_acquire関数内でのデクリメント処理は必要なくなる。

次のソースコードはAArch64のLL/SC命令を用いたセマフォのロック獲得関数となる。なお、ここではロック獲得可能なプロセスの上限数が4であり、共有変数へのアドレスがx0レジスタに格納されているとする。

例 3-9　AArch64 の LL/SC を用いたセマフォ　　　　　　　　　　　　　　　　　ASM AArch64

```
.LBB0_1:
    ldr     w8, [x0]     ; while (*x0 > 3); ❶
    cmp     w8, #3
    b.hi    .LBB0_1
.Ltmp1:
    ldaxr   w2, [x0]     ; w2 = [x0] ❷
    cmp     w2, #4
    b.lo    .Ltmp2       ; if (w2 < 4) then goto .Ltmp2 ❸
```

```
    clrex               ; clear exclusive
    b       .LBB0_1     ; goto .LBB0_1
.Ltmp2:
    add     w2, w2, #1  ; w2 = w2 + 1  ❹
    stlxr   w3, w2, [x0] ; [x0] = w2
    cbnz    w3, .Ltmp1   ; if (w3 != 0) then goto .Ltmp1
    ret
```

❶ C言語でいうところの while (*x0 > 3); に相当するコード。

❷ x0 レジスタの指すメモリ上の値を w2 レジスタに読み込み。

❸ その値が4未満であるかを検査し、そうであれば .Ltmp2 へジャンプ。そうでない場合、LL 命令で設定した排他読み込み設定をクリアし、.LBB0_1 にジャンプ。

❹ w2 レジスタの値をインクリメントし、その値を SC 命令で条件付き書き込み。書き込みができなかった場合は .Ltmp1 ジャンプし、書き込みができた場合はリターン。

3.4.2　POSIXセマフォ

ここでは、セマフォの標準的な実装である POSIX セマフォについて説明する。次のソースコードは、POSIX セマフォの利用例となる。

C

```c
#include <pthread.h> // ❶
#include <fcntl.h>
#include <sys/stat.h>
#include <semaphore.h>
#include <stdio.h>
#include <stdlib.h>
#include <unistd.h>

#define NUM_THREADS 10 // スレッド数
#define NUM_LOOP 10    // スレッド内のループ数

int count = 0; // ❷

void *th(void *arg) { // スレッド用関数
    // 名前付きセマフォを開く ❸
    sem_t *s = sem_open("/mysemaphore", 0);
    if (s == SEM_FAILED) {
        perror("sem_open");
        exit(1);
    }

    for (int i = 0; i < NUM_LOOP; i++) {
        // 待機 ❹
        if (sem_wait(s) == -1) {
            perror("sem_wait");
```

```
            exit(1);
        }

        // カウンタをアトミックにインクリメント
        __sync_fetch_and_add(&count, 1);
        printf("count = %d\n", count);

        // 10ms スリープ
        usleep(10000);

        // カウンタをアトミックにデクリメント
        __sync_fetch_and_sub(&count, 1);

        // セマフォの値を増やし ❺
        // クリティカルセクションを抜ける
        if (sem_post(s) == -1) {
            perror("sem_post");
            exit(1);
        }
    }

    // セマフォを閉じる ❻
    if (sem_close(s) == -1)
        perror("sem_close");

    return NULL;
}

int main(int argc, char *argv[]) {
    // 名前付きセマフォを開く。ない場合は生成
    // 自分とグループが利用可能なセマフォで、
    // クリティカルセクションへ入れるプロセスの上限は 3 ❼
    sem_t *s = sem_open("/mysemaphore", O_CREAT, 0660, 3);
    if (s == SEM_FAILED) {
        perror("sem_open");
        return 1;
    }

    // スレッド生成
    pthread_t v[NUM_THREADS];
    for (int i = 0; i < NUM_THREADS; i++) {
        pthread_create(&v[i], NULL, th, NULL);
    }

    // join
    for (int i = 0; i < NUM_THREADS; i++) {
        pthread_join(v[i], NULL);
```

```
    }

    // セマフォを閉じる
    if (sem_close(s) == -1)
        perror("sem_close");

    // セマフォを破棄 ❽
    if (sem_unlink("/mysemaphore") == -1)
        perror("sem_unlink");

    return 0;
}
```

❶ POSIX セマフォは Pthreads ライブラリをインクルード、リンクするとコンパイル、実行可能となる。

❷ 各スレッド内で増減させるグローバル変数 count を定義。

❸ スレッドで名前付きセマフォを生成。

❹ sem_wait 関数を呼び出し、ロックを獲得できるまで待機。

❺ sem_post 関数を呼び出し、セマフォの値を増やしてクリティカルセクションを抜ける。

❻ 必要なくなったセマフォは sem_close 関数を呼び出して閉じる必要がある。

❼ main 関数内での名前付きセマフォ生成。ここでは、O_CREAT を指定しているため、すでにその名前のセマフォが存在している場合は生成せずに開くだけとなる。第 3 引数の 0660 はパーミッションであり、これは UNIX 系 OS のファイルパーミッションと同じである。ここでは、OS プロセスの所有者とグループが読み書き可能であると指定している。第 4 引数の 3 は、ロックを同時獲得可能なプロセスの上限数である。

❽ 名前付きセマフォを閉じただけでは、ハンドラが閉じられるだけであり、OS 側にはセマフォ用のリソースが残ってしまう。これを完全に削除するためには、sem_unlink 関数を呼び出す必要がある。

　以上が、POSIX セマフォの利用例となる。セマフォが正しく動作するなら、count 変数は、ロックを同時獲得可能なプロセスの上限数よりも大きくならないはずである。このコードを実際に動作させると、count 変数の表示は必ず 3 以下となり、正しくセマフォが動作していることがわかるはずである。

　POSIX セマフォには、名前付きセマフォと名前なしセマフォがあり、名前付きセマフォはスラッシュで始まりヌル文字で終端する文字で識別され、この文字列は OS ワイドな識別子となる。名前付きセマフォを開く場合（または生成）には sem_open 関数を用い、既存のセマフォを開くには、その第 1 引数に名前を指定し、第 2 引数に 0 を指定する。sem_open 関数の第 2 引数には、0 か、O_CREAT か、O_CREAT | O_EXCL を指定可能である。0 を指定した場合は既存の名前付きセマフォを開き、O_CREAT を指定した場合は、既存の名前付きセマフォがある場合は開き、ない場合は

新たに生成する。O_CREAT | O_EXCL を指定した場合は、既存の名前付きセマフォがない場合にのみ新たに生成する。O_CREAT を指定した場合は、第3引数に umask を、第4引数にこのセマフォでロックを同時獲得可能なプロセスの上限数を指定する。sem_open 関数が失敗した場合は、SEM_FAILED が返る。

名前付きセマフォはこの例のようにファイルで共有リソースを指定可能で、sem_open で生成、オープンし、sem_close と sem_unlink でクローズと破棄を行う。そのため名前付きセマフォを用いると、メモリを共有しないプロセス間でも容易にセマフォを実現することができる。一方、名前なしセマフォの生成には共有メモリ領域が必要となり、共有メモリ上に sem_init で生成し、sem_destroy で破棄を行う。

3.5　条件変数

ある条件が満たされない間はプロセスを待機しておき、条件が満たされた場合に待機中のプロセスを実行したい場合がある。例えば、交差点の信号機を考えてみるとしよう。私たちは、青信号のときは交差点を往来するが、赤信号のときは待機状態となり信号が青になるまで待つ。この、信号に相当するものは並行プログラミング世界では条件変数と呼ばれており、条件変数をもとにプロセスの待機を行う。

次のソースコードは、Pthreads による条件変数の例である。Pthreads では、pthread_cond 系の型と関数を用いて条件変数を実現する。このコードでは、あるデータを生成するプロセスと生成されたデータを消費するプロセスがあり、データを消費するプロセスがデータが生成されるまで待機している。なお、以下のコードは長くなるため条件変数以外のエラー処理を省略している。

C

```c
#include <stdbool.h>
#include <stdio.h>
#include <stdlib.h>
#include <pthread.h>

pthread_mutex_t mut = PTHREAD_MUTEX_INITIALIZER; // ❶
pthread_cond_t cond = PTHREAD_COND_INITIALIZER;  // ❷

volatile bool ready = false; // ❸
char buf[256]; // スレッド間でデータを受け渡すためのバッファ

void* producer(void *arg) { // データ生成スレッド ❹
    printf("producer: ");
    fgets(buf, sizeof(buf), stdin); // 入力を受け取る

    pthread_mutex_lock(&mut);
    ready = true; // ❺

    if (pthread_cond_broadcast(&cond) !=0) { // 全体に通知 ❻
        perror("pthread_cond_broadcast"); exit(-1);
```

```
        }

        pthread_mutex_unlock(&mut);
        return NULL;
    }

    void* consumer(void *arg) { // データ消費スレッド ❼
        pthread_mutex_lock(&mut);

        while (!ready) { // ready 変数の値が false の場合に待機
            // ロック解放と待機を同時に実行
            if (pthread_cond_wait(&cond, &mut) != 0) { // ❽
                perror("pthread_cond_wait"); exit(-1);
            }
        }

        pthread_mutex_unlock(&mut);
        printf("consumer: %s\n", buf);
        return NULL;
    }

    int main(int argc, char *argv[]) {
        // スレッド生成
        pthread_t pr, cn;
        pthread_create(&pr, NULL, producer, NULL);
        pthread_create(&cn, NULL, consumer, NULL);

        // スレッドの終了を待機
        pthread_join(pr, NULL);
        pthread_join(cn, NULL);

        // ミューテックスオブジェクトを解放
        pthread_mutex_destroy(&mut);

        // 条件変数オブジェクトを解放 ❾
        if (pthread_cond_destroy(&cond) != 0) {
            perror("pthread_cond_destroy"); return -1;
        }

        return 0;
    }
```

❶条件変数は複数のスレッドからアクセスされるため、条件変数の更新などはミューテックスで
ロックを獲得したのちに行う必要がある。

❷条件変数 cond を定義。Pthreads では、条件変数の型は pthread_cond_t であり、その初期化
は PTHREAD_COND_INITIALIZER で行う。なお、初期化には代わりに pthread_cond_init 関数を

利用することもできる。

❸ Pthreads ではない、独自の条件変数 ready を定義している。これは、producer 関数による
データの生成が、consumer スレッドが生成されるより先に行われる可能性があるためと、
Pthreads の wait は擬似覚醒と呼ばれる現象が起きる可能性があるためである。擬似覚醒に
ついては「**4.5　擬似覚醒**」の節で詳細を説明する。

❹ データ生成を行う producer 関数を定義。この関数では、標準入力から入力を受け取り、それ
を生成データとし共有バッファの buf に保存し、その後に条件変数へアクセスするためにロッ
クの獲得を行っている。

❺ バッファにデータが確実に入ったことを示すために、自前の条件変数である ready に true を
設定。

❻ 待機中であるすべてのスレッドに通知。

❼ データの消費を行う consumer 関数の定義。この関数では、条件変数を読み込むために、ま
ず、ロック獲得を行っている。その後、ready をチェックし、共有バッファから読み込み可能
な場合は、ロック解放しデータを読み込む。

❽ 読み込みができない場合は待機。pthread_cond_wait 関数は、ロックの解放と待機をアト
ミックに行うことが保証されている。待機中に、別スレッドが pthread_cond_broadcast か
pthread_cond_signal 関数で通知を行った場合は、待機を終了して再びロック獲得して処理が
再開される。

❾ 条件変数のリソース解放は pthread_cond_destroy 関数で行う。

　以上が条件変数の説明である。重要な点は、条件変数へのアクセスは必ずロックを獲得した後に
行わなければならないという点と、pthread_cond_t 型の条件変数以外にも、実行可能かを示す条
件変数を用意しなければならないという 2 点である。

　また、待機中のスレッド 1 つのみに対して通知を行いたい場合は、pthread_cond_signal 関数を
利用することもできる。pthread_cond_broadcast 関数は待機中のスレッドすべてに通知を行うた
め、待機スレッドが多い場合に問題となる可能性がある。そのため、アプリケーションの性質に
よって、pthread_cond_broadcast と pthread_cond_signal 関数を正しく使い分けなければならな
い。

　ちなみに、このコードのような生産者と消費者にプロセスを分けるようなプログラミングモデ
ルを producer-consumer モデルと呼ぶ。共有変数へのアクセスは状態管理が複雑となってしまう
が、producer-consumer モデルを適用することで、変数へのアクセス主体が明確となり簡易な実
装となる。

3.6　バリア同期

　例えば、小学校の遠足を考えてみよう。遠足ではいろいろな場所に集団で移動するが、移動は必
ずクラスの全員が揃っているかを確認してから行われる。このように、全員揃ってから実行といっ
た同期を実現するのがバリア同期である。本節では、このバリア同期について説明する。

図3-5　バリア同期

3.6.1　スピンロックベースのバリア同期

　バリア同期の考え方は簡単である。まず、共有変数を用意しておき、プロセスがある地点にたどり着いた時点でその共有変数をインクリメントする。共有変数がインクリメントされ続け、ある一定の数に達したときにバリアを抜けて処理を続行する。喩えるなら、40人クラスの児童がそれぞれ準備をはじめ、各児童が準備でき次第、共有変数を各自でインクリメントしていき、その値が40になったところで移動を開始するようなものである。

　次のソースコードは、スピンロックベースのバリア同期を示している。

```
                                                                         C
void barrier(volatile int *cnt, int max) { // ❶
    __sync_fetch_and_add(cnt, 1); // ❷
    while (*cnt < max); // ❸
}
```

❶共有変数へのポインタ cnt と最大値の max を受け取る。
❷共有変数 cnt をアトミックにインクリメント。
❸ cnt の指す値が max になるまでループで待機。

次のソースコードは、バリア同期の利用例を示している。

```
                                                                         C
volatile int num = 0; // 共有変数

void *worker(void *arg) { // スレッド用関数
    barrier(&num, 10); // 全スレッドがここまで到達するまで待つ ❶
    // 何らかの処理
}

int main(int argc, char *argv[]) {
    // スレッド生成
    pthread_t th[10];
```

```
        for (int i = 0; i < 10; i++) {
            if (pthread_create(&th[i], NULL, worker, NULL) != 0) {
                perror("pthread_create"); return -1;
            }
        }
        // join は省略
        return 0;
    }
```

❶ barrier 関数を呼び出しバリア同期。すべてのスレッドが barrier に到達するまでは 5 行目の処理は実行されない。ここで、barrier 関数の 2 引数目が 10 なのは、10 スレッド起動するからである。

3.6.2 Pthreadsを用いたバリア同期

スピンロックを用いたバリア同期では、待機中にもループ処理を行っているため、無駄に CPU リソースを消費してしまう可能性がある。そこで、ここでは、Pthreads の条件変数を用いてバリア同期を行う方法を示す。ただし、基本的な考え方は同じであるため、それほど難しくはない。

次のソースコードは、Pthreads を用いてバリア同期を実装した例である。

例 3-10　barrier.c   C

```c
#include <pthread.h>
#include <stdio.h>
#include <stdlib.h>

pthread_mutex_t barrier_mut = PTHREAD_MUTEX_INITIALIZER;
pthread_cond_t barrier_cond = PTHREAD_COND_INITIALIZER;

void barrier(volatile int *cnt, int max) {
    if (pthread_mutex_lock(&barrier_mut) != 0) {
        perror("pthread_mutex_lock"); exit(-1);
    }

    (*cnt)++; // ❶

    if (*cnt == max) { // ❷
        // 全プロセスが揃ったので通知 ❸
        if (pthread_cond_broadcast(&barrier_cond) != 0) {
            perror("pthread_cond_broadcast"); exit(-1);
        }
    } else {
        do { // 全プロセスが揃うまで待機 ❹
            if (pthread_cond_wait(&barrier_cond,
                                  &barrier_mut) != 0) {
```

```
                perror("pthread_cond_wait"); exit(-1);
            }
        } while (*cnt < max); // 擬似覚醒のための条件
    }

    if (pthread_mutex_unlock(&barrier_mut) != 0) {
        perror("pthread_mutex_unlock"); exit(-1);
    }
}
```

❶ ロックを獲得して共有変数 *cnt をインクリメント。

❷ *cnt が max と等しいかをチェック。

❸ 等しい場合、pthread_cond_broadcast を呼び出し、条件変数 barrier_cond で待機中のスレッドすべてを起動。

❹ 等しくない場合、pthread_cond_wait を呼び出し待機。

以上が Pthreads 版のバリア同期である。スピンロック版と比較すると若干複雑になっているが、基本的に *cnt の値が max になるまで待機しているのみで変わりはない。使い方も、スピンロック版と全く同じである。

3.7　Readers-Writerロック

そもそも、レースコンディションが発生する原因は書き込みを行うからであり、書き込みのみ排他的に行えば問題は起きないはずである。ミューテックスとセマフォではプロセスには特に役割を設けていなかったが、Readers-Writer ロック（RW ロック）では、読み込みのみを行うプロセス（Reader）と読み込みと書き込みのみ行うプロセス（Writer）に分類し、以下の制約を満たすように排他制御を行う。

- ロックを獲得中の Reader が同時刻に複数（0 以上）存在可能
- ロックを獲得中の Writer は同時刻に最大 1 つのみ存在可能
- Reader と Writer が同時刻にロック獲得状態にならない

Readers-Writer ロックは、Reader-Writer ロックや Read-Write ロックなどとも表記される。Rust の標準ライブラリでは Reader-Writer と、Pthreads のマニュアルでは Read-Write ロックと表記されている。本書では、Reader が多数ということを明確にするために、Reader を複数形にして Readers-Writer ロックと表記する。

3.7.1 スピンロックベースのRWロック

　以下のソースコードはスピンロックベースの RW ロックアルゴリズムを示している。このアルゴリズムでは、Reader の数を表す変数 rcnt（初期値は 0）、Writer の数を表す変数 wcnt（初期値は 0）、Writer 用のロック変数 lock（初期値は false）という 3 つの共有変数を用いて排他制御を行う。また、Reader 用のロック獲得と解放関数と、Writer 用のロック獲得と解放関数は別のインタフェースとなっており、実際に用いる際は共有リソースの読み込みのみ行うか、書き込みも行うかを適切に判断して利用しなければならない。

C

```
// Reader 用ロック獲得関数 ❶
void rwlock_read_acquire(int *rcnt, volatile int *wcnt) {
    for (;;) {
        while (*wcnt); // Writer がいるなら待機 ❷
        __sync_fetch_and_add(rcnt, 1); ❸
        if (*wcnt == 0) // Writer がいない場合にロック獲得 ❹
            break;
        __sync_fetch_and_sub(rcnt, 1);
    }
}

// Reader 用ロック解放関数 ❺
void rwlock_read_release(int *rcnt) {
    __sync_fetch_and_sub(rcnt, 1);
}

// Writer 用ロック獲得関数 ❻
void rwlock_write_acquire(bool *lock, volatile int *rcnt, int *wcnt) {
    __sync_fetch_and_add(wcnt, 1); // ❼
    while (*rcnt); // Reader がいるなら待機
    spinlock_acquire(lock); // ❽
}

// Writer 用ロック解放関数 ❾
void rwlock_write_release(bool *lock, int *wcnt) {
    spinlock_release(lock);
    __sync_fetch_and_sub(wcnt, 1);
}
```

❶ Reader 用のロック獲得関数定義。2 つの共有変数のポインタ rcnt と wcnt を引数として受け取る。rcnt と wcnt はそれぞれ Reader と Writer の数を表す共有変数へのポインタである。

❷ *wcnt の値が 0 より大きい場合にスピンして待機。wcnt は、ロックを獲得している（あるいはしようと試みている）Writer の数を表しており、この数が 0 の場合にのみ Reader がロックを獲得するように設計している。

❸ Reader の数をインクリメント。

❹ 再び *wcnt の値が 0 かをチェック。0 の場合はロックを獲得するが、そうでない場合は *rcnt の値をアトミックにデクリメントしてからリトライ。再び *wcnt の値をチェックしている理由は、*rcnt のインクリメント中に *wcnt の値がインクリメントされる可能性があるからである。

❺ Reader 用のロック解放関数。Reader の数をデクリメントしているのみ。

❻ Writer 用のロック獲得関数定義。Reader と Writer の数を表すポインタ変数 rcnt、wcnt に加えて、Writer 用のロック変数へのポインタである lock 変数を引数として受け取る。

❼ Writer の数をインクリメントし、Reader がいなくなるまで待機。

❽ ミューテックス用の関数を用いてロックを獲得。ここでミューテックスを用いているため、同時にロックを獲得可能な Writer の数を最大 1 つに制限していることになる。

❾ Writer 用のロック解放関数。ミューテックスのロックを解放して、Writer の数をデクリメント。

　RW ロックを利用したい状況というのは、ほとんどが読み込みの処理であり、書き込みはまれにしか起きないようなときであろう。ここで示したアルゴリズムは、Writer を優先するように設計されているため、そのような状況下ではうまく動作するが、書き込みが頻繁に起きる場合は読み込みが全くできなくなってしまうので注意が必要である。書き込みも多く行うような処理の場合はミューテックスを利用した方が実行速度と安全性の面から考えてもよい。

　以下のソースコードは RW ロックの利用例を示している。

C
```c
// 共有変数
int  rcnt = 0;
int  wcnt = 0;
bool lock = false;

void reader() { // Reader 用関数
    for (;;) {
        rwlock_read_acquire(&rcnt, &wcnt);
        // クリティカルセクション（読み込みのみ）
        rwlock_read_release(&rcnt);
    }
}

void writer () { // Writer 用関数
    for (;;) {
        rwlock_write_acquire(&lock, &rcnt, &wcnt);
        // クリティカルセクション（読み書き）
        rwlock_write_release(&lock, &wcnt);
    }
}
```

使い方はミューテックスとほとんど同じであるが、実装する際は読み込みのみの処理か、もしくは書き込みも行う処理かを正しく把握しなければならない。

3.7.2 PthreadsのRWロック

Pthreads でも RW ロック用 API を提供している。次のソースコードは Pthreads の RW ロックの利用例となる。なお、ここも RW ロック以外のエラー処理は省略する。

```c
#include <stdio.h>
#include <stdlib.h>
#include <pthread.h>

pthread_rwlock_t rwlock = PTHREAD_RWLOCK_INITIALIZER; // ❶

void* reader(void *arg) { // Reader 用関数 ❷
    if (pthread_rwlock_rdlock(&rwlock) != 0) {
        perror("pthread_rwlock_rdlock"); exit(-1);
    }

    // クリティカルセクション（読み込みのみ）

    if (pthread_rwlock_unlock(&rwlock) != 0) {
        perror("pthread_rwlock_unlock"); exit(-1);
    }

    return NULL;
}

void* writer(void *arg) { // Writer 用関数 ❸
    if (pthread_rwlock_wrlock(&rwlock) != 0) {
        perror("pthread_rwlock_wrlock"); exit(-1);
    }

    // クリティカルセクション（読み書き）

    if (pthread_rwlock_unlock(&rwlock) != 0) {
        perror("pthread_rwlock_unlock"); exit(-1);
    }

    return NULL;
}

int main(int argc, char *argv[]) {
    // スレッド生成
    pthread_t rd, wr;
    pthread_create(&rd, NULL, reader, NULL);
```

```
    pthread_create(&wr, NULL, writer, NULL);

    // スレッドの終了を待機
    pthread_join(rd, NULL);
    pthread_join(wr, NULL);

    // RWロックオブジェクトを解放 ❹
    if (pthread_rwlock_destroy(&rwlock) != 0) {
        perror("pthread_rwlock_destroy"); return -1;
    }

    return 0;
}
```

❶ RW ロック用の共有変数を初期化。RW ロック用共有変数の型は pthread_rwlock_t であり、PTHREAD_RWLOCK_INITIALIZER を用いて初期化を行うが、初期化は pthread_rwlock_init 関数を用いてもよい。

❷ Reader 用の関数定義。この関数のクリティカルセクション中では読み込み処理のみを行う。ここでは、pthread_rwlock_rdlock 関数を呼び出し Reader 用のロックを獲得し、pthread_rwlock_unlock 関数を呼び出しロックを解放している。

❸ Writer 用の関数定義。pthread_rwlock_wrlock 関数を呼び出し書き込み用のロックを獲得しているが、ロック解放には Reader と同じ pthread_rwlock_unlock 関数を用いる。

❹ pthread_rwlock_destroy 関数を呼び出し RW ロック用の共有変数を解放。

3.7.3　実行速度計測

　ここでは RW ロックの実行速度調査を行う。次のソースコードは、ロックの実行速度比較のコードとなる。このコードは、ロックを獲得して HOLDTIME だけループしてロックを解放すると言う動作を行うワーカスレッドを N スレッド起動し、この一連の動作を指定時間以内に何回行えるかを計測する。

c
```c
#include <inttypes.h>
#include <pthread.h>
#include <stdio.h>
#include <stdlib.h>
#include <unistd.h>

// do_lock 関数の中身を切り替え ❶
#include "rwlock.c"
// #include "rwlock_wr.c"
// #include "mutex.c"
// #include "empty.c"
```

```
#include "barrier.c"

volatile int flag = 0; // このフラグが 0 の間ループ

// バリア同期用変数
volatile int waiting_1 = 0;
volatile int waiting_2 = 0;

uint64_t count[NUM_THREAD - 1]; // ❷

void *worker(void *arg) { // ワーカスレッド用関数 ❸
    uint64_t id = (uint64_t)arg;
    barrier(&waiting_1, NUM_THREAD); // バリア同期

    uint64_t n = 0; // ❹
    while (flag == 0) {
        do_lock(); // 必要ならロックを獲得して待機 ❺
        n++;
    }
    count[id] = n; // 何回ループしたかを記憶

    barrier(&waiting_2, NUM_THREAD); // バリア同期

    return NULL;
}

void *timer(void *arg) { // タイマスレッド用関数 ❻
    barrier(&waiting_1, NUM_THREAD); // バリア同期

    sleep(180);
    flag = 1;

    barrier(&waiting_2, NUM_THREAD); // バリア同期
    for (int i = 0; i < NUM_THREAD - 1; i++) {
        printf("%lu\n", count[i]);
    }

    return NULL;
}

int main() {
    // ワーカスレッド起動
    for (uint64_t i = 0; i < NUM_THREAD - 1; i++) {
        pthread_t th;
        pthread_create(&th, NULL, worker, (void *)i);
        pthread_detach(th);
    }
```

```
    // タイマスレッド起動
    pthread_t th;
    pthread_create(&th, NULL, timer, NULL);
    pthread_join(th, NULL);

    return 0;
}
```

❶計測対象を切り替えるためのインクルード文で、rwlock.c が RW ロックの Read ロック、rwlock_wr.c が RW ロックの Write ロック、mutex.c がミューテックスロック、empty.c がロックなしの場合の計測に用いる。これらファイルの中身は後ほど説明する。

❷ワーカスレッドが最終的に実行できたクリティカルセクションの回数を記録する配列を定義。この NUM_THREAD はワーカスレッドの数とタイマスレッドの数の合計を示すマクロであり、コンパイル時に指定する。

❸ワーカスレッド用関数定義。引数 arg には何番目のスレッドかを示す値が格納される。

❹何回クリティカルセクションを実行できたかを記録する変数。

❺ロック、待機、ロック解放を行う do_lock 関数を呼び出し。この do_lock 関数は、インクルードファイル中に記載される。

❻タイマスレッド用の関数定義。この関数は単純で、180 秒間スリープした後で flag を 1 に設定し、count 配列に記載された値を出力するだけとなる。

　続くソースコード群は、rwlock.c、rwlock_wr.c、mutex.c、empty.c の中身となる。これらコード内では、基本的に、それぞれの方法でロックを獲得し、HOLDTIME だけ待ってからロックを解放しているだけである。「**1.3.2　データ並列性**」の節で述べたように、アムダールの法則によると並列化可能な処理の実行時間とオーバーヘッドの比に応じて実行速度が変わってくるため、計測はHOLDTIME の値を変化させて行う。

例 3-11　empty.c   C

```c
void do_lock() {
    for (uint64_t i = 0; i < HOLDTIME; i++) {
        asm volatile("nop"); // 何もしない
    }
}
```

例 3-12　mutex.c　　　　　　　　　　　　　　　　　　　　　　　　　　　C

```
pthread_mutex_t lock = PTHREAD_MUTEX_INITIALIZER;
void do_lock() {
    pthread_mutex_lock(&lock); // ミューテックス
    for (uint64_t i = 0; i < HOLDTIME; i++) {
        asm volatile("nop");
    }
    pthread_mutex_unlock(&lock);
}
```

例 3-13　rwlock.c　　　　　　　　　　　　　　　　　　　　　　　　　　C

```
pthread_rwlock_t lock = PTHREAD_RWLOCK_INITIALIZER;
void do_lock() {
    pthread_rwlock_rdlock(&lock); // 読み込みロック
    for (uint64_t i = 0; i < HOLDTIME; i++) {
        asm volatile("nop");
    }
    pthread_rwlock_unlock(&lock);
}
```

例 3-14　rwlock_wr.c　　　　　　　　　　　　　　　　　　　　　　　　C

```
pthread_rwlock_t lock = PTHREAD_RWLOCK_INITIALIZER;
void do_lock() {
    pthread_rwlock_wrlock(&lock); // 書き込みロック
    for (uint64_t i = 0; i < HOLDTIME; i++) {
        asm volatile("nop");
    }
    pthread_rwlock_unlock(&lock);
}
```

次の図が、RW ロックの Read ロックと mutex ロックの実行速度を比較した図となる。

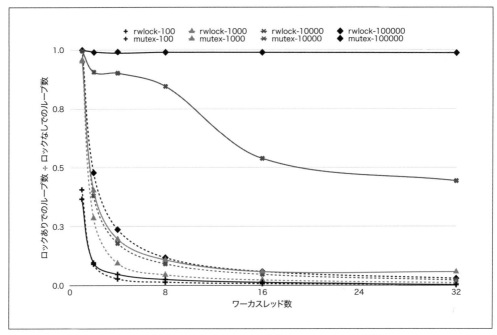

図3-6 RWロックのReadロック実行速度（実線がrwlock.c、点線がmutex.c、1.0が理想値）

empty.c のコードで計測を行った場合に実行できたクリティカルセクションの回数を N とし、ロックした場合（rwlock.c か mutex.c）に実行できたクリティカルセクションの回数を N_t としたとき、$\dfrac{N_t}{N}$ がロックした場合と、しない場合（理想値）の比となる。この $\dfrac{N_t}{N}$ が図の縦軸となり、横軸がワーカスレッドの並列数となる。また、図の上部にある凡例の数値が、クリティカルセクション中の実行時間を示す HOLDTIME の値となる。なお、計測には AMD EPYC 7351 16-Core x 2, Linux Kernel 5.4.0-45 を、コンパイラには clang 10.0.0 を用いた。

この図より、クリティカルセクション中のループ回数が 100 の場合には、RW ロックも mutex ロックも実行速度に大きな違いは見られなかった。これは、どちらもロックのオーバーヘッドの方が大きいからと考えられる。一方、ループ回数が大きくなるにつれて、RW ロックの実行速度は向上していき、100,000 ループの場合にほぼ理想値となっている。また、1,000 ループ程度でも、RW ロックの方が若干ではあるが実行速度がよいことがわかる。

次の図で、RW ロックの Write ロックと mutex ロックの実行速度を比較を示す。

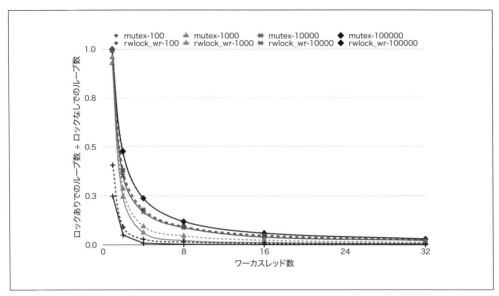

図3-7　RWロックのWriteロック実行速度（実線がrwlock_wr.c、点線がmutex.c、1.0が理想値）

　こちらは、RW ロックと mutex ロックにほぼ違いは見られず、若干 RW ロックの方が悪い程度であった。これは、RW ロックの Read ロックと違い、両者とも同時に 1 スレッドのみがクリティカルセクションを実行可能であり、動作にほとんど違いがないからだと考えられる。

　以上より、Read がほとんどの場合では、ミューテックスよりも RW ロックを使う方が実行速度が向上することが実験からも明らかとなった。しかし、クリティカルセクション中に、10,000 程度もの CPU クロックサイクルを消費するような記述は避けるべきであり、難しいところではある。

3.8　Rustの同期処理ライブラリ

　Rust では、基本的な同期処理ライブラリは言語の標準ライブラリとして提供されている。Rust の同期処理ライブラリは、クリティカルセクション外での保護対象オブジェクトのアクセスと、ロック解放忘れを型システムによって防ぐことができるようになっているのが大きな特徴となる。本節では、Rust の同期処理ライブラリの基本について説明する。

3.8.1　ミューテックス

　次のソースコードは、Rust のミューテックスの利用例となる。

Rust

```rust
use std::sync::{Arc, Mutex}; // ❶
use std::thread;

fn some_func(lock: Arc<Mutex<u64>>) { // ❷
    loop {
```

```
        // ロックしないと Mutex 型の中の値は参照不可
        let mut val = lock.lock().unwrap(); // ❸
        *val += 1;
        println!("{}", *val);
    }
}

fn main() {
    // Arc はスレッドセーフな参照カウンタ型のスマートポインタ
    let lock0 = Arc::new(Mutex::new(0)); // ❹

    // 参照カウンタがインクリメントされるのみで
    // 中身はクローンされない
    let lock1 = lock0.clone(); // ❺

    // スレッド生成
    // クロージャ内変数へ move
    let th0 = thread::spawn(move || { // ❻
        some_func(lock0);
    });

    // スレッド生成
    // クロージャ内変数へ move
    let th1 = thread::spawn(move || {
        some_func(lock1);
    });

    // 待ち合わせ
    th0.join().unwrap();
    th1.join().unwrap();
}
```

❶同期処理に必要な型をインポート。Arc はスレッドセーフな参照カウンタ型のスマートポインタを実現する型で、Mutex はミューテックスを実現する型。

❷Arc<Mutex<u64>> 型の値を受け取る、スレッド用関数。

❸lock 関数を呼び出してロックして保護対象データの参照を取得。

❹ミューテックス用変数を保持する、スレッドセーフな参照カウンタ型のスマートポインタを生成。ミューテックス用変数はさらに値を保持しており、その初期値を 0 に設定している。

❺Arc 型の値のクローンをしても内部のデータコピーは行われず、参照カウンタがインクリメントされるのみ。

❻move 指定子は、クロージャ内の変数キャプチャ方法を示しており、move が指定されると所有権が移動し、指定しない場合は参照が渡される。

　Rust では、Mutex 用の変数は保護対象のデータを保持するようになっており、ロックしなけれ
ば保護対象データにアクセスできないようになっている。C 言語では、保護対象データはロック
しなくてもアクセス可能であったが、そのようなコードはレースコンディションとなる可能性があ
る。一方、Rust では、このようにコンパイル時に共有リソースへの不正なアクセスを防ぐことが
できるように設計されている。さらに、保護対象データがスコープを外れたときに、自動的にロッ
クを解放するようになっている。そのため、Pthreads で起きていたロックの獲得と解放忘れなど
を防ぐことができる。

　lock 関数は、LockResult<MutexGuard<'_, T>> という型を返し、LockResult 型の定義は以下の
ようになる。

```
type LockResult<Guard> = Result<Guard, PoisonError<Guard>>;
```

　つまり、ロックを獲得できた場合は MutexGuard という型に保護対象データを包んでリターンす
るが、この MutexGuard 変数のスコープが外れた場合に自動的にロックを解放するしくみが実装さ
れている。また、あるスレッドがロック獲得中にパニックになった場合に、そのミューテックスは
poisoned 状態にあるとされ、ロックの獲得に失敗する。ただし、このコードではこのチェックは、
単純に unwrap で行っており、ロック獲得できなかった場合に panic で終了するようにしている。

　lock の類似関数として、try_lock 関数がある。try_lock 関数は、ロックの獲得を試みて獲得で
きればロックするが、そうでない場合即座に関数から処理が戻るという動作となる。なお、これと
同様な関数は Pthreads にも存在する。

3.8.2　条件変数

　次に、条件変数について説明を行う。Rust の条件変数は Condvar 型となり、その利用方法
は Pthreads の場合とほとんど同じで、ロックを獲得してから条件変数を用いて wait、あるいは
notify を行う。次のソースコードは、Rust で条件変数を用いる例である。

Rust

```
use std::sync::{Arc, Mutex, Condvar}; // ❶
use std::thread;

// Condvar 型の変数が条件変数であり、
// Mutex と Condvar を含むタプルが Arc に包んで渡される
fn child(id: u64, p: Arc<(Mutex<bool>, Condvar)>) { // ❷
    let &(ref lock, ref cvar) = &*p;

    // まず、ミューテックスロックを行う
    let mut started = lock.lock().unwrap(); // ❸
    while !*started { // Mutex 中の共有変数が false の間ループ
        // wait で待機
        started = cvar.wait(started).unwrap(); // ❹
```

```
    }

    // 以下のように wait_while を使うことも可能
    // cvar.wait_while(started, |started| !*started).unwrap();

    println!("child {}", id);
}

fn parent(p: Arc<(Mutex<bool>, Condvar)>) { // ❺
    let &(ref lock, ref cvar) = &*p;

    // まず、ミューテックスロックを行う ❻
    let mut started = lock.lock().unwrap();
    *started = true;    // 共有変数を更新
    cvar.notify_all(); // 通知
    println!("parent");
}

fn main() {
    // ミューテックスと条件変数を作成
    let pair0 = Arc::new((Mutex::new(false), Condvar::new()));
    let pair1 = pair0.clone();
    let pair2 = pair0.clone();

    let c0 = thread::spawn(move || { child(0, pair0) });
    let c1 = thread::spawn(move || { child(1, pair1) });
    let p  = thread::spawn(move || { parent(pair2) });

    c0.join().unwrap();
    c1.join().unwrap();
    p.join().unwrap();
}
```

❶同期処理関係の型をインポート。Condvar が条件変数用の型。
❷待機スレッド用関数定義。スレッド固有の番号を受け取る id 変数および、Mutex 型の変数と Condvar 型の変数のタプルを Arc で包んだ値を受け取る。
❸ Arc 型の内部に含まれたミューテックス変数と条件変数を取り出し。
❹通知があるまで待機。
❺通知スレッド用関数。
❻ロックしてから共有変数の値を true に設定し通知。

　child 関数内では、ミューテックスで保護された真偽値が true となるまでループしているが、これは、notify するスレッドが先に実行された場合および、擬似覚醒に対処するためである。なお、このループは wait_while 関数を用いて書くこともできる。wait_while 関数では、第 2 引数で

渡される述語が false となるまで待機する。wait 系の関数も lock 関数と同様に、対象ミューテックスが poisoned 状態となったときに失敗し、ここでは unwrap で対処している。

待機関数には、タイムアウト可能な wait_timeout 系の関数もあり、その関数では wait する時間を指定可能となる。つまり、指定した時間以内に他のスレッドから notify がない場合は、待機を終了し関数が返ってくる。タイムアウト可能な wait 関数については、マニュアルなどを参照されたい。

3.8.3 RWロック

次に、Rust の RW ロックについて説明する。Rust の RW ロックは、ミューテックスとほとんど同じであるため、ここではロックの仕方のみについて簡単に解説する。次のソースコードは、Rust で RW ロックを利用する例となる。

Rust

```rust
use std::sync::RwLock; // ❶

fn main() {
    let lock = RwLock::new(10); // ❷
    {
        // immutable な参照を取得 ❸
        let v1 = lock.read().unwrap();
        let v2 = lock.read().unwrap();
        println!("v1 = {}", v1);
        println!("v2 = {}", v2);
    }

    {
        // mutable な参照を取得 ❹
        let mut v = lock.write().unwrap();
        *v = 7;
        println!("v = {}", v);
    }
}
```

❶ RW ロック用の型である RwLock 型をインポート。
❷ RW ロック用の値を生成し、保護対象とする値の初期値である 10 を指定。
❸ read 関数を呼び出して Read ロック。Read ロックは何度でも行える。
❹ write 関数を呼び出して Write ロック。

Read ロックを行う read 関数を呼び出すと、ミューテックスロックと同じように、保護対象の immutable 参照（正確には、RwLockReadGuard 型で包まれた参照）を取得でき、この参照を通して値に読み込みアクセスのみ可能となる。また、ミューテックスロックと同じように、この参照のスコープが外れたときには、自動的に Read ロックが解放される。

write 関数の場合は、保護対象の mutable 参照（正確には、RwLockWriteGuard 型で包まれた参照）を取得できる。そのため、保護対象データへの書き込みと読み込みアクセスの両方を行える。

RW ロックにもミューテックスと同様に try 系の関数がある。詳細についてはマニュアルを参照されたい。

3.8.4　バリア同期

Rust にはバリア同期用のライブラリもあるため容易に利用できる。次のソースコードは、Rust でのバリア同期の例となる。

Rust

```rust
use std::sync::{Arc, Barrier}; // ❶
use std::thread;

fn main() {
    // スレッドハンドラを保存するベクタ
    let mut v = Vec::new(); // ❷

    // 10 スレッド分のバリア同期を Arc で包む
    let barrier = Arc::new(Barrier::new(10)); // ❸

    // 10 スレッド起動
    for _ in 0..10 {
        let b = barrier.clone();
        let th = thread::spawn(move || {
            b.wait(); // バリア同期 ❹
            println!("finished barrier");
        });
        v.push(th);
    }

    for th in v {
        th.join().unwrap();
    }
}
```

❶バリア同期用の Barrier 型と、Arc 型をインポート。

❷後で join を行うためにスレッドハンドラを保存するためのベクタを定義している。この Vec 型は、動的配列オブジェクトを扱うためのデータコンテナである。

❸バリア同期用のオブジェクトを生成。10 と引数に渡しているのは、10 スレッドで待ち合わせを行うためである。

❹バリア同期。

バリア同期は以上のように簡単に行える。

3.8.5　セマフォ

　Rust 言語では標準でセマフォは用意されていない。しかし、ミューテックスと条件変数を用いてセマフォは実装可能である。そこで、本節では Rust によるセマフォの実装と、セマフォを用いたチャネルの実装について説明する。

　次のソースコードは、Rust によるセマフォの実装である。ここでは、Semaphore 型を定義し、その型にセマフォ用の関数である wait と post 関数を実装する。

例 3-15　semaphore.rs　　　　　　　　　　　　　　　　　　　　　　　　　　　　　　　　Rust

```rust
use std::sync::{Condvar, Mutex};

// セマフォ用の型 ❶
pub struct Semaphore {
    mutex: Mutex<isize>,
    cond: Condvar,
    max: isize,
}

impl Semaphore {
    pub fn new(max: isize) -> Self { // ❷
        Semaphore {
            mutex: Mutex::new(0),
            cond: Condvar::new(),
            max,
        }
    }

    pub fn wait(&self) {
        // カウントが最大値以上なら待機 ❸
        let mut cnt = self.mutex.lock().unwrap();
        while *cnt >= self.max {
            cnt = self.cond.wait(cnt).unwrap();
        }
        *cnt += 1; // ❹
    }

    pub fn post(&self) {
        // カウントをデクリメント ❺
        let mut cnt = self.mutex.lock().unwrap();
        *cnt -= 1;
        if *cnt <= self.max {
            self.cond.notify_one();
        }
    }
}
```

❶セマフォ用の Semaphore 型の定義。ミューテックスと状態変数および、同時にロック獲得可能なプロセスの最大数を保持。

❷初期化時に同時にロック獲得可能なプロセスの最大数を設定。

❸ロックしてカウントが最大値以上なら条件変数の wait 関数で待機。

❹カウントをインクリメントしてからクリティカルセクションへ移行。

❺ロックしてカウントをデクリメント。その後、カウントが最大値以下なら、条件変数で待機中のスレッドへ通知。

このように、Semaphore 型の変数は現在クリティカルセクションを実行中のプロセス数をカウントし、その数に応じて待機や通知を行う。カウントのインクリメントとデクリメントはミューテックスでロック獲得中に行われるため排他的に実行されることが保証される。

次のソースコードは、セマフォのテストコードとなる。

例3-16　セマフォのテストコード　　　　　　　　　　　　　　　　　　　　　　Rust

```rust
use semaphore::Semaphore;
use std::sync::atomic::{AtomicUsize, Ordering};
use std::sync::Arc;

const NUM_LOOP: usize = 100000;
const NUM_THREADS: usize = 8;
const SEM_NUM: isize = 4;

static mut CNT: AtomicUsize = AtomicUsize::new(0);

fn main() {
    let mut v = Vec::new();
    // SEM_NUM だけ同時に実行可能なセマフォ
    let sem = Arc::new(Semaphore::new(SEM_NUM));

    for i in 0..NUM_THREADS {
        let s = sem.clone();
        let t = std::thread::spawn(move || {
            for _ in 0..NUM_LOOP {
                s.wait();

                // アトミックにインクリメントとデクリメント
                unsafe { CNT.fetch_add(1, Ordering::SeqCst) };
                let n = unsafe { CNT.load(Ordering::SeqCst) };
                println!("semaphore: i = {}, CNT = {}", i, n);
                assert!((n as isize) <= SEM_NUM);
                unsafe { CNT.fetch_sub(1, Ordering::SeqCst) };

                s.post();
```

```
            }
        });
        v.push(t);
    }

    for t in v {
        t.join().unwrap();
    }
}
```

このコードでは、スレッドを `NUM_THREADS`（8）だけ作成し、`SEM_NUM`（4）スレッドだけ同時にクリティカルセクションを実行可能なセマフォを作成している。したがって、`wait` と `post` の間は必ず 4 スレッド以内に制限されるはずである。

これを確認するために、`AtomicUsize` というアトミック変数を用いて、スレッド内でインクリメントとデクリメントを行って、その数をチェックしている。Rust では、アトミック変数を用いることでアトミックなデータの更新が行える。この例だと、`fetch_add` と `fetch_sub` 命令がアトミックな加算と減算命令であり、`load` が読み込み命令となる。`Ordering::SeqCst` はメモリバリアの方法を表しており、`SeqCst` は最も制限の厳しい（順番の変更が起きない）メモリバリアの指定となる。メモリバリアについては「**4.7　メモリバリア**」の節で詳細を説明する。

このテストコードを実行すると、`SEM_NUM` よりも `CNT` の値が大きくなったときには `assert` マクロが失敗するはずだが、そのようなことは起きない。

セマフォを用いると、キューのサイズが有限なチャネルを実装可能である。チャネルとはプロセス間でメッセージ交換を行うための抽象的な通信路のことである。Rust では、チャネルは送信端と受信端に分かれているため、ここではそれに倣って実装を行う。

次のソースコードは、送信端のための Sender 型となる。

例 3-17　channel.rs（Sender 型）　　　　　　　　　　　　　　　　　　　　　　　　　　　Rust

```rust
use crate::semaphore::Semaphore;
use std::collections::LinkedList;
use std::sync::{Arc, Condvar, Mutex};

// 送信端のための型 ❶
#[derive(Clone)]
pub struct Sender<T> {
    sem: Arc<Semaphore>, // 有限性を実現するセマフォ
    buf: Arc<Mutex<LinkedList<T>>>, // キュー
    cond: Arc<Condvar>, // 読み込み側の条件変数
}

impl<T: Send> Sender<T> { // ❷
    // 送信関数
    pub fn send(&self, data: T) {
```

```
        self.sem.wait(); // キューの最大値に到達したら待機 ❸
        let mut buf = self.buf.lock().unwrap();
        buf.push_back(data); // エンキュー
        self.cond.notify_one(); // 読み込み側へ通知 ❹
    }
}
```

❶ Sender 型はセマフォを持ち、このセマフォがチャネルの有限性を実現する。キューはリンクリストで保持する。cond 変数は読み込み側で待機した場合に通知する際に用いる。送信端をクローンして使えるようにするため、#[derive(Clone)] を指定している。Rust の標準的なチャネルも送信端のみクローン可能である。

❷ 送信関数の実装。型 T に Send トレイトの実装を要求することで、チャネルを用いたデータ送信を許された型のみ送信可能にする。

❸ セマフォを用いてキューの最大値を検知し待機。

❹ エンキューした後、読み込み側へ条件変数を用いて通知。

Rust では、Send トレイトを実装している型のみがチャネルを介して送受信可能である。この制限は Sender 型の T に Send トレイトを要求することで行える。こうすることで、送受信してはいけないデータの誤った送受信は、コンパイル時に発見することができる。

送受信が禁じられている有名な型に Rc 型がある。Rc 型は、非スレッドセーフな参照カウントベースのスマートポインタである。したがって、Rc 型の値を送受信してしまうと複数のスレッドがその参照を保持してしまうため、未定義の動作となってしまう。

次のソースコードに、受信端のための Receiver 型を示す。

例 3-18　channel.rs（Receiver 型） Rust

```
// 受信端のための型 ❶
pub struct Receiver<T> {
    sem: Arc<Semaphore>, // 有限性を実現するセマフォ
    buf: Arc<Mutex<LinkedList<T>>>, // キュー
    cond: Arc<Condvar>, // 読み込み側の条件変数
}

impl<T> Receiver<T> {
    pub fn recv(&self) -> T {
        let mut buf = self.buf.lock().unwrap();
        loop {
            // キューから取り出し ❷
            if let Some(data) = buf.pop_front() {
                self.sem.post(); // ❸
                return data;
            }
            // 空の場合待機 ❹
```

```
            buf = self.cond.wait(buf).unwrap();
        }
    }
}
```

❶ Receiver 型は、Sender 型と全く同じ変数を持つ。

❷ 受信側では、キューであるリンクリストの先頭からデータを取り出す。

❸ もしもキューからデータを取り出せた場合は、セマフォの post 関数を呼び出してセマフォの
カウントを 1 減らす。こうすることで、新たな送信を行えるようになる。

❹ もしキューが空の場合は、受信用の条件変数で待機。

　このように、受信時にセマフォのカウントを減らすことで、キューに空きができたことを示
す。もしもキューが満杯の場合は送信側はセマフォによって待機する。これと同等のことを行う
チャネルは、Rust では std::sync::mpsc::sync_channel という関数を用いると生成できる。sync_
channel については「**8 章　並行計算モデル**」でも説明する。

> ここではセマフォの例として有限チャネルを説明した。実際には Rust 標準の sync_channel を用
> いた方が実行速度的に優れるためそちらを利用する方がよい。

　次のソースコードは、channel の生成を行う関数となる。この関数はキューの最大数を受け取り
Sender と Receiver 型の値を生成しているのみとなる。

例 3-19　channel.rs（channel 生成）　　　　　　　　　　　　　　　　　　　　　　　　　　Rust

```rust
pub fn channel<T>(max: isize) -> (Sender<T>, Receiver<T>) {
    assert!(max > 0);
    let sem = Arc::new(Semaphore::new(max));
    let buf = Arc::new(Mutex::new(LinkedList::new()));
    let cond = Arc::new(Condvar::new());
    let tx = Sender {
        sem: sem.clone(),
        buf: buf.clone(),
        cond: cond.clone(),
    };
    let rx = Receiver { sem, buf, cond };
    (tx, rx)
}
```

　次のソースコードは、チャネルの利用例となる。

Rust

```rust
use channel::channel;

const NUM_LOOP: usize = 100000;
const NUM_THREADS: usize = 8;

fn main() {
    let (tx, rx) = channel(4);
    let mut v = Vec::new();

    // 受信用スレッド
    let t = std::thread::spawn(move || {
        let mut cnt = 0;
        while cnt < NUM_THREADS * NUM_LOOP {
            let n = rx.recv();
            println!("recv: n = {:?}", n);
            cnt += 1;
        }
    });

    v.push(t);

    // 送信用スレッド
    for i in 0..NUM_THREADS {
        let tx0 = tx.clone();
        let t = std::thread::spawn(move || {
            for j in 0..NUM_LOOP {
                tx0.send((i, j));
            }
        });
        v.push(t);
    }

    for t in v {
        t.join().unwrap();
    }
}
```

　このコードでは、受信用スレッドを1つだけ生成し、送信用スレッドを NUM_THREADS（8）だけ生成している。このようにチャネルを用いるとプロデューサ / コンシューマモデルを非常に明確に記述することができる。生産者の能力が消費者よりも高く、チャネルのキューのサイズに制限がない場合、キューのサイズが膨れ上がりメモリを限界まで消費していずれプログラムが停止してしまう。しかし、キューのサイズに制限を設けることでそのような事故を防ぐことができる。

　チャネルの高速化手法としてはバルクデータ転送と呼ばれる方法が知られている。一般的にミューテックスなどのロック獲得はコストの大きな計算である。そこで、ロック獲得回数を減らす

ため、複数のデータをバルク（一括）でエンキューすると転送スループットの向上が見込める。ただし、少数のデータしかない場合は一定時間たった後にもエンキューするなどの工夫が必要となる。

3.9　パン屋のアルゴリズム

　これまで説明したアルゴリズムは、lock xchg や LL/SC など CPU の提供するアトミック命令を用いた同期処理手法であった。しかし、アトミック命令をサポートしないハードウェアもあり、そのような場合はハードウェアのアトミック命令を利用しない同期処理手法が用いられる。本節では、その代表的なアルゴリズムである、レスリー・ランポートのパン屋のアルゴリズムを紹介する。パン屋のアルゴリズム以外にも、デッカーのアルゴリズムや、ピーターソンのアルゴリズムなどのアトミック命令を用いない同期処理アルゴリズムがある。パン屋のアルゴリズムは、実際に Arm Trusted Firmware などに実装されるアルゴリズムとなる。

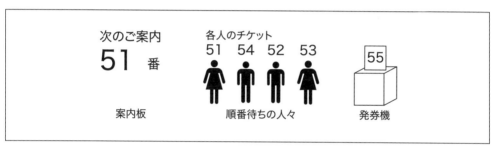

図3-8　パン屋のアルゴリズム

　パン屋のアルゴリズムという名前だが、著者はパン屋でこのアルゴリズムが用いられているのは見たことがなく、日本では病院や市役所などで用いられているアルゴリズムと言った方がわかりやすいと思われる。病院では、はじめに受付を行い、その後に番号の記されたチケットを渡される。そのチケットの番号は自分の優先順位を表しており、他に待機中の人が持っているチケットの番号より、自分の番号が最も小さいときに診察を受けることができる。このような処理を行うのがパン屋のアルゴリズムである。

　次のソースコードは、Rust 言語で実装したパン屋のアルゴリズムとなる。実は、現代的な CPU では、アウトオブオーダ実行と呼ばれる高速化手法が適用されており、メモリアクセスが必ずしも命令順に実行されるわけではない。そのため、もとのパン屋のアルゴリズムは現代 CPU では正しく動作しないため、メモリアクセスの動作順を保証するための命令を用いる必要がある。以下のコードは、アウトオブオーダ実行を行う CPU でも動作するパン屋のアルゴリズムとなる。

Rust

```
// 最適化抑制読み書き用
use std::ptr::{read_volatile, write_volatile}; // ❶
// メモリバリア用
```

```rust
use std::sync::atomic::{fence, Ordering}; // ❷
use std::thread;

const NUM_THREADS: usize = 4;    // スレッド数
const NUM_LOOP: usize = 100000; // 各スレッドでのループ数

// volatile 用のマクロ ❸
macro_rules! read_mem {
    ($addr: expr) => { unsafe { read_volatile($addr) } };
}

macro_rules! write_mem {
    ($addr: expr, $val: expr) => {
        unsafe { write_volatile($addr, $val) }
    };
}

// パン屋のアルゴリズム用の型 ❹
struct BakeryLock {
    entering: [bool; NUM_THREADS],
    tickets: [Option<u64>; NUM_THREADS],
}

impl BakeryLock {
    // ロック関数。idx はスレッド番号
    fn lock(&mut self, idx: usize) -> LockGuard {
        // ここからチケット取得処理 ❺
        fence(Ordering::SeqCst);
        write_mem!(&mut self.entering[idx], true);
        fence(Ordering::SeqCst);

        // 現在配布されているチケットの最大値を取得 ❻
        let mut max = 0;
        for i in 0..NUM_THREADS {
            if let Some(t) = read_mem!(&self.tickets[i]) {
                max = max.max(t);
            }
        }
        // 最大値 +1 を自分のチケット番号とする ❼
        let ticket = max + 1;
        write_mem!(&mut self.tickets[idx], Some(ticket));

        fence(Ordering::SeqCst);
        write_mem!(&mut self.entering[idx], false); // ❽
        fence(Ordering::SeqCst);

        // ここから待機処理 ❾
```

```
        for i in 0..NUM_THREADS {
            if i == idx {
                continue;
            }

            // スレッド i がチケット取得中なら待機
            while read_mem!(&self.entering[i]) {} // ❿

            loop {
                // スレッド i と自分の優先順位を比較して
                // 自分の方が優先順位が高いか、
                // スレッド i が処理中でない場合に待機を終了 ⓫
                match read_mem!(&self.tickets[i]) {
                    Some(t) => {
                        // スレッド i のチケット番号より
                        // 自分の番号の方が若いか、
                        // チケット番号が同じでかつ、
                        // 自分の方がスレッド番号が若い場合に
                        // 待機終了
                        if ticket < t ||
                            (ticket == t && idx < i) {
                            break;
                        }
                    }
                    None => {
                        // スレッド i が処理中でない場合は
                        // 待機終了
                        break;
                    }
                }
            }
        }

        fence(Ordering::SeqCst);
        LockGuard { idx }
    }
}

// ロック管理用の型 ⓬
struct LockGuard {
    idx: usize,
}

impl Drop for LockGuard {
    // ロック解放処理 ⓭
    fn drop(&mut self) {
        fence(Ordering::SeqCst);
        write_mem!(&mut LOCK.tickets[self.idx], None);
```

```
    }
}

// グローバル変数 ⓮
static mut LOCK: BakeryLock = BakeryLock {
    entering: [false; NUM_THREADS],
    tickets: [None; NUM_THREADS],
};

static mut COUNT: u64 = 0;

fn main() {
    // NUM_THREADS だけスレッドを生成
    let mut v = Vec::new();
    for i in 0..NUM_THREADS {
        let th = thread::spawn(move || {
            // NUM_LOOP だけループし、COUNT をインクリメント
            for _ in 0..NUM_LOOP {
                // ロック獲得
                let _lock = unsafe { LOCK.lock(i) };
                unsafe {
                    let c = read_volatile(&COUNT);
                    write_volatile(&mut COUNT, c + 1);
                }
            }
        });
        v.push(th);
    }

    for th in v {
        th.join().unwrap();
    }

    println!(
        "COUNT = {} (expected = {})",
        unsafe { COUNT },
        NUM_LOOP * NUM_THREADS
    );
}
```

❶コンパイラによる最適化を抑制してメモリ読み書きを行う、read_volatile と write_volatile 関数をインポート。

❷メモリバリア用の fence 関数と Ordering 型をインポート。メモリバリアについては「**4.7　メモリバリア**」の節で再度議論する。

❸volatile 用のマクロである read_mem と write_mem マクロを定義。

❹パン屋のアルゴリズムで用いる BakeryLock 型を定義。

❺チケットの取得処理。スレッド idx がチケット取得中状態であることを示すために、entering[idx] を true に設定。また、その前後では、メモリバリアを行いアウトオブオーダでのメモリ読み書きが行われることを防いでいる。

❻現在配布されているチケットの最大値を取得。

❼自分のチケット番号をその最大値 + 1 に設定。

❽チケットを取得したことを示すために、entering[idx] を false に設定。なお、ここでも前後にメモリバリアを行う。

❾待機処理。ここでは、自分より若い番号のチケットを持ったスレッドがいる場合に待機を行う。

❿i 番目のスレッドがチケット取得中なら待機。

⓫自分のチケット番号と、スレッド i のチケット番号を比較して待機。もし、自分のチケット番号がスレッド i のものより小さい場合は待機終了。また、チケット番号が同じでも、自分の方がスレッド番号が小さい場合も同じく待機終了する。これは、タイミングによっては同じチケット番号を取得してしまうことがあるためである。それ以外の場合は、i 番目のスレッドがチケットを返却、もしくは再度チケットを取得するまで待機。

⓬ロック管理用の型。

⓭ロック獲得後、自動的に解放されるように Drop トレイトを実装。ロック解放はチケットの返却を行うために、tickets[self.idx] に None を保存して行う。

⓮グローバル変数定義。Rust では mutable なグローバル変数の利用は推奨されておらず、そのアクセスはすべて unsafe となるが、ここではデモ用に用いている。LOCK がロックを行うための共有変数であり、COUNT がスレッドごとにインクリメントを行うための共有変数となる。

read_mem と write_mem マクロを定義している理由は、read_volatile と write_volatile は関数であるため unsafe を毎回指定しなければならず、記述が冗長となってしまうからである。関数でなくマクロにしている理由は、関数にするとコンパイラによる最適化が行われてしまう可能性があるからである。

BakeryLock 型は、entering と tickets という配列を持ち、その要素数はスレッド数と同じである。entering は、その要素番号のスレッドが現在チケットを取得中かどうかを示す配列である。これは、病院で受付を行い、チケットを発行してもらっている状態に相当する。tickets は、その要素番号のスレッドが持つチケットに書かれた番号を示す配列である。つまり、i 番目のスレッドのチケットは tickets[i] で取得できる。ただし、対応するスレッドがチケットを持っていない場合の値は None となる。

ロック管理用の型である LockGuard 型は、単純にロック獲得中のスレッド番号を変数 idx に保存する。また、LockGuard 型には、Drop トレイトが実装されている。Drop トレイトを実装すると、変数がスコープから外れたときに特定の処理を行うように指定することができる。つまり、C++言語のデストラクタが実装できると考えてもらってよい。

　以上がパン屋のアルゴリズムの説明となる。ここでは、メモリバリアをいくつか挟んでいるが、メモリバリアの処理を取り除いてみたときに、出力がどのように表示されるかを試してみると興味深い結果が得られるだろう。さらに、read_mem と write_mem マクロを関数に置き換えてみて試してみると興味深い結果を得られるので是非テストしてみてほしい。特に、アウトオブオーダ実行を積極的に行う AArch64 だと、その違いがより顕著にわかるだろう。

4章
並行プログラミング特有のバグと問題点

本章では並行プログラミング時に発生する特有のバグや問題点について解説する。まずはじめに、デッドロック、ライブロック、飢餓といった、同期処理における基本的な問題を解説し、その後、再帰ロック、擬似覚醒といったより発展的な同期処理に関する問題について説明する。並行プログラミングではシグナルの扱いも問題となり、それについての説明も行う。実用的なシステムソフトウェアを実装する上では、シグナルの理解も重要である。最後に、CPU のアウトオブオーダ実行の説明と並行プログラミング時の問題点および、メモリバリアによる解決方法について説明する。

4.1　デッドロック

並行プログラミング特有のバグを示す例として、**食事する哲学者問題**（dining philosophers problem）が知られている。食事する哲学者問題では、円卓の周りに哲学者が座っており、哲学者の前には食事が、哲学者の間には箸が 1 本ずつ置かれていると想定する。このとき、哲学者は両端の箸を取り上げ、箸を 2 本取り上げた際に食事を行うが（箸は 2 本ないと食事できないという制約があるとする）、哲学者のアルゴリズムによってはお互いにリソース（箸）の空きを待ち合うことになり、処理が進まなくなってしまう。

次の図は、食事する哲学者問題を図で表したものとなる。ここでは、4 人の哲学者がテーブルを囲んでおり、哲学者は両端の箸を取って食事し、しばらく食事した後箸を置くという動作を繰り返す。

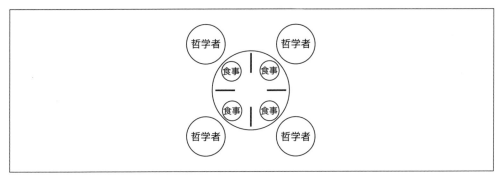

図4-1　食事する哲学者問題

　ここで、哲学者が食事するアルゴリズムを以下のように設定したとする。

1. 左の箸の空きを待ち、左の箸が使える状態となったら取り上げる。
2. 右の箸の空きを待ち、右の箸が使える状態となったら取り上げる。
3. 食事する。
4. 箸を置く。
5. ステップ1へ戻る。

　このとき、箸を取り上げるタイミングによっては哲学者がお互いに箸の空きを待つことになり、処理が進まなくなってしまう。このように、お互いにリソースの空きを待ち、処理が進まないような状態を、**デッドロック**（deadlock）と呼ぶ。

　次の図は、2人の哲学者の場合にデッドロックが起きる例を示している。ここでは、同時に2人の哲学者が左の箸を取り上げた結果、2人とも右の箸が空くのを待ってしまい、処理が進まなくなってしまう。

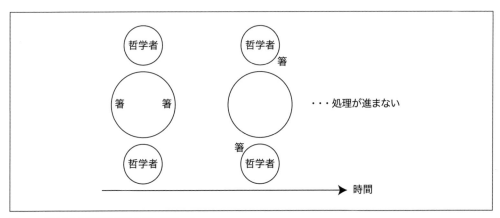

図4-2　食事する哲学者問題でのデッドロック

　ここで、もう少し厳密にデッドロックについて考察しよう。食事する哲学者問題は、状態機械（ステートマシン）の遷移として考えられ、哲学者が2人の場合の遷移表は次の表のようになる。

状態機械とは内部に状態を持つ抽象的な機械のことであり、その機械に対して何らかの入力が行われると内部の状態が遷移する。例えば、自動販売機も状態機械であり、初期状態の自動販売機にコインを入れると「初期状態」から「コイン投入済み状態」に状態が遷移する。

表4-1　状態機械としての食事する哲学者問題（Tが箸を持っており、Fが持っていない状態）

状態名	哲1左	哲1右	哲2左	哲2右	次状態
S0	F	F	F	F	S1、S2、S3
S1	T	F	F	F	S3、S4
S2	F	F	T	F	S3、S5
S3	T	F	T	F	
S4	T	T	F	F	S0
S5	F	F	T	T	S0

　また、これを状態遷移図で表すと以下のようになる。

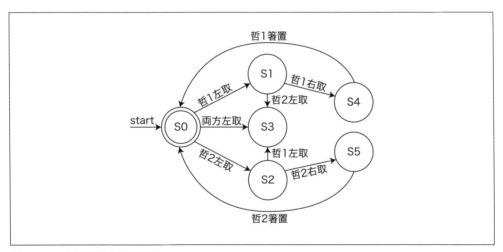

図4-3　食事する哲学者の状態遷移図

　ここで、哲1左や哲2右は、1人目の哲学者の左手、2人目の哲学者の右手を表しており、Tで箸を持っている状態、Fで箸を持っていない状態を表している。また、1本の箸はそれぞれ哲学者の間に置かれ、どちらかの哲学者のみが利用できるため、哲1左と哲2右（あるいは哲1右と哲2左）が同時にTとなることはないため、この遷移表ではそのような状態は現れない。

　ここで、S3を見てみると、これ以上遷移先がないことがわかる。S3は哲学者1と哲学者2の両方ともが左手に箸を持っている状態であり、デッドロックの状態となっている。つまり、デッド

ロックとは次の遷移先がないような状態のことを指すことがわかる。

以上の考察をもとにすると、デッドロック状態となる状態機械は以下のように定義できる。

定義：デッドロックとなる状態機械

　状態機械がデッドロックする可能性がある⇔初期状態から到達可能かつ次の遷移先がないような状態を持つ。

次のソースコードは、Rustで食事する哲学者問題を実装した例となる。これは、哲学者が2人で、箸が2本のときのコードとなる。

Rust

```rust
use std::sync::{Arc, Mutex};
use std::thread;

fn main() {
    // 箸が2本 ❶
    let c0 = Arc::new(Mutex::new(()));
    let c1 = Arc::new(Mutex::new(()));

    let c0_p0 = c0.clone();
    let c1_p0 = c1.clone();

    // 哲学者1
    let p0 = thread::spawn(move || {
        for _ in 0..100000 {
            let _n1 = c0_p0.lock().unwrap(); // ❷
            let _n2 = c1_p0.lock().unwrap();
            println!("0: eating");
        }
    });

    // 哲学者2
    let p1 = thread::spawn(move || {
        for _ in 0..100000 {
            let _n1 = c1.lock().unwrap();
            let _n2 = c0.lock().unwrap();
            println!("1: eating");
        }
    });

    p0.join().unwrap();
    p1.join().unwrap();
}
```

❶箸を意味するミューテックスを生成。
❷箸をピックアップして、食事中と表示。

このコードを実行すると、最後まで実行される場合もあるが、デッドロックとなってしまい実行
が進まなくなってしまう場合もある。

特に、RW ロックはデッドロックに関して注意する必要がある。次のソースコードは、B. Qin
らによって報告されたデッドロックを引き起こすコード例となる［QinCYSZ20］。これは、Rust
で実装されたアプリケーションで、実際に発見されたバグである。

例 4-1　デッドロックとなる RwLock、その 1　　　　　　　　　　　　　　　　　　　　　　　　　　Rust

```rust
use std::sync::{Arc, RwLock};
use std::thread;

fn main() {
    let val = Arc::new(RwLock::new(true));

    let t = thread::spawn(move || {
        let flag = val.read().unwrap(); // ❶
        if *flag {
            *val.write().unwrap() = false; // ❷
            println!("flag is true");
        }
    });

    t.join().unwrap();
}
```

❶ Read ロックを獲得。
❷ Read ロック獲得中に Write ロック獲得。デッドロック。

このように、Read ロック獲得中に Write ロックを獲得してしまうと、当然ながらデッドロック
となる。これを回避するためには次のソースコードに示すようにするとよいと、先の論文で示され
ている。

　　　Rust

```rust
use std::sync::{Arc, RwLock};
use std::thread;

fn main() {
    let val = Arc::new(RwLock::new(true));

    let t = thread::spawn(move || {
        let flag = *val.read().unwrap(); // ❶
```

```
        if flag {
            *val.write().unwrap() = false; // ❷
            println!("flag is true");
        }
    });

    t.join().unwrap();
}
```

❶ Read ロックを獲得して、値を取り出した後に即座に Read ロック解放。
❷ Write ロック獲得。

このコードでは、Read ロック獲得後に即座にロックが解放される。しかし、実際のところ、これらコードの違いはきわめて微妙であり、このようなライフタイムの挙動を正確に把握することは一般には困難と思われる。Rust はきわめてよく設計されたプログラミング言語ではあるが、ここで示したような挙動はライフタイムの闇とも言える。

もう 1 つ別な例を示そう。次のソースコードは、同様に RwLock を使ったデッドロックの例である。

例 4-2　デッドロックとなる RwLock、その 2　　　　　　　　　　　　　　　　　　　　Rust

```rust
use std::sync::{Arc, RwLock};
use std::thread;

fn main() {
    let val = Arc::new(RwLock::new(true));

    let t = thread::spawn(move || {
        let _flag = val.read().unwrap(); // ❶
        *val.write().unwrap() = false; // ❷
        println!("deadlock");
    });

    t.join().unwrap();
}
```

❶ Read ロックの値を _flag に代入。
❷ Write ロック時にデッドロック。

このコードでは、_flag に Read ロックからリターンされた値を保持している。そのため、この変数のスコープが外れるまでロックが解放されず、Write ロックを獲得しようとするとデッドロックとなってしまう。しかし、これは、次のソースコードのようにするとデッドロックとならない。

Rust

```rust
use std::sync::{Arc, RwLock};
use std::thread;

fn main() {
    let val = Arc::new(RwLock::new(true));

    let t = thread::spawn(move || {
        let _ = val.read().unwrap(); // ❶
        *val.write().unwrap() = false; // ❷
        println!("not deadlock");
    });

    t.join().unwrap();
}
```

❶ Read ロックの値はすぐに破棄され、ロック解放される。

❷ Write ロック。

　このコードでは Read ロックからリターンされた値を _ に保持しているが、Rust は _ という変数に保持された値は即座に破棄する。したがって、Read ロックは即座に解放されるため、Write ロックを獲得しようとしてもデッドロックとはならない。

4.2　ライブロックと飢餓

　食事する哲学者問題のアルゴリズムを少し修正し、左の箸を取ってから、しばらく待ってみて右の箸が取れなかったら、いったん箸を置くようにしたらどうだろうか？ このように変更したアルゴリズムが以下となる。

1. 左の箸の空きを待ち、左の箸が使える状態となったら取り上げる。
2. 右の箸の空きを待ち、右の箸が使える状態となったら取り上げる。しばらく待って右の箸が空かなかったら、左の箸をいったん置いてステップ 1 へ戻る。
3. 食事する。
4. 箸を置く。
5. ステップ 1 へ戻る。

　このアルゴリズムは、一見うまく動きそうだが、やはりタイミングによっては処理が進まなくなってしまう。

　次の図は、変更したアルゴリズムで処理が進まない例を示している。ここでは、2 人の哲学者が同時に左の箸を取り、その後に左の箸を置き、再度左の箸を取るという動作が繰り返され、処理が進まなくなってしまっている。

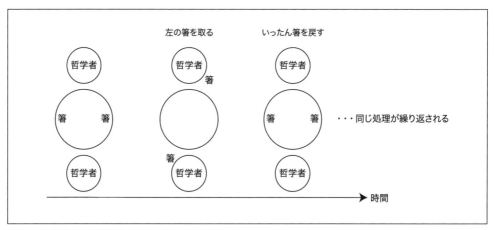

図4-4　食事する哲学者問題でのライブロック

　このように、リソース獲得の処理は行われているが、リソースが獲得できずに次の処理が行われない状態を**ライブロック**（livelock）と呼ぶ。ライブロックは、ある２人が狭い道をすれ違う際に、２人とも同じ方向に避け続ける状態に喩えられる。

　表 4-2 は修正版食事する哲学者問題（哲学者が２人の場合）の状態遷移表となる。

表4-2　修正版食事する哲学者問題の状態遷移表

状態名	哲１左	哲１右	哲２左	哲２右	次状態
S0	F	F	F	F	S1、S2、S3
S1	T	F	F	F	S3、S4
S2	F	F	T	F	S3、S5
S3	T	F	T	F	S0、S1、S2
S4	T	T	F	F	S0
S5	F	F	T	T	S0

　また、この状態遷移図は**図 4-5** のようになる。

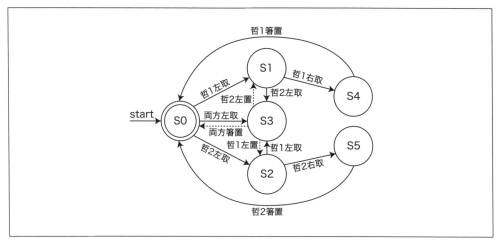

図4-5 修正版食事する哲学者の状態遷移図

　修正版アルゴリズムでは、左手のみに箸を持った状態から、箸を置く状態遷移が新たに追加されている。つまり、S3 の状態のとき、哲学者 1 が箸を置いたら S2 へ、哲学者 2 が箸を置いたら S1 へ、両方の哲学者が箸を置いたら S0 へ遷移するように修正されている。したがって、どの状態においても必ず次の遷移先が存在するため、この状態機械はデッドロックする可能性はない。

　しかし、先に述べたようにライブロックする可能性はある。つまり、S0 → S3 → S0 → S3 → … というように無限に状態がループする可能性があり、S4 や S5 といったリソースを獲得している状態に到達できないような遷移となってしまう可能性がある。このようなライブロックとなるような状態機械は以下のように定義できる。

定義：ライブロックとなる状態機械
　状態機械がライブロックする可能性がある⇔常にいずれかのリソース獲得状態へ到達可能だが、それら状態へは決して到達しないような無限の遷移列が存在する。

　ライブロックは状態遷移は行っているものの、いずれのリソース獲得状態へも遷移しないような状態であったが、**飢餓**（starvation）とは特定のプロセスのみがリソース獲得状態へ遷移しないような状態にあることを言う。例えば、**表 4-2** でいうと、S0 → S1 → S4 → S0 → S1 → S4 → … という遷移が繰り返されるとき、哲学者 1 はリソースを獲得できているが、哲学者 2 がリソースを獲得している状態 S5 へは永遠にたどり着かない。このような飢餓を引き起こすような状態機械は以下のように定義できる。

定義：飢餓を引き起こす状態機械
　状態機械が飢餓を引き起こす可能性がある⇔あるプロセスが存在して、常にそのプロセスの

> リソース獲得状態へ到達可能だが、その状態へは決して到達しないような無限の遷移列が存在するか、デッドロックとなる状態機械である。

お気付きだろうが、ライブロックと飢餓は似ており、ライブロックはシステム全体に関する問題で、飢餓は一部のノードに関する問題である。

一般的には、飢餓は状態変化については特に考慮しないため、厳密に考えるとデッドロックする状態機械も飢餓を引き起こす状態機械となる。

4.3　銀行家のアルゴリズム

デッドロックを回避するためのアルゴリズムとして、ダイクストラの考案した銀行家のアルゴリズムが知られている。本節では銀行家のアルゴリズムを解説し、銀行家のアルゴリズムを食事する哲学者問題に適用し、デッドロックせずに哲学者が食事を終了することを確認する。

銀行家のアルゴリズムでは、銀行家がリソースの配分方法を決定する。次の図は、銀行家のアルゴリズムの概念を例で説明したものである。

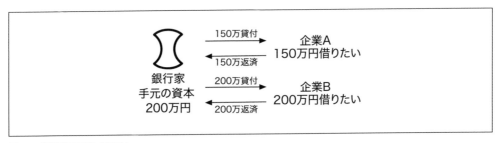

図4-6　銀行家のアルゴリズム

この図では、銀行家は 200 万円の資本を持っており、企業 A と B はそれぞれ 150 と 200 万円事業遂行に必要としている。そこで、銀行家はまず 150 万円を企業 A に貸す。企業 A は 150 万円を元手に事業を行い、150 万円を銀行家に返済する。次に、銀行家は企業 B に 200 万円を貸し、企業 B は同じく事業を行い 200 万円を返す。ただし、ここでは実際の金貸しとは異なり、以下の制約を仮定する。

- 各企業は、お金を借りるとすぐに使ってしまう。
- 各企業は、必要なお金を借りることができた場合は必ず満額返済する。
- 各企業は、満額借りるまで事業を完遂できずに返済できない。
- 利子は考慮しない。

- 信用創造はしない（銀行家は資本以上の貸付はできない）。

このような制約を置くと、次の図のようにお金を貸すとデッドロックとなる。

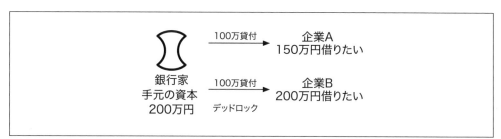

図4-7　銀行家のアルゴリズム（デッドロックとなる貸し方）

　この図でも、銀行家の資本と企業の必要とする資本は同じであるが、貸す順番が異なっている。ここでは、銀行家はまず手元の資本から 100 万円ずつ企業に貸している。そうすると、銀行家の手元の資本は 0 円となってしまい、これ以上は貸せなくなる。しかも、企業 A も B も必要な資本を調達できないため、事業を完遂することができずに借りたお金を返せないままとなる。

　この例を見ると、銀行家の資本と各企業が必要な資本があらかじめわかっている場合、どのように貸すとデッドロックとなるかが予測できるように思われ、それは実際可能である。銀行家のアルゴリズムでは、デッドロックとなる状態に遷移するかをシミュレーションにより判定することで、デッドロックを回避する。

　次のソースコードは、銀行家のアルゴリズムで利用する Resource 構造体の定義となる。

例 4-3　banker.rs　　　　　　　　　　　　　　　　　　　　　　　　　　　　　　　　　　　　Rust

```rust
struct Resource<const NRES: usize, const NTH: usize> {
    available: [usize; NRES],        // 利用可能なリソース
    allocation: [[usize; NRES]; NTH], // スレッドiが確保中のリソース
    max: [[usize; NRES]; NTH],        // スレッドiが必要とするリソースの最大値
}
```

　この構造体では、available、allocation、max という配列が定義されており、これらは、利用可能なリソース、それぞれのスレッドが現在確保中のリソース、それぞれのスレッドが必要とするリソースの最大値となる。例えば、available[j] は j 番目のリソースである。リソースは数えられるものなら何でもよく、お金でも、人材でも何でもよい。allocation[i][j] は、スレッド i が現在確保しているリソース j の数を表す。max[i][j] は、スレッド i が必要とするリソース j の最大値となる。

　次のソースコードに、Resource 構造体の実装を示す。

例 4-4　banker.rs   Rust

```rust
impl<const NRES: usize, const NTH: usize> Resource<NRES, NTH> {
    fn new(available: [usize; NRES], max: [[usize; NRES]; NTH]) -> Self {
        Resource {
            available,
            allocation: [[0; NRES]; NTH], // はじめは何のリソースも確保していない
            max,
        }
    }

    // 現在の状態が安全かを検査 ❶
    fn is_safe(&self) -> bool {
        let mut finish = [false; NTH]; // スレッド i はリソース取得と解放に成功？ ❷
        let mut work = self.available.clone(); // 利用可能なリソースのシミュレート値 ❸

        loop {
            // すべてのスレッド i とリソース j において、❹
            // finish[i] == false && work[j] >= (self.max[i][j] - self.allocation[i][j])
            // を満たすようなスレッドを見つける。
            let mut found = false;
            let mut num_true = 0;
            for (i, alc) in self.allocation.iter().enumerate() {
                if finish[i] {
                    num_true += 1;
                    continue;
                }

                // need[j] = self.max[i][j] - self.allocation[i][j] を計算し、❺
                // すべてのリソース j において、work[j] >= need[j] かを判定
                let need = self.max[i].iter().zip(alc).map(|(m, a)| m - a);
                let is_avail = work.iter().zip(need).all(|(w, n)| *w >= n);
                if is_avail {
                    // スレッド i がリソース確保可能
                    found = true;
                    finish[i] = true;
                    for (w, a) in work.iter_mut().zip(alc) {
                        *w += *a // スレッド i の現在確保しているリソースを返却 ❻
                    }
                    break;
                }
            }

            if num_true == NTH {
                // すべてのスレッドがリソース確保可能なら安全 ❼
                return true;
            }
        }
```

```
            if !found {
                // リソースを確保できないスレッドがある ❽
                break;
            }
        }

        false
    }

    // id 番目のスレッドが、resource を 1 つ取得 ❾
    fn take(&mut self, id: usize, resource: usize) -> bool {
        // スレッド番号、リソース番号を検査
        if id >= NTH || resource >= NRES || self.available[resource] == 0 ||
            self.max[id][resource] == self.allocation[id][resource] {
            return false;
        }

        // リソースの確保を試みる ❿
        self.allocation[id][resource] += 1;
        self.available[resource] -= 1;

        if self.is_safe() { // ⓫
            true // リソース確保成功
        } else {
            // リソース確保に失敗したため、状態を復元
            self.allocation[id][resource] -= 1;
            self.available[resource] += 1;
            false
        }
    }

    // id 番目のスレッドが、resource を 1 つ解放 ⓬
    fn release(&mut self, id: usize, resource: usize) {
        // スレッド番号、リソース番号を検査
        if id >= NTH || resource >= NRES || self.allocation[id][resource] == 0 {
            return;
        }

        self.allocation[id][resource] -= 1;
        self.available[resource] += 1;
    }
}
```

❶ is_safe 関数。
現在の状態が安全な場合（デッドロックにも飢餓にも陥らない場合）に true を返し、そうでない場合は false を返す。

❷ finish[i] = true のときに、スレッド i がリソースを確保して仕事を行い、その後にすべて
のリソースを解放できることを示す。

❸ work[j] が、シミュレーション上での銀行家の手元にあるリソース j の数を示す。

❹ まだシミュレーション上でリソースを確保できていないスレッドで、そのスレッドの欲するリ
ソースが銀行家の手元にあるスレッドを探す。

❺ スレッド i の欲するリソースが銀行家の手元にあるかを検査。

❻ スレッド i がリソースを確保可能なら、スレッド i は何かしら仕事を行ったのちに確保してい
るリソースを解放。

❼ すべてのスレッドがリソースを確保できる貸付方法が存在する場合は true をリターン。

❽ リソースを確保できないスレッドがある場合は、非安全。

❾ take 関数。
スレッド id が resource を 1 つだけ確保するための関数。ただし、確保した状態をシミュレー
トして安全と判断された場合のみに実際に確保。

❿ スレッド id が resource を 1 つ確保した状態を生成。

⓫ is_safe 関数で、現在の状態を検査し、安全な場合は resource を確保し、そうでない場合は
元の状態に戻す。

⓬ release 関数。
スレッド id が resource を 1 つ解放。

　ここで重要なのは、is_safe 関数である。is_safe 関数は貸し出し可能なリソースと貸し出しを
シミュレートする。つまり、貸し出し可能な場合に必要なスレッドに貸し出してから、そのスレッ
ドのリソースをすべて返してもらうという操作を繰り返したときに、すべてのスレッドがリソース
確保可能かを検査する。take 関数はリソースを 1 つ確保（銀行家から見ると貸し出し）する関数
であり、仮に確保した場合に、安全かどうかを検査し、安全と判断された場合にのみ確保する。な
お、ここで言う安全とは、すべてのスレッドがリソースを確保可能な状態であることを指す。

　このアルゴリズムを理解するための鍵は、必要なリソースを借りることができたスレッドは仕事
を終えてすべてのリソースを返却するという制約にある。銀行家は手元のリソースと各スレッドの
必要なリソースを比較し、貸すことのできるスレッドにリソースを分配して、その後に現在貸して
いるリソース含めてすべてを返却してもらう、という状況を繰り返し予測する。もし貸し出せない
ような状況に陥るならば、デッドロックや飢餓となると予測できる。

　次のソースコードに、Resource 構造体を Arc と Mutex で包んだ Banker 構造体の定義を示す。

例 4-5　banker.rs　　　　　　　　　　　　　　　　　　　　　　　　　　　　　　　　Rust

```
use std::sync::{Arc, Mutex};

#[derive(Clone)]
pub struct Banker<const NRES: usize, const NTH: usize> {
    resource: Arc<Mutex<Resource<NRES, NTH>>>,
```

```rust
}

impl<const NRES: usize, const NTH: usize> Banker<NRES, NTH> {
    pub fn new(available: [usize; NRES], max: [[usize; NRES]; NTH]) -> Self {
        Banker {
            resource: Arc::new(Mutex::new(Resource::new(available, max))),
        }
    }

    pub fn take(&self, id: usize, resource: usize) -> bool {
        let mut r = self.resource.lock().unwrap();
        r.take(id, resource)
    }

    pub fn release(&self, id: usize, resource: usize) {
        let mut r = self.resource.lock().unwrap();
        r.release(id, resource)
    }
}
```

Banker 構造体は、Resource 構造体を内部に持つのみであり、Banker 構造体の生成を行う new 関数と、各スレッドへのインタフェースである take と release 構造体を定義するのみである。

次のソースコードに、食事する哲学者問題を銀行家のアルゴリズムを用いて実装する例を示す。

```rust
mod banker;

use banker::Banker;
use std::thread;

const NUM_LOOP: usize = 100000;

fn main() {
    // 利用可能な箸の数と、哲学者の利用する最大の箸の数を設定 ❶
    let banker = Banker::<2, 2>::new([1, 1], [[1, 1], [1, 1]]);
    let banker0 = banker.clone();

    // 哲学者 1
    let philosopher0 = thread::spawn(move || {
        for _ in 0..NUM_LOOP {
            // 箸 0 と 1 を確保 ❷
            while !banker0.take(0, 0) {}
            while !banker0.take(0, 1) {}

            println!("0: eating");

            // 箸 0 と 1 を解放 ❸
```

```
        banker0.release(0, 0);
        banker0.release(0, 1);
    }
});

// 哲学者 2
let philosopher1 = thread::spawn(move || {
    for _ in 0..NUM_LOOP {
        // 箸 1 と 0 を確保
        while !banker.take(1, 1) {}
        while !banker.take(1, 0) {}

        println!("1: eating");

        // 箸 1 と 0 を解放
        banker.release(1, 1);
        banker.release(1, 0);
    }
});

philosopher0.join().unwrap();
philosopher1.join().unwrap();
}
```

❶哲学者が 2 人で箸が 2 本とリソースを初期化。第 1 引数の [1, 1] が哲学者の持っている箸の
数で、第 2 引数の、[[1, 1], [1, 1]] が哲学者 1 と 2 の必要とする箸の最大値。

❷哲学者は、take 関数で箸を取得する。このとき、取得するスレッド番号と箸の番号を take 関
数に渡す。ここでは、箸が取得できるまでスピンしている。

❸箸を取得できた場合は、食事をした後 release 関数で箸を解放する。

　このように、それぞれの哲学者は箸 0 と 1 を取得して食事し箸を置くという操作を繰り返す。
先に示した食事する哲学者問題の実装例ではデッドロックに陥る場合があったが、このコードを実
行してもデッドロックに陥らずに処理が最後まで進む。このように、銀行家のアルゴリズムを用い
るとデッドロックを回避することができる。しかし、銀行家のアルゴリズムを用いるには、事前に
動作するスレッドの数と、各スレッドが必要なリソースの最大値を把握しておかなければならない
という欠点もある。デッドロックを検知する手法として、他には、リソース確保に関するグラフを
生成し、循環的なリソース確保をしていないかを検査する方法が知られている［OSConcepts］。

4.4　再帰ロック

　まず、再帰ロックの定義を行おう。

> **定義：再帰ロック**
> ロックを獲得中のプロセスが、そのロックを解放前に、再度そのロックを獲得すること。

　再帰ロックが行われると何が起きるかは、ロックアルゴリズムの実装に依存するが、「**3.3 ミューテックス**」の節で説明したような、単純なミューテックス実装に対して再帰ロックを行うとデッドロック状態となってしまう。C言語などでは、再帰ロックも比較的起きやすいバグであり注意が必要である。

　一方、再帰ロックを行っても処理が続行可能であるようなロックを**再入可能**（reentrant）なロックと呼ぶ。再入可能なロックの定義は単純に以下のようにする。

> **定義：再入可能ロック**
> 再帰ロックを行ってもデッドロック状態に陥らず、処理を続行可能なロック機構のこと。

　次のソースコードは、C言語での再入可能なミューテックスの実装例となる。

C

```c
// 再入可能ミューテックス用の型 ❶
struct reent_lock {
    bool lock; // ロック用共有変数
    int id;    // 現在ロックを獲得中のスレッド ID、非ゼロの場合ロック獲得中
    int cnt;   // 再帰ロックのカウント
};

// 再帰ロック獲得関数
void reentlock_acquire(struct reent_lock *lock, int id) {
    // ロック獲得中でかつ自分が獲得中か判定 ❷
    if (lock->lock && lock->id == id) {
        // 自分が獲得中ならカウントをインクリメント
        lock->cnt++;
    } else {
        // 誰もロックを獲得していないか、
        // 他のスレッドがロック獲得中ならロック獲得
        spinlock_acquire(&lock->lock);
        // ロックを獲得したら、自身のスレッド ID を設定し、
        // カウントをインクリメント
        lock->id = id;
        lock->cnt++;
    }
}

// 再帰ロック解放関数
void reentlock_release(struct reent_lock *lock) {
```

```
    // カウントをデクリメントし、
    // そのカウントが 0 になったらロック解放 ❸
    lock->cnt--;
    if (lock->cnt == 0) {
        lock->id = 0;
        spinlock_release(&lock->lock);
    }
}
```

❶ 再入可能ミューテックス用の型である reent_lock 構造体を定義。この構造体は、スピンロックで利用する変数、現在ロックを獲得中のスレッド ID を示す変数、何度再帰ロックを行ったかを示すカウント用変数を定義している。変数 id の値は、0 の場合は誰もロックを獲得していないとし、非ゼロの場合は他のスレッドがロック獲得中であるとする。すなわち各スレッドに割り当てられるスレッド ID は非ゼロでなければならない。

❷ ロック獲得中でかつ自分がロック獲得中かを判定。もし、自分がロックを獲得中ならカウントをインクリメントして処理を終了。逆に、誰もロックを獲得していないか、あるいは他のスレッドがロック獲得中なら、ロック獲得を行い、ロック獲得後にロック用変数に自身のスレッド ID をセットしカウントをインクリメント。

❸ カウントをデクリメントし、カウントが 0 かをチェック。もし 0 の場合は、id 変数を 0 にセットし実際にロックを解放。

再入可能ミューテックスでは、ロックを獲得する際に、自分自身がロックを獲得しているかをチェックし、ロックを獲得する場合は再帰ロックのカウントをインクリメントする。ロック解放する際は再帰ロックのカウントをデクリメントし、カウントが 0 になったときに実際にロックを解放する。なお、スピンロック関数は「**3.3　ミューテックス**」の節で紹介した関数を利用しているものとする。

次のソースコードは、C 言語での再入可能ミューテックスの利用例となる。

C

```
#include <assert.h>
#include <pthread.h>
#include <stdbool.h>
#include <stdio.h>
#include <stdlib.h>

struct reent_lock lock_var; // ロック用の共有変数

// n 回再帰的に呼び出してロックするテスト関数
void reent_lock_test(int id, int n) {
    if (n == 0)
        return;
```

```
    // 再帰ロック
    reentlock_acquire(&lock_var, id);
    reent_lock_test(id, n - 1);
    reentlock_release(&lock_var);
}

// スレッド用関数
void *thread_func(void *arg) {
    int id = (int)arg;
    assert(id != 0);
    for (int i = 0; i < 10000; i++) {
        reent_lock_test(id, 10);
    }
    return NULL;
}

int main(int argc, char *argv[]) {
    pthread_t v[NUM_THREADS];
    for (int i = 0; i < NUM_THREADS; i++) {
        pthread_create(&v[i], NULL, thread_func, (void *)(i + 1));
    }
    for (int i = 0; i < NUM_THREADS; i++) {
        pthread_join(v[i], NULL);
    }
    return 0;
}
```

　基本的なところは既存のコードとほとんど変わらないが、reent_lock_test 関数で再帰的に関数を呼び出し、同じ共有変数に対してロックを行っている箇所が異なる。単純なミューテックスの実装では、このような呼び出しを行うとデッドロックになってしまうが、再入可能ミューテックスでは処理が続行する。

　Pthreads では、高速だが再入可能ではないミューテックス、再入可能なミューテックス、再入しようとするとエラーとなるミューテックスの3種類を利用可能である。これは、次のソースコードで示すようにミューテックスを初期化すると利用できる。

C

```
// 高速だが再入可能ではない
pthread_mutex_t fastmutex = PTHREAD_MUTEX_INITIALIZER;

// 再入可能なミューテックス
pthread_mutex_t recmutex = PTHREAD_RECURSIVE_MUTEX_INITIALIZER_NP;

// 再入しようとするとエラーとなるミューテックス
pthread_mutex_t errchkmutex = PTHREAD_ERRORCHECK_MUTEX_INITIALIZER_NP;
```

　Rust 言語の場合、再帰ロックの挙動は未定義となっている。しかし、これは個人的な考えだが、Rust 言語で再帰ロックを行うようなコードは、余程意図的に書かないと起きないように思われる。これは、Rust ではロック用変数とリソースが密結合しており、さらに、ロック用変数は明示的にクローンしなければ複製できないからである。次のソースコードは、Rust で再帰ロックを行う例となる。

Rust

```
use std::sync::{Arc, Mutex};

fn main() {
    // ミューテックスを Arc で作成してクローン
    let lock0 = Arc::new(Mutex::new(0)); // ❶
    // Arc のクローンは参照カウンタを増やすだけ
    let lock1 = lock0.clone(); // ❷

    let a = lock0.lock().unwrap();
    let b = lock1.lock().unwrap(); // デッドロック ❸
    println!("{}", a);
    println!("{}", b);
}
```

❶ミューテックスオブジェクト作成し、それを参照カウンタベースのスマートポインタである Arc で包む。

❷それを clone。

❸同じミューテックスに対してロックするとデッドロック。

　このコードは、同じミューテックスに対してロックしているためデッドロックとなる（環境依存であるため、デッドロックせずに再入可能であったり、パニックとなる可能性もある）。しかし、かなり意図的に書かないとこのようなコードにはならないと思われる。Rust の場合は、他のスレッドに共有リソースを渡す場合のみにクローンし、同一スレッド内ではクローンして利用しない、ということを守ればよい。

4.5　擬似覚醒

　「3.5　条件変数」の節で条件変数について説明したが、このとき**擬似覚醒**（spurious wakeup）について触れた。この擬似覚醒は以下のように定義できる。

定義：擬似覚醒

　ある条件が満たされるまで待機中のプロセスが、条件が満たされていないにかかわらず実行状態へ移行すること。

　「3.5　条件変数」の節では、擬似覚醒が起きても問題がないように、wait 後に必ず条件が満た

されているかをチェックするようにしていた。ここでは、どのようなときに擬似覚醒が起きるかを
調査してみよう。

　次のソースコードは擬似覚醒を起こす例を C 言語で示したものとなる。典型的には、wait 中の
シグナルによる割り込みが原因で、擬似覚醒が起きる。

```c
#include <pthread.h>
#include <signal.h>
#include <stdio.h>
#include <stdlib.h>
#include <sys/types.h>
#include <unistd.h>

pthread_mutex_t mutex = PTHREAD_MUTEX_INITIALIZER;
pthread_cond_t cond = PTHREAD_COND_INITIALIZER;

// シグナルハンドラ ❶
void handler(int sig) { printf("received signal: %d\n", sig); }

int main(int argc, char *argv[]) {
    // プロセス ID を表示 ❷
    pid_t pid = getpid();
    printf("pid: %d\n", pid);

    // シグナルハンドラ登録
    signal(SIGUSR1, handler); // ❸

    // wait しているが、誰も notify しないので止まったままのはず ❹
    pthread_mutex_lock(&mutex);
    if (pthread_cond_wait(&cond, &mutex) != 0) {
        perror("pthread_cond_wait");
        exit(1);
    }
    printf("sprious wake up\n");
    pthread_mutex_unlock(&mutex);

    return 0;
}
```

❶シグナルハンドラ。単にシグナル番号を表示しているのみ。

❷プロセス ID を取得し表示している。ここで表示されるプロセス ID に対してシグナルを送信。

❸ SIGUSR1 シグナルに対するシグナルハンドラを登録。

❹wait の処理。ここでは、wait はしているものの、notify するスレッドが他にいないため永
　久に待機するはず。

このコードは notify するスレッドがいないため、永遠に待機してしまうように思われる。しかし、OpenBSD や macOS などの OS でこのコードをコンパイルして実行し、そのプロセス ID に対して別のコンソールから

```
$ kill -s SIGUSR1 pid
```

と実行すると SIGUSR1 シグナルが送信され、プログラムは終了する。このように、誰も notify していないのに wait から返ってくることは起こりうるため、自前での条件チェックが必要となる。

Linux の場合、wait には futex というシステムコールを用いている。Linux Kernel のバージョン 2.6.22 以前は futex はシグナルによって擬似覚醒が発生したが、それ以降は発生しない。したがって、このコードを実行しても擬似覚醒は起きない。しかし、これは環境依存であるため、いずれにせよ自前の条件チェックは行った方がよい。

4.6　シグナル

本節ではシグナルについて説明を行う。本書ではシグナル自体については説明しないため、詳細については参考文献［unixprog］などを参考してほしい。一般的に、シグナルとマルチスレッドは相性が悪いとよく言われている。その理由は、どのタイミングでシグナルハンドラが呼び出されるかがわからないからである。次の C 言語によるソースコードは、シグナルハンドラを用いたときにデッドロックとなる典型例である。

```c
// シグナルハンドラ
void handler(int sig) {
    pthread_mutex_lock(&mutex); // デッドロック ❶
    // 何らかの処理
    pthread_mutex_unlock(&mutex);
}

int main(int argc, char *argv[]) {
    pthread_mutex_lock(&mutex);
    // この間にシグナル発生するとデッドロック ❷
    pthread_mutex_unlock(&mutex);
    return 0;
}
```

❶シグナルハンドラ中にロックを獲得。
❷シグナルハンドラ中のものと同じミューテックス変数を用いてロックを獲得した場合、この行でシグナルが発生するとデッドロック。

このような状態に陥ることを避けるために、シグナルを受信する専用のスレッドを用いることがある。次のソースコードは、専用スレッドでシグナルを受信する例を C 言語で実装したものとなる。

C

```c
#include <pthread.h>
#include <signal.h>
#include <stdio.h>
#include <stdlib.h>
#include <unistd.h>

pthread_mutex_t mutex = PTHREAD_MUTEX_INITIALIZER;
sigset_t set;

void *handler(void *arg) { // ❶
    pthread_detach(pthread_self()); // デタッチ ❷

    int sig;
    for (;;) {
        if (sigwait(&set, &sig) != 0) { // ❸
            perror("sigwait");
            exit(1);
        }
        printf("received signal: %d\n", sig);
        pthread_mutex_lock(&mutex);
        // 何らかの処理
        pthread_mutex_unlock(&mutex);
    }

    return NULL;
}

void *worker(void *arg) { // ❹
    for (int i = 0; i < 10; i++) {
        pthread_mutex_lock(&mutex);
        // 何らかの処理
        sleep(1);
        pthread_mutex_unlock(&mutex);
        sleep(1);
    }
    return NULL;
}

int main(int argc, char *argv[]) {
    // プロセス ID を表示
    pid_t pid = getpid();
    printf("pid: %d\n", pid);

    // SIGUSR1 シグナルをブロックに設定
    // この設定は、後に作成されるスレッドにも引き継がれる ❺
    sigemptyset(&set);
```

```
    sigaddset(&set, SIGUSR1);
    if (pthread_sigmask(SIG_BLOCK, &set, NULL) != 0) {
        perror("pthread_sigmask");
        return 1;
    }

    pthread_t th, wth;
    pthread_create(&th, NULL, handler, NULL);
    pthread_create(&wth, NULL, worker, NULL);
    pthread_join(wth, NULL);

    return 0;
}
```

❶ シグナル処理専用スレッド用の関数。

❷ デタッチしているが、してもしなくてもどちらでもよい。

❸ sigwait 関数を用いてシグナルを受信。sigwait 関数の第 1 引数には受信シグナルの種類を指
定し、第 2 引数で受信したシグナルの種類を受け取る。

❹ ワーカスレッド用の関数。ここでもロックを獲得して何らかの処理を行っているが、このワー
カスレッドとシグナル用のスレッドは別スレッドであり、スレッド実行中にシグナルハンドラ
が起動されないためデッドロックとはならない。

❺ sigaddset 関数で受信するシグナルの種類を指定し（ここでは SIGUSR1）、そのシグナルを
pthread_sigmask 関数を用いてブロック。あるシグナルをブロックすると、そのシグナルが
プロセスに送信されてもシグナルハンドラが起動されなくなる。また、この設定は、これ以
降で作成するスレッドにも引き継がれるため、main 関数の最初に行う。

重要なのは、pthread_sigmask 関数でシグナルをブロックすることと、シグナル受信用のスレッ
ドを用意して、sigwait 関数で同期的にシグナルを受信することである。このようにすると、どの
タイミングでシグナルが発生してもデッドロックにはならない。

以上がシグナル用スレッドを用いた例となる。Rust 言語では、signal_hook というクレートが
あり、シグナルを扱う場合はこのクレートを用いることが推奨されている。signal_hook クレート
を用いると、次のソースコードのように非常に簡潔に記述することができる。

Rust

```rust
use signal_hook::{iterator::Signals, SIGUSR1}; // ❶
use std::{error::Error, process, thread, time::Duration};

fn main() -> Result<(), Box<dyn Error>> {
    // プロセス ID を表示
    println!("pid: {}", process::id());

    let signals = Signals::new(&[SIGUSR1])?; // ❷
    thread::spawn(move || {
```

```
        // シグナルを受信
        for sig in signals.forever() { // ❸
            println!("received signal: {:?}", sig);
        }
    });

    // 10秒スリープ
    thread::sleep(Duration::from_secs(10));
    Ok(())
}
```

❶ シグナルを扱うための型である Signals 型と、今回対象とするシグナルを示す SIGUSR1 を signal_hook クレートからインポート。

❷ 受信対象シグナルの SIGUSR1 を指定して SIGNALS 型を生成。

❸ forever 関数を呼び出してシグナルを同期的に受信。

このようにすることで、シグナル受信スレッドを容易に作成することができる。シグナルを受信したことを複数のスレッドに通知したい場合は、crossbeam-channel というクレートを用いるとよい。crossbeam-channel はマルチプロデューサ、マルチコンシューマの送受信を実現するクレートである。詳細についてはオンラインドキュメント［rust_signal］を参照してほしい。

4.7　メモリバリア

現代的な CPU では必ずしも機械語の命令順に処理は行われず、このような実行方法はアウトオブオーダ実行と呼ばれる。アウトオブオーダ実行を行う理由は、パイプライン処理時に**単位時間あたりの実行命令数**（IPC：instructions per second）を向上させるためである。

例えば、A と B を異なるメモリアドレスとして、read A、read B という順の機械語の並びがあり、A がメモリ上にしかなく、B はキャッシュライン上にあるとする。すると、A の読み込み完了後に B を読み込むよりも、A の読み込み完了前のメモリフェッチ中に B の読み込みを行う方がレイテンシが小さくなる。

このように、アウトオブオーダ実行は IPC の向上に寄与するが、いくつか別の問題も引き起こす。アウトオブオーダ実行に関する諸問題から保護するための処理が**メモリバリア**（memory barrier）であり、本節ではそのメモリバリアについて議論する。メモリバリアは**メモリフェンス**（memory fence）とも呼ばれ、Arm ではメモリバリア、Intel ではメモリフェンスと呼ばれる。

次の図は、仮にロック用の命令を超えてアウトオブオーダ実行された場合に起きる問題を示した図となる。

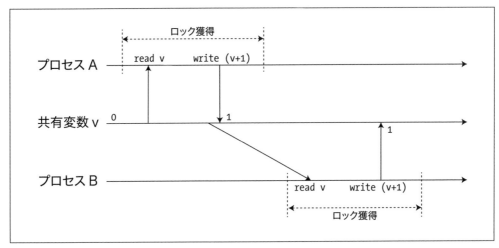

図4-8 もしロック用命令を越えてアウトオブオーダ実行されたら（実際には起きない）

　ここでは、プロセスAとプロセスBは共有変数へアクセスするためにロック獲得を行い、ロック獲得中に共有変数をインクリメントしているとする。ここで、もし、プロセスBのread命令が、ロック用命令よりも前に実行さてしまったとすると、図にあるように、時間的に以前の共有変数の値を取得することになってしまう。すると、最終的には共有変数の値が2になるはずが、1となってしまいレースコンディションとなる。ただし、実際にはロック用命令を用いてもこのようなことは起きない。これは、メモリ読み書きの順序を保証する命令が使われているからであり、その命令がメモリバリア命令となる。

　次の表は、AArch64のメモリバリア関連命令の一部となる。

表4-3 AArch64のメモリバリア関連命令

命令	意味
dmb sy	この命令をまたいでメモリ読み書き命令が実行されないことを保証
dmb st	この命令より前のメモリ書き込み命令と、この命令以降のメモリ書き込み命令が、この命令をまたいで実行されないことを保証
dmb ld	この命令より前のメモリ読み込み命令と、この命令以降のメモリ読み書き命令が、この命令をまたいで実行されないことを保証
dsb	この命令をまたいで全命令が実行されないことを保証
isb	命令パイプラインのフラッシュ
ldr	通常読み込み（バリアなし）
ldxr	排他読み込み（バリアなし）
ldar	この命令以降のメモリ読み書き命令が、この命令より先に実行されないことを保証
ldaxr	ldar ＋排他
str	通常書き込み（バリアなし）
stxr	排他書き込み（バリアなし）
stlr	この命令より前のメモリ読み書き命令が、この命令より後に実行されないことを保証
stlxr	stlr ＋排他

dmb 命令はメモリバリア専用の命令であり、そのオプションによってメモリバリアの方法を指定できる。次の図が dmb 命令のオプションの違いを表したものとなる。

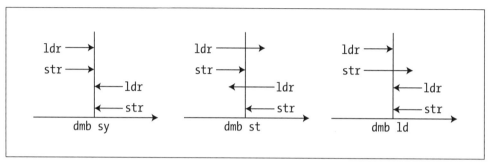

図4-9 AArch64のdmb命令によるバリア

この図のように、sy を指定すると、すべてのメモリ読み書きに対してバリアされるが、st はメモリ書き込みのみ、ld は先行する読み込み命令についてと、それらに続くメモリ読み書きのみバリアする。

次の図は、ldar と stlr 命令のメモリバリアを示しており、これらは一方向のみのメモリ読み書きバリアを行う。

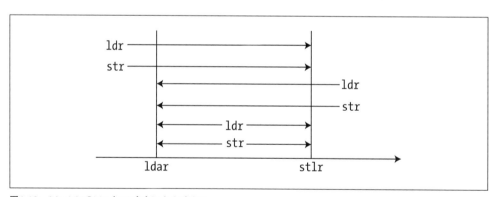

図4-10 AArch64のldarとstlr命令によるバリア

この図に示すように、この 2 命令で挟まれたメモリアクセスは、これら命令を超えて実行されることはないため、**図 4-8** のような問題は起きない。

dmb 命令などはメモリ読み書きに関する命令のみが対象であったが、それ以外の命令も対象とする場合は、dsb や isb 命令を用いる。また、dmb 命令などでは、対象とするメモリの範囲を指定可能である。メモリの範囲とは、同一 CPU 内のコア間における共有メモリや、異なる CPU 間の共有メモリなどである。詳細については AArch64 のマニュアルを参照されたい。

　メモリオーダリングとはメモリ読み書きを行う順番のことであり、機械語で書かれた順番と異な
る順で実行することをリオーダリングと呼ぶ。リオーダリングの発生する命令順は、読み書きの順
番や CPU アーキテクチャごとに異なっている。次の表は、AArch64、x86-64、RISC-V でのメ
モリオーダリングを表したものとなる。

表4-4　メモリオーダリング（✓がリオーダリングが起きるパターン）

アーキテクチャ	W→W	W→R	R→R	R→W
AArch64	✓	✓	✓	✓
x86-64				✓
RISC-V（WMO）	✓	✓	✓	✓
RISC-V（TSO）				✓

　この表では、W が書き込みを、R が読み込みを表しており、矢印で機械語上の順番を表してい
る。RISC-V の Weak Memory Ordering（WMO）モードや AArch64 では、読み書きの順に関
係せずリオーダリングが行われるが、RISC-V の Total Store Ordering（TSO）モードや x86-64
では、R→W の順についてのみリオーダリングが行われる。

RISC-V ではリオーダリングを指定可能。

　Rust 言語にもアトミック変数を扱うライブラリである std::sync::atomic が存在する。Rust 言
語では、アトミック変数の読み書き時にメモリバリアの方法を指定する必要があり、その指定には
Ordering 型を用いる。次の表は、Ordering 型のとりうる値と、その意味を表したものとなる。

表4-5　Rust言語のOrdering型

値	意味
Relaxed	制約なし
Acquire	この命令以降のメモリ読み書き命令が、この命令より先に実行されないことを保証。メモリ読み込み命令に指定可能
Release	この命令より前のメモリ読み書き命令が、この命令より後に実行されないことを保証。メモリ書き込み命令に指定可能
AcqRel	読み込みの場合は Acquire で、書き込みの場合は Release となる
SecCst	前後のメモリ読み書き命令の順序を維持

　Relaxed は特に制約のない指定となる。Acquire はメモリ読み込み命令、Release はメモリ書き
込み命令に指定可能で、それぞれ、AArch64 の ldar と stlr 命令と同じメモリバリアとなる（**図
4-10** を参照）。AcqRel は、メモリ読み込み命令の場合は Acquire、書き込み命令の場合は Release
となる。compare and swap 命令に指定した場合は、書き込みに成功した場合は Acquire + Release
となるが、失敗した場合は Acquire のみとなる。SecCst はフルバリアで、AArch64 でいうところ

の dmb sy に相当する（**図 4-9** を参照）。ただし、実際には dmb sy ではなく、dmb ish などの類似命令が使われる。ish は inner shareable domain の略で、同一 CPU 内におけるコア間でのメモリバリアとなる。

「**3.8.1　ミューテックス**」の節で説明したように、Rust のミューテックスは以下の特徴を持ち、Pthreads で起きていた問題を防ぐことができるようになっていた。

- 保護対象データへは、ロック後でなければアクセスできない
- ロックの解放は自動で行われる

そこで、Rust のアトミック変数を用いたスピンロックの実装である次のソースコードをもとに、どのようにして上記特徴を実現しているかを説明する。

Rust

```rust
use std::cell::UnsafeCell; // ❶
use std::ops::{Deref, DerefMut}; // ❷
use std::sync::atomic::{AtomicBool, Ordering}; // ❸
use std::sync::Arc;

const NUM_THREADS: usize = 4;
const NUM_LOOP: usize = 100000;

// スピンロック用の型 ❹
struct SpinLock<T> {
    lock: AtomicBool,      // ロック用共有変数
    data: UnsafeCell<T>, // 保護対象データ
}

// ロックの解放および、ロック中に保護対象データを操作するための型 ❺
struct SpinLockGuard<'a, T> {
    spin_lock: &'a SpinLock<T>,
}

impl<T> SpinLock<T> {
    fn new(v: T) -> Self {
        SpinLock {
            lock: AtomicBool::new(false),
            data: UnsafeCell::new(v),
        }
    }

    // ロック関数 ❻
    fn lock(&self) -> SpinLockGuard<T> {
        loop {
            // ロック用共有変数が false となるまで待機
            while self.lock.load(Ordering::Relaxed) {}
```

```
                    // ロック用共有変数をアトミックに書き込み
                    if let Ok(_) =
                        self.lock
                            .compare_exchange_weak(
                                false, // false なら
                                true,  // true を書き込み
                                Ordering::Acquire, // 成功時のオーダー
                                Ordering::Relaxed) // 失敗時のオーダー
                    {
                        break;
                    }
                }
            SpinLockGuard { spin_lock: self } // ❼
        }
    }

    // SpinLock 型はスレッド間で共有可能と指定
    unsafe impl<T> Sync for SpinLock<T> {} // ❽
    unsafe impl<T> Send for SpinLock<T> {} // ❾

    // ロック獲得後に自動で解放されるように Drop トレイトを実装 ❿
    impl<'a, T> Drop for SpinLockGuard<'a, T> {
        fn drop(&mut self) {
            self.spin_lock.lock.store(false, Ordering::Release);
        }
    }

    // 保護対象データの immutable な参照外し ⓫
    impl<'a, T> Deref for SpinLockGuard<'a, T> {
        type Target = T;

        fn deref(&self) -> &Self::Target {
            unsafe { &*self.spin_lock.data.get() }
        }
    }

    // 保護対象データの mutable な参照外し ⓬
    impl<'a, T> DerefMut for SpinLockGuard<'a, T> {
        fn deref_mut(&mut self) -> &mut Self::Target {
            unsafe { &mut *self.spin_lock.data.get() }
        }
    }

    fn main() {
        let lock = Arc::new(SpinLock::new(0));
        let mut v = Vec::new();
```

```
    for _ in 0..NUM_THREADS {
        let lock0 = lock.clone();
        // スレッド生成
        let t = std::thread::spawn(move || {
            for _ in 0..NUM_LOOP {
                // ロック
                let mut data = lock0.lock();
                *data += 1;
            }
        });
        v.push(t);
    }

    for t in v {
        t.join().unwrap();
    }

    println!(
        "COUNT = {} (expected = {})",
        *lock.lock(),
        NUM_LOOP * NUM_THREADS
    );
}
```

❶ UnsafeCell 型をインポート。この型は Rust の借用ルールを破り、mutable な参照を複数持てるような記述を可能にする危険な型である。したがって、安易に使うべきではないが、ミューテックスなどの機構を実装するためには必須のためインポートしている。

❷ Deref と DerefMut トレイトをインポート。Deref と DerefMut トレイトを実装すると、アスタリスクによる参照外しを行えるようになる。Rust のミューテックスは、ロックした際にガード用のオブジェクトをリターンする。ガード用オブジェクトは、参照外しすることで保護対象データを読み書きでき、それを実現するために Deref と DerefMut トレイトを実装している。

❸ アトミック用の型をインポート。AtomicBool がアトミック読み書きを行うための真偽値型、Ordering がメモリバリアの方法を表す型となる。

❹ スピンロック用の SpinLock 型を定義。この型は、ロック用の共有変数と、ロック対象データを保持している。保護対象データは、複数のスレッドが mutable にアクセスする可能性があるため、UnsafeCell 型で包んでいる。

❺ ロック解放および、ロック中に保護対象データの参照を取得するための型である、SpinLockGuard 型を定義。この型の値がスコープから外れたときに自動的にロックが解放されるが、ロックを解放するために、SpinLock 型の参照を保持している。

❻ ロックを行う lock 関数。TTAS によってロック用の共有変数が false となりロックが解放されるのを待つ。共有変数が false の場合は、メモリオーダリングに Acquire を指定してアトミックに共有変数を true に設定。

❼ロック獲得に成功したら、ループを抜け、SpinLockGuard 型の値に自身の参照を渡してロック
　獲得処理を終了。

❽ SpinLock 型はスレッド間で共有可能であると指定。この指定は、Rust の Mutex 型などでも行
　われている。ただし、一般的な利用では、自分で定義した型に対してこのような指定は行う
　必要がなく、同期処理機構を実装する場合のみに利用すべきである。

❾ Send トレイトを実装すると、チャネルを介して値を送信可能になる。

❿ SpinLockGuard 型に Drop トレイトを実装。ここでは、SpinLockGuard 型の変数がスコープか
　ら外れたときに自動でロックが解放されるようにしている。このようにすることで、ロック
　解放忘れを防ぐことができる。ロックの解放に必要なメモリオーダリングは Release である
　ため false の書き込み時に指定している。

⓫ SpinLockGuard に、Deref トレイトを実装。このトレイトを実装すると参照外しを行うことが
　でき、ここでは、保護対象データへの参照を取得するようにしている。こうすることで、ロッ
　ク獲得時に得られた SpinLockGuard 型の値を通して、保護対象データの読み書きが可能にな
　る。これと同等なことは、Rust の MutexGuard 型でも行われている。

⓬ DerefMut トレイトを実装。

　このようにスピンロックではロック獲得と解放時に Acquire と Release を指定する。こうする
ことで、**図 4-8** で示した問題を回避できる。

　ロック関数では compare_exchange_weak 関数を呼び出して、アトミックにテストと代入を行っ
ている。この関数は、アトミック変数と第 1 引数の値が同じかをテストし、同じ場合に第 2 引数
の値をアトミック変数に代入する。テストに成功した場合のオーダリングは第 3 引数に、失敗し
た場合のオーダリングは第 4 引数に指定する。

　compare_exchange_weak 関数は、テストに成功した場合でも代入に失敗した場合にリトライし
ない。これは、例えば LL/SC 命令を用いてアトミック命令を実装した場合に、テストに成功して
も、他の CPU から同じ値を書き込まれた場合に排他書き込みに失敗するために発生する。Rust
には、weak ではない compare_exchange 関数も用意されており、こちらはテストに成功して書き込
みに失敗した場合はリトライする。そのため、スピンロックの実装ではオーバーヘッドが生じる可
能性がある。

　以上のように Rust ではアトミック変数の読み書きは、メモリオーダリングを指定して行う。こ
れは一見煩わしいように思われるが、メモリオーダリングを指定することで、異なる CPU アーキ
テクチャで最適なコードをコンパイラが生成してくれるため、アセンブリを書くよりも汎用性が高
くなる。この例ではスピンロックを用いたが、単純に回数をカウントするだけなら Relaxed でよい
のがわかるだろう。

5章
非同期プログラミング

　いま、この本を読んでいる読者は、本を読むことに集中しているだろうが、もし仮に本を読んでいる最中に電話が鳴ったり、宅配便が到着したりすると、いったん本を読むのを中断してそれらの対応を行うだろう。このように、何らかの仕事を行っている最中に発生するような事象のことを、コンピュータの世界ではイベントや割り込みと呼ぶ。Rust や C など、いわゆる手続き的なプログラミング言語では、基本的に処理は実行順に記述しなければならない。処理を必ず実行順に記述しなければならないと、電話が鳴ったら本を中断して電話を取ると言ったような記述をすることは難しく、本を読み終えてから電話を取ると書かなければならない。このように書いてしまうと、当然、重要な電話を取り逃してしまう。

　記述したとおりの順番で動作するようなプログラミングモデルを同期的なプログラミングと呼ぶ。非同期プログラミングは、独立して発生するイベントに対する処理を記述するための並行プログラミング手法の総称である。非同期プログラミングの手法を用いることで、電話が鳴ったら電話を取る、宅配便が到着したら宅配便を受け取る、というようにイベントに応じた動作を記述することができる。非同期プログラミングでは、どのような順番で処理が実行されるかはソースコードから判別することはできず、処理の順番はイベントの発生順に依存する。

　非同期プログラミングを実現する方法として、コールバック関数やシグナル（割り込み）を用いる方法があるが、本章では特に、OS による IO 多重化方法と、現在多くのプログラミング言語で取り入れられている非同期プログラミング方法の Future、async/await について説明する。その後、Rust の async/await による非同期ライブラリのデファクトスタンダードである Tokio［tokio］を用いた非同期プログラミングの例を示す。

　なお、本章では nix と future クレートを利用する。それぞれ、Cargo.toml に以下のようにすると利用できる。

例 5-1　Cargo.toml   TOML

```toml
[dependencies]
futures = "0.3.13"
nix = "0.20.0"
```

5.1　並行サーバ

本節では、反復と並行サーバについてと、その実装を説明する。反復サーバとはクライアントからのリクエストを、受け付けた順にしか処理しないサーバのことであり、並行サーバとはリクエストを並行に処理するサーバのことである。例えば、コンビニエンスストア（コンビニ）でお弁当を温めるときを想像してみてほしい。普通、コンビニの店員は、A の客のお弁当を温めている最中に、他の客である B の勘定を行う。このように、A の処理が待機中の間に他の処理を行うサーバが並行サーバであり、A のお弁当温めの終了を待ってから次の客である B の処理を行うのが反復サーバとなる。

次のソースコードは単純な反復サーバの実装例となる。このサーバは、クライアントからのコネクション要求を受け取り、1 行読み込み、読み込んだデータを返してコネクション終了するという動作を繰り返すサーバとなる。このような、読み込んだデータを返答するだけのサーバは echo サーバと呼ばれている。echo とはやまびこという意味であり、動作がやまびこと似ていることからこのように呼ばれている。

Rust

```rust
use std::io::{BufRead, BufReader, BufWriter, Write};
use std::net::TcpListener;

fn main() {
    // TCP の 10000 番ポートをリッスン
    let listener = TcpListener::bind("127.0.0.1:10000").unwrap(); // ❶

    // コネクション要求をアクセプト
    while let Ok((stream, _)) = listener.accept() { // ❷
        // 読み込み、書き込みオブジェクトを生成 ❸
        let stream0 = stream.try_clone().unwrap();
        let mut reader = BufReader::new(stream0);
        let mut writer = BufWriter::new(stream);

        // 1 行読み込んで、同じものを書き込み ❹
        let mut buf = String::new();
        reader.read_line(&mut buf).unwrap();
        writer.write(buf.as_bytes()).unwrap();
        writer.flush().unwrap(); // ❺
    }
}
```

❶ TCP の 10000 番ポートでリッスン。

❷ コネクション要求をアクセプト。繰り返し実行される。

❸ 読み込み、書き込みをバッファリングして行うためのオブジェクトを生成。

❹ 1 行読み込んで、同じものをそのまま返信。

❺ バッファリングされているデータをすべて送信。

　このコードを見てわかるように、コネクション要求を受け付け、クライアントからデータを受信して、送信処理が終了しなければ、次のクライアントの処理を行うことはできない。つまり、先に到着したコネクションを客 A とすると、A の処理が終了するまで、次の客である B の処理は何も実行されない。もし、A のデータ転送が B よりも非常に遅い場合、B の方を先に処理した方が全体的なスループットは向上するが、反復サーバの場合はそのような処理は行わない。

　なお、このサーバへの接続は、telnet か socat を利用すると行える。socat の場合は、サーバを起動した同じ OS の別の端末ソフトウェアから以下のようにすると接続およびデータ送受信が行える。

```
$ socat stdio tcp:localhost:10000
Hello, World!
Hello, World!
```

　一方、並行サーバは、クライアントからのコネクション要求、クライアントからのデータ到着、などの処理をイベントという単位で細かく分類して、イベントに応じた処理で実現できる。ネットワークソケットやファイルなどの IO イベントの監視には、UNIX 系の OS だと select や poll、Linux だと epoll、BSD 系だと kqueue というシステムコールが利用可能である。select や poll は OS に依存せずに利用できるが遅く、epoll や kqueue は高速だが OS に依存してしまう。

　IO イベントの監視とはつまり、ファイルディスクリプタの監視となる。例えば TCP コネクションが複数ある場合、サーバは複数のファイルディスクリプタを持つ。それら複数のファイルディスクリプタに対して読み込みや書き込みが可能になったことを、select などの関数を用いると判定することができる。次の図は、epoll、kqueue、select の動作概念を示した図となる。

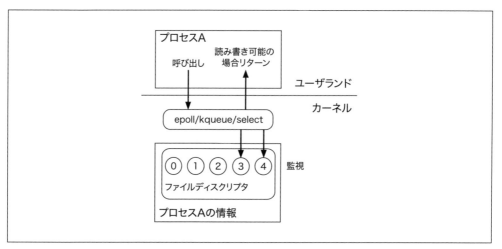

図5-1　epoll、kqueue、selectの動作概念図

　この図では、プロセスAが0から4までのファイルディスクリプタを利用している。カーネル内部ではプロセスと、そのプロセスに関連付けられたファイルディスクリプタ情報が保存されており、epoll、kqueue、selectによるファイルディスクリプタ監視はこれら情報を用いて行われる。この図では、3と4のファイルディスクリプタをepollなどで監視し、3か4、あるいはその両方が読み書き可能になった場合に、epoll、kqueue、selectの呼び出しからリターンする。なお、これら関数は、読み込みのみ監視、書き込みのみ監視、読み書きの両方を監視などを細かく指定できる。

　次のソースコードは、epollを用いた並行サーバの実装例となる。動作的には、先のソースコードとほぼ同じだが、並行に動作し、繰り返し送受信を行えるようになっているという違いがある。なお、このコードはノンブロッキングの設定を行っていないため実装としては未完成であるが、この点は後に示すバージョンで修正する。ブロッキングとは、送信または受信の準備ができていないときに送受信の関数を呼び出した場合、その関数呼び出しが停止し送受信の準備ができたときに再開されるような挙動のことである。送受信の準備ができていない場合に送受信の関数が呼び出されると、OSはそれら関数を呼び出したOSプロセスを待機状態にして、他のOSプロセスを実行する。ノンブロッキングの場合は、送受信できない場合は即座に関数からリターンするため、送受信の関数を呼び出してもOSプロセスは待機状態とはならない。

Rust

```rust
use nix::sys::epoll::{
    epoll_create1, epoll_ctl, epoll_wait, EpollCreateFlags, EpollEvent, EpollFlags, EpollOp,
};
use std::collections::HashMap;
use std::io::{BufRead, BufReader, BufWriter, Write};
use std::net::TcpListener;
use std::os::unix::io::{AsRawFd, RawFd};
```

```rust
fn main() {
    // epoll のフラグの短縮系
    let epoll_in = EpollFlags::EPOLLIN;
    let epoll_add = EpollOp::EpollCtlAdd;
    let epoll_del = EpollOp::EpollCtlDel;

    // TCP の 10000 番ポートをリッスン
    let listener = TcpListener::bind("127.0.0.1:10000").unwrap();

    // epoll 用のオブジェクトを生成
    let epfd = epoll_create1(EpollCreateFlags::empty()).unwrap(); // ❶

    // リッスン用のソケットを監視対象に追加 ❷
    let listen_fd = listener.as_raw_fd();
    let mut ev = EpollEvent::new(epoll_in, listen_fd as u64);
    epoll_ctl(epfd, epoll_add, listen_fd, &mut ev).unwrap();

    let mut fd2buf = HashMap::new();
    let mut events = vec![EpollEvent::empty(); 1024];

    // epoll でイベント発生を監視
    while let Ok(nfds) = epoll_wait(epfd, &mut events, -1) { // ❸
        for n in 0..nfds { // ❹
            if events[n].data() == listen_fd as u64 {
                // リッスンソケットにイベント ❺
                if let Ok((stream, _)) = listener.accept() {
                    // 読み込み、書き込みオブジェクトを生成
                    let fd = stream.as_raw_fd();
                    let stream0 = stream.try_clone().unwrap();
                    let reader = BufReader::new(stream0);
                    let writer = BufWriter::new(stream);

                    // fd と reader, writer を関連付け
                    fd2buf.insert(fd, (reader, writer));

                    println!("accept: fd = {}", fd);

                    // fd を監視対象に登録
                    let mut ev =
                        EpollEvent::new(epoll_in, fd as u64);
                    epoll_ctl(epfd, epoll_add,
                            fd, &mut ev).unwrap();
                }
            } else {
                // クライアントからデータ到着 ❻
                let fd = events[n].data() as RawFd;
                let (reader, writer) =
```

```
                        fd2buf.get_mut(&fd).unwrap();

            // 1行読み込み
            let mut buf = String::new();
            let n = reader.read_line(&mut buf).unwrap();

            // コネクションクローズした場合、epoll の監視対象から外す
            if n == 0 {
                let mut ev =
                    EpollEvent::new(epoll_in, fd as u64);
                epoll_ctl(epfd, epoll_del,
                            fd, &mut ev).unwrap();
                fd2buf.remove(&fd);
                println!("closed: fd = {}", fd);
                continue;
            }

            print!("read: fd = {}, buf = {}", fd, buf);

            // 読み込んだデータをそのまま書き込み
            writer.write(buf.as_bytes()).unwrap();
            writer.flush().unwrap();
        }
    }
  }
}
```

❶ epoll 用のオブジェクトを生成。

epoll では、監視したいソケット（ファイルディスクリプタ）を epoll 用のオブジェクトに登録した後、監視対象に何かしらイベントが発生するまで待機して、イベント発生後にそのイベントに対応する処理を行う。

❷ 生成した epoll オブジェクトにリッスン用のソケットを監視対象として登録。epoll オブジェクトの生成は epoll_create1 関数で行い、削除は close 関数で行う。epoll_ctl 関数は、監視対象の追加、削除、修正を行う関数となる。コネクション要求の到着監視は、イベントの種類を EPOLLIN と設定することで行える。

❸ epoll_wait 関数でイベント発生の監視。

この関数では、第 2 引数に渡されたスライスにイベントが発生したファイルディスクリプタが書き込まれ、発生したイベントの数が Result 型で返る。第 3 引数はタイムアウトの時間でありミリ秒で指定可能である。ただし、この第 3 引数に -1 を渡すとタイムアウトしない。

❹ イベントの発生したファイルディスクリプタに対して順に処理を行う。ここでは、リッスンソケットのイベントと、クライアントとのソケットのイベントに処理を分離している。

❺ リッスンソケット用の処理。

まず、ファイルディスクリプタを取得して読み書き用オブジェクトを生成し、epoll_ctl 関数
で epoll に読み込みイベントを監視対象として登録している。

❻クライアント用ソケットの処理。

はじめに、1 行読み込む。このとき、コネクションがクローズしていた場合は read_line 関数
の値は 0 となるため、その場合は、コネクションクローズの処理を行う。このコードのよう
に、あるイベントを epoll の監視対象から外すには、epoll_ctl 関数に EpollCtlDel を指定す
ると行える。

epoll では、監視したいファイルディスクリプタを登録し、それらファイルディスクリプタのい
ずれかに対して読み込みや書き込みなどが行えるようになったら、epoll 呼び出しがリターンされ
る。API は若干違うが、select、poll、kqueue でもほぼ同じように行える。

このような、epoll や select などの、複数の IO に対して並行に処理を行う方法は IO 多重化と
呼ばれる。IO 多重化を記述するための方法論の 1 つに、このコードで記述したようなイベントに
対して処理を記述する手法があり、このようなプログラミングモデル、デザインパターンは**イベン
ト駆動型**（event driven）と呼ばれ、イベント駆動型のプログラミングも非同期プログラミングと
される。

イベント駆動型のライブラリとして有名なのは、libevent [libevent] と libev [libev] である。
これらは C 言語から利用できるライブラリであり、epoll や kqueue を抽象化しているため OS 非
依存なソフトウェアを実装することができる。これらライブラリは、ファイルディスクリプタに対
してコールバック関数を登録することで非同期プログラミングを実現している。

また、POSIX にも AIO（asynchronous IO）と呼ばれる API が存在する。POSIX AIO では、2
種類の非同期プログラミング手法を選択できる。1 つは対象とするファイルディスクリプタに対し
てコールバック関数を設定し、イベント発生時にスレッドが生成されてその関数が実行される方法
であり、もう 1 つはシグナルで通知される方法である。

5.2　コルーチンとスケジューリング

本節ではコルーチンについて説明した後、コルーチンをスケジューリングする方法について説明
する。コルーチンを用いることで非同期プログラミングをより抽象的に記述できるようになる。

5.2.1　コルーチン

コルーチンはいろいろな意味で使われるが、本書でコルーチンと言ったときには、中断と再開が
できる関数の総称であるとする。コルーチンを用いると、関数の任意の時点で中断し、中断した箇
所から関数を再開することができる。コルーチンという用語は 1963 年に Conway の論文によっ
て登場し [Conway63]、COBOL と ALGOL というプログラミング言語に適用された。

現在ではコルーチンは対称コルーチンと非対称コルーチンに分類されている [n_lambda]。次
のソースコードは、対称コルーチンを擬似コードで記述した例となる。

擬似コード

```
coroutine A {
    何らかの処理
    yield to B ❷
    何らかの処理
    yield to B ❹
}

coroutine B {
    何らかの処理
    yield to A ❸
    何らかの処理
}

yield to A ❶
```

❶ A を呼び出し。
❷ B を呼び出し。処理はここで中断。
❸ A の途中から再開。処理はここで中断。
❹ B の途中から再開。

　対称コルーチンでは、再開する関数名を明示的に指定して、関数の中断と、再開する関数の実行を行う。一番最後の行でコルーチン A が実行され、何らかの処理を行い yield to B でコルーチン B の処理が始まる。コルーチン B が実行されると、今度は yield to A でコルーチン A へ処理が移行する。このとき、コルーチン A 中の yield により中断された箇所から処理が再開される。その後再びコルーチン A の 2 つ目の yield to B まで実行されると、コルーチン B の yield より処理が再開される。一般的な関数呼び出しは、呼び出し元と呼び出され側という主従関係があったが、対称コルーチンでは関数はお互いに同等、対称な関係となる。
　次のソースコードは、非対称コルーチンの例を Python 言語で示したものである。Python では非対称コルーチンのことをジェネレータと呼んでおり、後で説明する async/await でスケジューリング可能なように修正された特殊な非対称コルーチンのことをコルーチンと呼んでいる。

Python

```python
def hello():
    print('Hello,', end='')
    yield  # ここで中断、再開 ❶
    print('World!')
    yield # ここまで実行 ❷

h = hello()  # イテレータを生成
h.__next__() # 1 まで実行し中断
h.__next__() # 1 から再開し 2 まで実行
```

このコードは Hello, World! を出力するだけであるが、yield で関数の中断と再開が行われる。
yield を呼び出すと、関数の継続とでも呼ぶべきオブジェクトが返り、そのオブジェクトに対して
__next__ 関数を呼び出すことで継続すべき箇所からの再開が可能となる。

Rust 言語にはコルーチンはないが、コルーチンと同等な動作をする関数は状態を持つ関数とし
て実装することができる。次のソースコードは、Python のコルーチン版 Hello, World! を Rust
言語で実装したものとなる。Rust には Future トレイトと呼ばれる、非同期プログラミング用のト
レイトがあるため、今回はこのトレイトを用いる。Future トレイトについての詳細は、以降の節
で順に説明するため、ここでは関数の中断と再開のためのトレイトという認識さえあればよい。

Rust

```rust
struct Hello { // ❶
    state: StateHello,
}

// 状態 ❷
enum StateHello {
    HELLO,
    WORLD,
    END,
}

impl Hello {
    fn new() -> Self {
        Hello {
            state: StateHello::HELLO, // 初期状態
        }
    }
}

impl Future for Hello {
    type Output = ();

    // 実行関数 ❸
    fn poll(mut self: Pin<&mut Self>,
            _cx: &mut Context<'_>) -> Poll<()> {
        match (*self).state {
            StateHello::HELLO => {
                print!("Hello, ");
                // WORLD 状態に遷移
                (*self).state = StateHello::WORLD;
                Poll::Pending // 再度呼び出し可能
            }
            StateHello::WORLD => {
                println!("World!");
                // END 状態に遷移
```

```
                    (*self).state = StateHello::END;
                    Poll::Pending // 再度呼び出し可能
                }
                StateHello::END => {
                    Poll::Ready(()) // 終了
                }
            }
        }
    }
}
```

❶関数の状態と変数を保持する Hello 型の定義。

　Hello, World! では変数を持たないため、関数のどこまで実行されたかという状態のみを保持する。

❷関数の実行状態を示す StateHello 型。

　初期状態は Hello 状態で、Python 版の 1 つ目の yield を表す状態が WORLD 状態、2 つ目の yield を表す状態が END 状態となる。

❸ poll 関数が実際の関数呼び出し。

　引数の Pin 型は Box などと同じような型と考えてもらってよい。Pin 型は内部的なメモリコピーでの move ができずアドレス変更のできない型であるが、ここは Rust 特有の事情であるため詳細な説明は割愛させてもらう。また、_cx 引数については後に説明する。

　この実装からわかるように、poll 関数では関数の状態に応じて必要なコードを実行して内部的に状態遷移を行っている。関数が再実行可能な場合 poll 関数は Poll::Pending をリターンし、すべて終了した場合は Poll::Ready に返り値を包んでリターンする。

　この Hello, World! の実行は、次のソースコードのように行う。

Rust

```rust
use futures::future::{BoxFuture, FutureExt};
use futures::task::{waker_ref, ArcWake};
use std::future::Future;
use std::pin::Pin;
use std::sync::{Arc, Mutex};
use std::task::{Context, Poll};

// 実行単位 ❶
struct Task {
    hello: Mutex<BoxFuture<'static, ()>>,
}

impl Task {
    fn new() -> Self {
        let hello = Hello::new();
        Task {
```

```
            hello: Mutex::new(hello.boxed()),
        }
    }
}

// 何もしない
impl ArcWake for Task {
    fn wake_by_ref(_arc_self: &Arc<Self>) {}
}

fn main() {
    // 初期化
    let task = Arc::new(Task::new());
    let waker = waker_ref(&task);
    let mut ctx = Context::from_waker(&waker); ❷
    let mut hello = task.hello.lock().unwrap();

    // 停止と再開の繰り返し ❸
    hello.as_mut().poll(&mut ctx);
    hello.as_mut().poll(&mut ctx);
    hello.as_mut().poll(&mut ctx);
}
```

❶ Task 型は async/await におけるプロセスの実行単位で、ArcWake トレイトはプロセスのスケ
ジューリングを行うためのトレイトである。これらの詳細については次節で説明する。

❷ poll 関数を実行するには、Context 型の値が必要なため、ここでは何もしない Task 型を定義
し、それに ArcWake トレイトを実装している。Context 型の値は ArcWake の参照から生成す
ることができる。詳細については後ほど説明するため、ここでは無視してもらってよい。

❸ poll 関数を 3 度呼び出すと、最終的に Hello 型の poll 関数が実行され Hello, World! が表
示される。これはちょうど、Python 版のコードと同じ動作となる。

このように、コルーチンがプログラミング言語仕様になくても、同等な動作をする関数は実装可
能である。コルーチンを用いると、非同期プログラミングをより高度に抽象化し簡潔に記述可能と
なる。次節以降では、そのしくみについて説明する。

5.2.2　スケジューリング

非対称コルーチンを用いると、プログラマ側で中断された関数の再開を自由に行うことができる
が、この中断、再開をスケジューリングして実行するようにもできる。このようにすると、粒度の
高い制御はできなくなるが、プログラマはコルーチンの管理から解放されより抽象度の高い並行計
算の記述が可能になる。本節では、コルーチンをスケジューリングして実行する方法について説明
する。

実装の説明を行う前に、これから実装するロールの説明を行う。ロールは大きく分けて

Executor、Task、Waker という 3 つがあり、それぞれの典型的な関係を表したものが次の図とな
る。

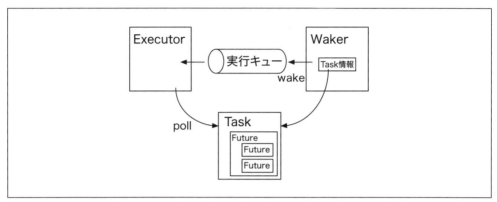

図5-2　Executor, Task, Wakerの典型例

　Task がスケジューリングの対象となる計算の実行単位でありプロセスに相当する。Executor は
実行可能な Task を適当な順番で実行していき、Waker はタスクをスケジューリングする際に用い
られる。この図では、Executor が Task 内の Future を poll し、Task への情報を持つ Waker が必
要に応じて実行キューに Task をエンキューする。この図はあくまで典型例であり、異なる実装方
法も可能である。本章の実装では、Waker と Task は同一の型に実装する。
　次のソースコードは、スケジューリング実装のインポート部分となる。

Rust

```
use futures::future::{BoxFuture, FutureExt};
use futures::task::{waker_ref, ArcWake};
use std::future::Future;
use std::pin::Pin;
use std::sync::mpsc::{sync_channel, Receiver, SyncSender}; // ❶
use std::sync::{Arc, Mutex};
use std::task::{Context, Poll};
```

❶通信チャネルのための関数と型。
　チャネルを介するとスレッド間でデータの送受信を行うことができる。Rust 言語では多くの
　チャネル実装で送信端と受信端を区別しており、Receiver と SyncSender 型が受信と送信用端
　点の型となる。mpsc は、Multiple Producers, Single Consumer の略となる。つまり、送信は
　複数のスレッドから行うことができるが、受信は単一のスレッドのみから可能なチャネルであ
　る。

　次のソースコードは、Task の実装を示している。本実装では簡略化のため、Task 自身が Waker

となるようにしている。

例 5-2　**Task 型**　　　　　　　　　　　　　　　　　　　　　　　　　　　　　　　　　　　　　　　Rust

```rust
struct Task {
    // 実行するコルーチン
    future: Mutex<BoxFuture<'static, ()>>, // ❶
    // Executor へスケジューリングするためのチャネル
    sender: SyncSender<Arc<Task>>, // ❷
}

impl ArcWake for Task {
    fn wake_by_ref(arc_self: &Arc<Self>) { // ❸
        // 自身をスケジューリング
        let self0 = arc_self.clone();
        arc_self.sender.send(self0).unwrap();
    }
}
```

---

❶実行すべきコルーチン（Future）。この Future の実行が完了するまで Executor が実行を行う。
❷ Executor へ Task を渡し、スケジューリングを行うためのチャネル。
❸自分自身の Arc 参照を Executor へ送信してスケジューリング。

　このように、Task は実行すべきコルーチンを保持し、自身をスケジューリング可能なように
ArcWake トレイトを実装する。スケジューリングは単純にタスクへの Arc 参照をチャネルで送信
（実行キューへエンキュー）することで行う。
　次のソースコードは、タスクの実行を行う Executor の実装となる。ここで実装する Executor
は、単一のチャネルから実行可能な Task を受け取り、Task 中の Future を poll する単純なものと
なる。

例 5-3　**Executor 型**　　　　　　　　　　　　　　　　　　　　　　　　　　　　　　　　　　　　　Rust

```rust
struct Executor { // ❶
    // 実行キュー
    sender: SyncSender<Arc<Task>>,
    receiver: Receiver<Arc<Task>>,
}

impl Executor {
    fn new() -> Self {
        // チャネルを生成。キューのサイズは最大 1024 個
        let (sender, receiver) = sync_channel(1024);
        Executor {
            sender: sender.clone(),
            receiver,
```

```
        }
    }

    // 新たに Task を生成するための Spawner を作成 ❷
    fn get_spawner(&self) -> Spawner {
        Spawner {
            sender: self.sender.clone(),
        }
    }

    fn run(&self) { // ❸
        // チャネルから Task を受信して順に実行
        while let Ok(task) = self.receiver.recv() {
            // コンテキストを生成
            let mut future = task.future.lock().unwrap();
            let waker = waker_ref(&task);
            let mut ctx = Context::from_waker(&waker);
            // poll を呼び出し実行
            let _ = future.as_mut().poll(&mut ctx);
        }
    }
}
```

❶ Executor 型の定義。

Executor 型は単純に Task を送受信するチャネル（実行キュー）の端点を保持するのみとなる。

❷ get_spawner 関数。

新たな Task を生成して実行キューにキューイングするためのオブジェクトをリターーンする。これはちょうど、Rust のスレッド生成関数である spawn 関数に相当する動作を行うためのオブジェクトとなる。

❸ run 関数。

チャネルから Task を受信して実行を行う。本実装では Task と Waker は同じであるため、Task から Waker を生成し、Waker から Context を生成後、コンテキストを引数として poll 関数を呼び出している。

コンテキストとは実行時状態を保持するオブジェクトであり、Future の実行時にはこれを渡す必要がある。Rust 1.50.0 のコンテキストは、内部に Waker を持つだけの単純な型となっている。

本実装では、Waker と Task は同じであり、コンテキストから Waker を取り出した場合は、Task が取り出される。

次のソースコードは、タスクの生成を行う Spawner 型の定義と実装となる。Spawner は、Future を受け取り Task に包んで、実行キューにエンキュー（チャネルに送信）するための型である。

例5-4　Spawner 型   Rust

```rust
struct Spawner { // ❶
    sender: SyncSender<Arc<Task>>,
}

impl Spawner {
    fn spawn(&self, future: impl Future<Output = ()> + 'static + Send) { // ❷
        let future = future.boxed();     // Future を Box 化
        let task = Arc::new(Task {       // Task 生成
            future: Mutex::new(future),
            sender: self.sender.clone(),
        });

        // 実行キューにエンキュー
        self.sender.send(task).unwrap();
    }
}
```

❶ Spawner 型。

この型は単純に実行キューへ追加するための、チャネルの送信側端点を保持しているだけとなる。

❷ spawn 関数。

Task の生成と実行キューへの追加を行う。この関数は Future を受け取り Box 化して Task に包んで、実行キューにエンキューしている。

以上でスケジューリング実行の準備が整った。以前に示した Hello, World! の poll 関数を若干修正して、自身でスケジューリングを行うようにしたものが、次のソースコードとなる。

                                                                                          Rust

```rust
impl Future for Hello {
    type Output = ();

    fn poll(mut self: Pin<&mut Self>, cx: &mut Context<'_>) -> Poll<()> {
        match (*self).state {
            StateHello::HELLO => {
                print!("Hello, ");
                (*self).state = StateHello::WORLD;
                cx.waker().wake_by_ref(); // 自身を実行キューにエンキュー
                return Poll::Pending;
            }
            StateHello::WORLD => {
```

```
            println!("World!");
            (*self).state = StateHello::END;
            cx.waker().wake_by_ref(); // 自身を実行キューにエンキュー
            return Poll::Pending;
        }
        StateHello::END => {
            return Poll::Ready(());
        }
    }
}
}
```

修正した箇所は、コメントのある行だけとなる。ここでは、Hello, や World! を表示して状態遷移を行った後、自身を実行キューにエンキューして再実行するように Executor に伝えている。こうすることで、次の実行が可能になったコルーチンの自動実行が可能となる。

先にも述べたように、本実装では、Waker と Task は同じであるため、cx.waker() とすると Task が得られる。

これを実行するには、次のソースコードのように行う。

Rust

```
fn main() {
    let executor = Executor::new();
    executor.get_spawner().spawn(Hello::new());
    executor.run();
}
```

このように、Executor の生成と spawn での Task 生成を行った後、run 関数を呼び出すことで、Hello, World! のコルーチンが最後まで自動実行される。以上がスケジューリングの説明となる。スケジューリング実行を行うと、必要なときに必要なコルーチンの呼び出しをプログラマが考慮する必要がなくなり、必要なときには自動でコルーチンが実行されるようになる。

5.3　async/await

async/await は非同期プログラミングを行うための言語機能であり、Rust ではバージョン 1.39 から安定化バージョンに取り入れられた。本節では async/await の概念および Rust による実装を示す。

5.3.1　Futureとasync/await

Future は、将来のいつかの時点で値が決まる（あるいは一定の処理が終了する）ことを示し

たデータ型であり、プログラミング言語によっては Promise や Eventual と呼ばれる。Future や Promise という用語が登場したのは 1977 年頃であり［BakerH77］、Future は 1985 年に MultiLisp 言語に組み込まれ［Halstead85］、Promise は 1988 年に言語非依存の記述方式として 提案された［LiskovS88］。現在では、Rust 言語をはじめ、JavaScript、Python、C# など多くの プログラミング言語に取り入れられている。

実はこれまで利用していた Future トレイトは、この将来の時点で値の決まるような値を表現す るためのインタフェースを規定したトレイトである。一般的に Future はコルーチンによって実装 され、これにより「中断、再開可能な関数」から「将来に決定される値を表現したもの」へと意味 的な転換が行われる。

Future 型を用いた記述方法には明示的に記述する方法と、暗黙的に記述する方法がある。暗黙 的に記述する場合、Future 型は一般的な型と全く同じように記述されるが、明示的に記述する場 合は Future 型への操作はプログラマが記述しなければならない。async/await は明示的な Future 型に対する記述と考えるとよく、await は Future 型の値が決まるまで処理を停止して他の関数に CPU リソースを譲るために利用し、async は Future 型を含む処理を記述するために利用する。

明示的、暗黙的に記述するというのは、参照を考えてみるとわかりやすい。例えば、&u32 型の変数 a の値を参照するためには、Rust では *a と明示的に参照外しをしなければならないが、a と書く だけでコンパイラが自動的に参照外しを行うような言語設計も考えられる。

例えば、先の Future トレイトを用いた Hello, World! は、async/await を用いて、次のように も書ける。

Rust
```rust
fn main() {
    let executor = Executor::new();
    // async で Future トレイトを実装した型の値に変換
    executor.get_spawner().spawn(async {
        let h = Hello::new();
        h.await; // poll を呼び出し実行
    });
    executor.run();
}
```

async で囲まれた処理部分が Rust コンパイラによって Future トレイトを実装した型の値に変換 され、await で Future トレイトの poll 関数を呼び出す。つまり、async { コード } と書かれた 場合、Future トレイトを実装した型がコンパイラによって新たに定義され、async { コード } 部 分には、その型の new 関数に相当する呼び出しが行われる。また、その型の poll 関数には、async のコード部分が実装されている。

h.await の意味は以下の省略型と考えてよい。

Rust

```rust
match h.poll(cx) {
    Poll::Pending => return Poll::Pending,
    Poll::Result(x) => x,
}
```

こうすることで、async、つまり Future トレイトの poll 関数がネストして呼び出された場合で
も、関数の中断と値返しを適切に扱うことができる。つまり、poll 関数の呼び出しで Pending が
リターンされた場合は、Executor まで Pending であることがさかのぼって伝達されていく。

　非同期プログラミングはコールバックを用いても記述されると述べた。しかしコールバックを用
いる方法は可読性が低下してしまう。特に、コールバックを連続して呼び出すと非常に読みにくい
コードとなってしまい、そのようなコードのことはコールバック地獄と形容される。次のソース
コードは、コールバック地獄の例である。ここでは、poll 関数はコールバック関数を受け取り、
値が決まったときにそのコールバック関数に結果を渡して呼び出すものと仮定する。

Rust

```rust
x.poll(|a| {
    y.poll(|b| {
        z.poll(|c| {
            a + b + c
        })
    })
})
```

　このように、コールバックベースの非同期処理だと可読性の低いコードとなってしまう。一方、
async/await だとこれは、

```
x.await + y.await + z.await
```

と従来の同期的なプログラミングと全く同じように記述できる。

5.3.2　IO多重化とasync/await

　本節では、epoll による非同期 IO と、async/await を組み合わせる方法について解説する。次
の図は、本節で実装するコンポーネントの関係を示したものとなる。

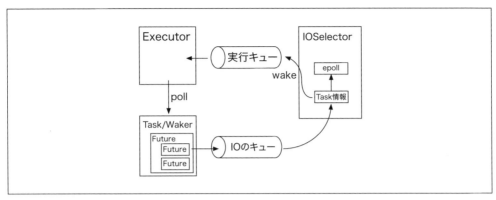

図5-3　IO多重化とasync/await

　なお、Task型、Executor型、Spawner型は、「**5.2.2　スケジューリング**」の節で示した実装
を流用する。本節ではこれら型に加えて、IO多重化を行うためのIOSelector型を実装する。
IOSelectorは、Task情報を受け取ってepollによる監視を行い、イベントが発生した際にwake
関数を呼び出して実行キューにTaskを登録する。そのため、Futureのコード中で非同期IOを行
う際は、IOSelectorへと監視対象のファイルディスクリプタおよびWakerを登録する必要があ
る。以下ではこれらの具体的な実装について説明する。

　次のソースコードは、本実装のインポート部分となり、基本的には、epoll、TCP/IP、async/
awaitを利用するために必要なものを組み合わせたものである。

Rust

```rust
use futures::{
    future::{BoxFuture, FutureExt},
    task::{waker_ref, ArcWake},
};
use nix::{
    errno::Errno,
    sys::{
        epoll::{
            epoll_create1, epoll_ctl, epoll_wait,
            EpollCreateFlags, EpollEvent, EpollFlags, EpollOp,
        },
        eventfd::{eventfd, EfdFlags}, // eventfd 用のインポート ❶
    },
    unistd::write,
};
use std::{
    collections::{HashMap, VecDeque},
    future::Future,
    io::{BufRead, BufReader, BufWriter, Write},
    net::{SocketAddr, TcpListener, TcpStream},
```

```
    os::unix::io::{AsRawFd, RawFd},
    pin::Pin,
    sync::{
        mpsc::{sync_channel, Receiver, SyncSender},
        Arc, Mutex,
    },
    task::{Context, Poll, Waker},
};
```

❶新たに eventfd をインポート。eventfd とは Linux 固有のイベント通知用インタフェースの
ことである。eventfd では、カーネル内に 8 バイトの整数値を保持しており、その値が 0 より
も大きい場合に読み込みイベントが発生する。その値への読み書きは read と write システム
コールで行うことができる。本実装では IOSelector への通知にこの eventfd を利用する。

次のソースコードは eventfd へ書き込むための関数となる。この関数は C 言語で言うところの
write システムコールを呼び出しているだけだが、Rust の場合は C よりも冗長になってしまう。

Rust

```rust
fn write_eventfd(fd: RawFd, n: usize) {
    // usize を *const u8 に変換
    let ptr = &n as *const usize as *const u8;
    let val = unsafe {
        std::slice::from_raw_parts(
            ptr, std::mem::size_of_val(&n))
    };
    // write システムコール呼び出し
    write(fd, &val).unwrap();
}
```

本実装ではこの関数を利用して eventfd に 1 を書き込むことで IOSelector へ通知し、
IOSelector は読み込み後に 0 を書き込むことでイベント通知を解除する。

5.3.2.1　IOSelector 型の実装
まず、IOOps と IOSelector 型の定義を以下に示す。

Rust

```rust
enum IOOps {
    ADD(EpollFlags, RawFd, Waker), // epoll へ追加
    REMOVE(RawFd),                 // epoll から削除
}

struct IOSelector {
    wakers: Mutex<HashMap<RawFd, Waker>>, // fd から waker
    queue: Mutex<VecDeque<IOOps>>,        // IO のキュー
    epfd: RawFd, // epoll の fd
```

```
    event: RawFd, // eventfd の fd
}
```

IOOps 型は、IOSelector へ Task とファイルディスクリプタの登録と削除を行う操作を定義した
型となる。epoll の監視対象へ追加する際には、ADD にフラグ、ファイルディスクリプタ、Waker
を包んで IO のキューにエンキューし、削除する際にはファイルディスクリプタを REMOVE に包ん
でエンキューする。

IO 多重化を行うためには、ファイルディスクリプタにイベントが発生した場合、対応する
Waker を呼び出す必要があるため、ファイルディスクリプタから Waker へのマップを保持する
必要がある。IOSelector 型はそれを行うための情報を保持する型となる。queue 変数が、**図 5-3**
の IO のキューとなる。この変数は LinkedList ではなく VecDeque 型で定義しているが、これは計
算量削減のためである。LinkedList 型では追加と削除時に毎回メモリ確保と解放が行われるが、
VecDeque 型は内部的なデータ構造はベクタのリストとなっているため、メモリ確保と解放を行う
回数が少なくなる。そのため、スタックやキューとして利用するなら VecDeque を用いた方が効率
がよい。ただし、LinkedList 型のように任意の位置への要素追加などはできないという制限があ
る。

次に、IOSelector 型の実装を示す。

Rust

```
impl IOSelector {
    fn new() -> Arc<Self> { // ❶
        let s = IOSelector {
            wakers: Mutex::new(HashMap::new()),
            queue: Mutex::new(VecDeque::new()),
            epfd: epoll_create1(EpollCreateFlags::empty()).unwrap(),
            // eventfd 生成
            event: eventfd(0, EfdFlags::empty()).unwrap(), ❷
        };
        let result = Arc::new(s);
        let s = result.clone();

        // epoll 用のスレッド生成 ❸
        std::thread::spawn(move || s.select());

        result
    }

    // epoll で監視するための関数 ❹
    fn add_event(
        &self,
        flag: EpollFlags, // epoll のフラグ
        fd: RawFd,        // 監視対象のファイルディスクリプタ
```

```rust
        waker: Waker,
        wakers: &mut HashMap<RawFd, Waker>,
    ) {
        // 各定義のショートカット
        let epoll_add = EpollOp::EpollCtlAdd;
        let epoll_mod = EpollOp::EpollCtlMod;
        let epoll_one = EpollFlags::EPOLLONESHOT;

        // EPOLLONESHOT を指定して、一度イベントが発生すると
        // その fd へのイベントは再設定するまで通知されないようになる ❺
        let mut ev =
            EpollEvent::new(flag | epoll_one, fd as u64);

        // 監視対象に追加
        if let Err(err) = epoll_ctl(self.epfd, epoll_add, fd,
                                    &mut ev) {
            match err {
                nix::Error::Sys(Errno::EEXIST) => {
                    // すでに追加されていた場合は再設定 ❻
                    epoll_ctl(self.epfd, epoll_mod, fd,
                            &mut ev).unwrap();
                }
                _ => {
                    panic!("epoll_ctl: {}", err);
                }
            }
        }

        assert!(!wakers.contains_key(&fd));
        wakers.insert(fd, waker); // ❼
    }

    // epoll の監視から削除するための関数 ❽
    fn rm_event(&self, fd: RawFd, wakers: &mut HashMap<RawFd, Waker>) {
        let epoll_del = EpollOp::EpollCtlDel;
        let mut ev = EpollEvent::new(EpollFlags::empty(),
                                    fd as u64);
        epoll_ctl(self.epfd, epoll_del, fd, &mut ev).ok();
        wakers.remove(&fd);
    }

    fn select(&self) { // ❾
        // 各定義のショートカット
        let epoll_in = EpollFlags::EPOLLIN;
        let epoll_add = EpollOp::EpollCtlAdd;

        // eventfd を epoll の監視対象に追加 ❿
```

```
        let mut ev = EpollEvent::new(epoll_in,
                                     self.event as u64);
        epoll_ctl(self.epfd, epoll_add, self.event,
                  &mut ev).unwrap();

        let mut events = vec![EpollEvent::empty(); 1024];
        // event 発生を監視
        while let Ok(nfds) = epoll_wait(self.epfd, // ⓫
                                        &mut events, -1) {
            let mut t = self.wakers.lock().unwrap();
            for n in 0..nfds {
                if events[n].data() == self.event as u64 {
                    // eventfd の場合、追加、削除要求を処理 ⓬
                    let mut q = self.queue.lock().unwrap();
                    while let Some(op) = q.pop_front() {
                        match op {
                            // 追加
                            IOOps::ADD(flag, fd, waker) =>
                                self.add_event(flag, fd, waker,
                                               &mut t),
                            // 削除
                            IOOps::REMOVE(fd) =>
                                self.rm_event(fd, &mut t),
                        }
                    }
                } else {
                    // 実行キューに追加 ⓭
                    let data = events[n].data() as i32;
                    let waker = t.remove(&data).unwrap();
                    waker.wake_by_ref();
                }
            }
        }
    }
}

// ファイルディスクリプタ登録用関数 ⓮
fn register(&self, flags: EpollFlags, fd: RawFd, waker: Waker) {
    let mut q = self.queue.lock().unwrap();
    q.push_back(IOOps::ADD(flags, fd, waker));
    write_eventfd(self.event, 1);
}

// ファイルディスクリプタ削除用関数 ⓯
fn unregister(&self, fd: RawFd) {
    let mut q = self.queue.lock().unwrap();
    q.push_back(IOOps::REMOVE(fd));
    write_eventfd(self.event, 1);
```

```
    }
}
```

❶ new 関数。

❷ eventfd の生成は eventfd 関数を呼び出して行うことができるが、これは同名のシステムコールを呼び出しているだけとなり、第 1 引数が初期値で、第 2 引数がフラグとなる。

❸ IOSelector では、別スレッドで epoll によるイベント管理を行うため、poll 用のスレッドを生成し、そこで select 関数を呼び出している。

❹ add_event 関数。

ファイルディスクリプタの epoll への追加と、Waker の対応付けを行う。

❺ epoll への対応付けを行う際フラグに EPOLLONESHOT を指定。EPOLLONESHOT を指定すると、一度イベントが発生すると、再設定するまではそのファイルディスクリプタへのイベントは通知されなくなる（epoll への関連付けが削除されるわけではない）。

❻ epoll_ctl を呼び出して指定されたファイルディスクリプタを監視対象に追加しているが、すでに追加されていた場合は EpollCtlMod を指定して再設定している。これは、EPOLLONESHOT で不活性化したイベントを設定するために必要となる。より効率的な実装とするには、すでに epoll へ追加したかを記録しておき、システムコール呼び出しの回数を減らすべきであるが、EPOLLONESHOT の理解のためにこのようなコードとしている。

❼ ファイルディスクリプタと Waker を関連付け。

❽ rm_event 関数。

指定したファイルディスクリプタを epoll の監視対象からは削除する関数である。ここでは単純に、epoll_ctl 関数に EpollCtlDel を指定して監視対象から外し、ファイルディスクリプタと Waker の関連付けも削除しているのみである。

❾ select 関数。

専用のスレッドでファイルディスクリプタの監視を行うための関数。

❿ まずはじめに eventfd も epoll の監視対象として登録。

⓫ その後、イベントの発生を監視。

⓬ 発生したイベントが eventfd の場合は、ファイルディスクリプタと Waker の登録、削除を行う。

⓭ 発生したイベントがファイルディスクリプタの場合は、Waker の wake_by_ref 関数を呼び出して、実行キューに追加している。

⓮ register 関数。

ファイルディスクリプタと Waker を IOSelector へ登録。これは、Future が IO のキューへ要求をエンキューするために利用される。

⓯ unregister 関数。

ファイルディスクリプタと Waker の関連付けを削除。

このように、IOSelector 型はファイルディスクリプタと Waker の関連付けを行う。IOSelector へのリクエストは queue 変数にリクエスト内容をエンキューし、eventfd にて通知を行う。チャネルでなく eventfd で行う理由は、IOSelector は epoll を用いたファイルディスクリプタ監視も行う必要があるためである。

5.3.2.2 各種 Future の実装

次に、TCP コネクションのアクセプトとコネクションからのデータ読み込みを非同期化する実装を示す。書き込みについても非同期化が必要だが、実装を単純にするために省略する。

次のソースコードは、非同期に TCP のリッスン、アクセプトを行うための AsyncListener 型の実装となる。重要なのは、コネクションアクセプト時にアクセプト用の関数を直接呼ぶのではなく、アクセプト用の Future をリターンするという点である。これはすなわち、いつか将来アクセプトが完了するということを意味する。

Rust

```rust
struct AsyncListener { // ❶
    listener: TcpListener,
    selector: Arc<IOSelector>,
}

impl AsyncListener {
    // TcpListener の初期化処理をラップした関数 ❷
    fn listen(addr: &str, selector: Arc<IOSelector>) -> AsyncListener {
        // リッスンアドレスを指定
        let listener = TcpListener::bind(addr).unwrap();

        // ノンブロッキングに指定
        listener.set_nonblocking(true).unwrap();

        AsyncListener {
            listener: listener,
            selector: selector,
        }
    }

    // コネクションをアクセプトするための Future をリターン ❸
    fn accept(&self) -> Accept {
        Accept { listener: self }
    }
}

impl Drop for AsyncListener {
    fn drop(&mut self) { // ❹
        self.selector.unregister(self.listener.as_raw_fd());
    }
}
```

❶非同期リッスン用の `AsyncListener` 型は、内部的には `TcpListener` と先に実装した `IOSelector` 型の値を持つのみである。

❷リッスン用の `listen` 関数定義。ノンブロッキングに設定し非同期プログラミングを可能にしている。

❸アクセプトを行う `accept` 関数定義。この関数では、実際にアクセプトを行わずに、アクセプトを行う Future をリターンする。したがって、`accept().await` とすると実際のアクセプトが非同期に実行される。

❹オブジェクト破棄の処理であり、単純に epoll への登録を解除しているのみ。

`listen` 関数は `TcpListener` 型の初期化処理をラップしたものだが、`TcpListener` をノンブロッキング化しているのが大きな特徴となる。通常、コネクションアクセプト関数はブロッキング呼び出しであり、アクセプトするべきコネクションが到着するまで、その関数は停止する。一方、ノンブロッキングとすると、アクセプトすべきコネクションがない場合エラーを返して即座に関数が終了する。関数呼び出しがブロッキングしてしまうと、そのスレッドを占有してしまうため、並行実行するためにはノンブロッキング化して必要なときに呼び出すようにする必要がある。

　次のソースコードは、非同期アクセプト用 Future の実装となる。この Future ではノンブロッキングにアクセプトを実行し、アクセプトできた場合は読み込みと書き込みストリームおよびアドレスをリターンし終了する。また、アクセプトすべきコネクションがない場合はリッスンソケットを epoll に監視対象として追加して実行を中断する。

Rust

```rust
struct Accept<'a> {
    listener: &'a AsyncListener,
}

impl<'a> Future for Accept<'a> {
    // 返り値の型
    type Output = (AsyncReader,           // 非同期読み込みストリーム
                   BufWriter<TcpStream>,  // 書き込みストリーム
                   SocketAddr);           // アドレス

    fn poll(self: Pin<&mut Self>,
        cx: &mut Context<'_>) -> Poll<Self::Output> {
        // アクセプトをノンブロッキングで実行
        match self.listener.listener.accept() { // ❶
            Ok((stream, addr)) => {
                // アクセプトした場合は
                // 読み込みと書き込み用オブジェクトおよびアドレスをリターン ❷
                let stream0 = stream.try_clone().unwrap();
                Poll::Ready((
                    AsyncReader::new(stream0, self.listener.selector.clone()),
                    BufWriter::new(stream),
```

```
                addr,
            ))
        }
        Err(err) => {
            // アクセプトすべきコネクションがない場合は epoll に登録 ❸
            if err.kind() == std::io::ErrorKind::WouldBlock {
                self.listener.selector.register(
                    EpollFlags::EPOLLIN,
                    self.listener.listener.as_raw_fd(),
                    cx.waker().clone(),
                );
                Poll::Pending
            } else {
                panic!("accept: {}", err);
            }
        }
    }
  }
}
```

❶ accept 関数を呼び出してコネクションをアクセプト。ただしこれは、先に設定したためノンブロッキングで実行される。

❷ アクセプトに成功したら、読み込みと書き込み用のストリームを生成し、アドレスをリターン。

❸ アクセプトすべきコネクションがない場合は、WouldBlock がエラーとして返ってくる。そのため、WouldBlock が返ってきた場合は、epoll の監視対象にリッスンソケットを追加してPending を返して関数を中断する。

今回の実装では読み込みのみを非同期対応しているため、読み込みストリームには AsyncReader を返している。AsyncReader については以降で説明する。アクセプトすべきコネクションがない場合は、WouldBlock がエラーとして返ってくる。そのため、WouldBlock が返ってきた場合は、epoll の監視対象にリッスンソケットを追加して Pending を返して関数を中断する。

次のソースコードは、非同期読み込み用の型の実装となる。ここでは、単純に TcpStream をノンブロッキングに指定して、1 行読み込みのための Future をリターンするのみとなる。

Rust

```
struct AsyncReader {
    fd: RawFd,
    reader: BufReader<TcpStream>,
    selector: Arc<IOSelector>,
}

impl AsyncReader {
    fn new(stream: TcpStream,
```

```
            selector: Arc<IOSelector>) -> AsyncReader {
        // ノンブロッキングに設定
        stream.set_nonblocking(true).unwrap();
        AsyncReader {
            fd: stream.as_raw_fd(),
            reader: BufReader::new(stream),
            selector: selector,
        }
    }

    // 1行読み込みのための Future をリターン
    fn read_line(&mut self) -> ReadLine {
        ReadLine { reader: self }
    }
}

impl Drop for AsyncReader {
    fn drop(&mut self) {
        self.selector.unregister(self.fd);
    }
}
```

次のソースコードは、実際に非同期読み込みを行う Future の実装となる。ここでは Accept と同様に、ノンブロッキングで読み込みを行い、読み込みに成功した場合は結果を返し、読み込みできない場合は epoll の監視対象にファイルディスクリプタを登録する。

Rust

```
struct ReadLine<'a> {
    reader: &'a mut AsyncReader,
}

impl<'a> Future for ReadLine<'a> {
    // 返り値の型
    type Output = Option<String>;

    fn poll(mut self: Pin<&mut Self>,
            cx: &mut Context<'_>) -> Poll<Self::Output> {
        let mut line = String::new();
        // 非同期読み込み
        match self.reader.reader.read_line(&mut line) { // ❶
            Ok(0) => Poll::Ready(None),  // コネクションクローズ
            Ok(_) => Poll::Ready(Some(line)), // 1行読み込み成功
            Err(err) => {
                // 読み込みできない場合は epoll に登録 ❷
                if err.kind() == std::io::ErrorKind::WouldBlock {
                    self.reader.selector.register(
                        EpollFlags::EPOLLIN,
```

```
                self.reader.fd,
                cx.waker().clone(),
            );
            Poll::Pending
        } else {
            Poll::Ready(None)
        }
      }
    }
  }
}
```

❶ 1 行読み込みを非同期に実行。読み込みバイト数が 0 の場合はコネクションクローズのため、
None をリターンし、1 文字以上読み込めた場合は読み込んだ行をリターン。

❷ 読み込むべきデータがない場合は WouldBlock エラーが返ってくるため、epoll にファイルディ
スクリプタを監視対象に登録して、Pending をリターンする。

　以上がコネクションアクセプトとデータ読み込み Future の実装となる。これらを用いることで
並行サーバをより抽象的に記述することができる。

5.3.2.3　async/await 版の並行 echo サーバの実装

　最後に async/await を用いた並行サーバの実装例を示す。次のソースコードは async/await を用
いて並行 echo サーバを実装した例となる。

Rust

```
fn main() {
    let executor = Executor::new();
    let selector = IOSelector::new();
    let spawner = executor.get_spawner();

    let server = async move { // ❶
        // 非同期アクセプト用のリスナを生成 ❷
        let listener = AsyncListener::listen("127.0.0.1:10000",
                                             selector.clone());
        loop {
            // 非同期コネクションアクセプト ❸
            let (mut reader, mut writer, addr) =
                listener.accept().await;
            println!("accept: {}", addr);

            // コネクションごとにタスクを生成 ❹
            spawner.spawn(async move {
                // 1 行非同期読み込み ❺
                while let Some(buf) = reader.read_line().await {
                    print!("read: {}, {}", addr, buf);
```

```
                    writer.write(buf.as_bytes()).unwrap();
                    writer.flush().unwrap();
                }
                println!("close: {}", addr);
            });
        }
    };

    // タスクを生成して実行
    executor.get_spawner().spawn(server);
    executor.run();
}
```

❶非同期プログラミングのコード。Rust のコンパイラにより Future トレイトを実装したオブジェクトが生成される。

❷echo サーバ用の TCP リッスンソケットを生成し、ローカルホストの 10000 番ポートをリッスン。

❸コネクションを非同期にアクセプト。

❹コネクションごとに Task を生成し非同期実行。

❺コネクションごとの処理。1 行ごとに読み込んで返信。

　このように、async/await を用いると epoll などのプリミティブな操作は隠蔽され、コネクションごとの非同期処理は、同期的なプログラミングと全く同じように記述することができる。こうすることで可読性も向上しソースコードの保守性も上がる。

　以上がコルーチン、async/await の実装となる。Rust 言語ではランタイムにコルーチンや軽量スレッドなどの機能がなく実装が煩雑になってしまっているが、それらを備えるプログラミング言語ではより簡易に実現できる。例えば、軽量スレッドのある Haskell では MVar と呼ばれるチャネル（あるいは STM）と軽量スレッドを用いて、async/await と全く同じことを数行で実現できる [haskellconc]。これは抽象度の高い機能を備えるプログラミング言語の利点である。

　一方、Rust の場合は軽量スレッドなどの高級な言語機能に依存せずに async/await を実現しているため、OS や組み込みソフトウェアなどへの適用が行いやすくなっている。つまり、組み込みソフトウェア、OS、デバイスドライバなどハードウェアに近いソフトウェアを、async/await を用いて実装できる可能性を秘めている。

5.4　非同期ライブラリ

　本節では、Rust の async/await による非同期ライブラリのデファクトスタンダードである Tokio を用いた非同期プログラミングについて説明する。Rust では非同期ライブラリは外部クレートを用いる。Tokio 以外の非同期ライブラリとして、async-std [async-std]、smol [smol]、glommio [glommio] などがある。async-std は Rust の std に準拠した非同期 API の提供を目指

している。smol はライブラリのコンパクト化とコンパイル時間の短縮化を目指している。glommio
はファイルやネットワーク IO などのための非同期ライブラリであり、裏側では io_uring という
Linux kernel 5.1 から導入された高速な API を利用している。

　Tokio を利用するためには、Cargo.toml に以下のように設定する。

```
[dependencies]
tokio = { version = "1.4.0", features = ["full"] }
```

　Tokio では、利用する機能を features で細かく指定可能であるが、ここでは full を指定してい
る。full を指定するとすべての機能を利用できるが、その分コンパイル時間や実行バイナリサイ
ズが増加する可能性がある。

　次のソースコードは、Tokio を用いた echo サーバの実装例となる。

Rust

```rust
use tokio::io::{AsyncBufReadExt, AsyncWriteExt}; // ❶
use tokio::io;
use tokio::net::TcpListener; // ❷

#[tokio::main] // ❸
async fn main() -> io::Result<()> {
    // 10000 番ポートで TCP リッスン ❹
    let listener = TcpListener::bind("127.0.0.1:10000").await.unwrap();

    loop {
        // TCP コネクションアクセプト ❺
        let (mut socket, addr) = listener.accept().await?;
        println!("accept: {}", addr);

        // 非同期タスク生成 ❻
        tokio::spawn(async move {
            // バッファ読み書き用オブジェクト生成 ❼
            let (r, w) = socket.split(); // ❽
            let mut reader = io::BufReader::new(r);
            let mut writer = io::BufWriter::new(w);

            let mut line = String::new();
            loop {
                line.clear(); // ❾
                match reader.read_line(&mut line).await { // ❿
                    Ok(0) => { // コネクションクローズ
                        println!("closed: {}", addr);
                        return;
                    }
                    Ok(_) => {
                        print!("read: {}, {}", addr, line);
```

```
                    writer.write_all(line.as_bytes()).await.unwrap();
                    writer.flush().await.unwrap();
                }
                Err(e) => { // エラー
                    println!("error: {}, {}", addr, e);
                    return;
                }
            }
        }
    });
    }
}
```

❶ 非同期バッファ読み書き用のトレイト。

❷ 非同期用の TCP リスナ。

❸ 非同期用の main 関数には、#[tokio::main] を指定する必要あり。

❹ 非同期 TCP リッスン開始。通常の TcpListener とほとんど同じように記述可能。

❺ TCP コネクションアクセプト。こちらも通常のライブラリとほとんど同じように記述可能。

❻ spawn を用いて非同期に実行するタスクを新たに生成。

❼ 通常のライブラリと同じく、バッファ読み書きも可能。

❽ 読み込みと書き込みソケットに分離。

❾ Tokio の read_line 関数は、引数に渡した文字列の末尾に読み込んだ文字列が追加されるため文字列をクリア。

❿ 1 行読み込みを非同期に実行。

以上が Tokio を用いた echo サーバの例となる。このコードからわかるように非同期関数呼び出しに await が必要なこと以外、ほとんど通常ライブラリと同じように利用できる。

実は、これと同等なコードは通常のスレッドを用いても記述できる。それにもかかわらず Tokio のような非同期ライブラリを用いる理由は実行時コストである。通常、スレッドの生成はコストの高い操作のため、単位時間あたりのコネクション到着数が増加したとき、計算リソースが不足してしまう。Tokio など非同期ライブラリの場合、コネクション到着ごとにスレッドを生成するのではなく、あらかじめスレッドを生成しておき、そのスレッドで各タスクを実行する。

次の図はマルチスレッドでタスクを実行する例を示している。

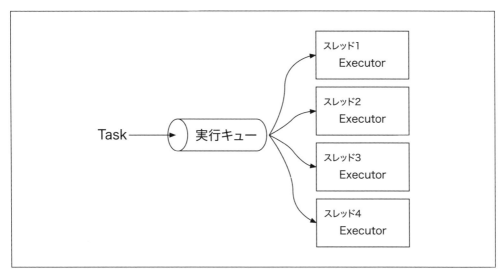

図5-4 マルチスレッドでの実行例

　この図では4つのスレッドが1つの実行キューからタスクを取り出し、各スレッドのExecutor が並行にタスクを実行する。このような実行モデルはスレッドプールと呼ばれる。つまり、動的に スレッドを生成するのではなく、プール済みのスレッドが実行を行う。Tokio ではデフォルトでは 実行環境の CPU コア数だけスレッドを起動する。

実際に処理を行うためのスレッドはワーカスレッドと呼ばれる。スレッドプールでも、動的生成ど ちらの実行モデルでもワーカスレッドと呼ばれる。

　重要なことなので何度も述べるが、async 中にブロッキングを行うようなコードを記述すると、 実行速度の劣化やデッドロックが起きてしまう。ブロッキングを行う典型的な関数はスリープ関数 である。
　次のソースコードは、async 内で通常のスリープを呼び出している悪い例となる。

例 5-5　スリープの悪い例　　　　　　　　　　　　　　　　　　　　　　　　　　　　　　Rust

```rust
use std::{thread, time}; // ❶

#[tokio::main]
async fn main() {
    // join で終了を待機
    tokio::join!(async move { // ❷
        // 10 秒スリープ ❸
        let ten_secs = time::Duration::from_secs(10);
```

```
        thread::sleep(ten_secs);
    });
}
```

❶ 通常のスレッド用モジュールをインポート。
❷ join! マクロを用いると、複数タスクの終了を待機可能。
❸ 10 秒間、通常のスレッド用関数で待機。

　このコードでは、std::thread モジュール内の sleep 関数を呼び出して 10 秒間スリープしている。このようにしてしまうと、10 秒間無駄にワーカスレッドを占有してしまい、他の async タスクを並行に実行することができなくなってしまう。一般的に、非同期ライブラリでは非同期プログラミング用のスリープ関数が用意されているため、それらを使うとこのような問題は解決できる。例えば、Tokio の場合、以下のようにする。

Rust
```
use std::time;

#[tokio::main]
async fn main() {
    // join で終了を待機
    tokio::join!(async move {
        // 10 秒スリープ
        let ten_secs = time::Duration::from_secs(10);
        tokio::time::sleep(ten_secs).await; // ❶
    });
}
```

❶ Tokio の関数を使ってスリープ。

　このコードでは、tokio::time::sleep 関数を使って 10 秒間スリープしている。この関数を呼び出すと、Tokio の Executor によりタスクがワーカスレッドより待避されるため、他のタスクを並行に実行できるようになる。コード上は些細な違いではあるが、重大な違いである。
　Tokio などの非同期ライブラリを用いる際には Mutex の利用も問題となる。Mutex は通常の std::sync::Mutex の利用も可能な場合と、非同期ライブラリが提供する Mutex を利用しなければならない場合がある。
　次のソースコードは、std::sync::Mutex を利用した例を示している。これは、共有変数に対してロックしてインクリメントする単純な例である。

Rust
```
use std::sync::{Arc, Mutex};

const NUM_TASKS: usize = 4; // タスク数
```

```
const NUM_LOOP: usize = 100000; // ループ数

#[tokio::main]
async fn main() -> Result<(), tokio::task::JoinError> {
    let val = Arc::new(Mutex::new(0)); // 共有変数 ❶
    let mut v = Vec::new();
    for _ in 0..NUM_TASKS {
        let n = val.clone();
        let t = tokio::spawn(async move { // タスク生成 ❷
            for _ in 0..NUM_LOOP {
                let mut n0 = n.lock().unwrap();
                *n0 += 1; // インクリメント ❸
            }
        });

        v.push(t);
    }

    for i in v {
        i.await?;
    }

    println!("COUNT = {} (expected = {})",
        *val.lock().unwrap(), NUM_LOOP * NUM_TASKS);
    Ok(())
}
```

❶複数のタスクで共有する変数。
❷ NUM_TASKS の数だけタスク生成。
❸各タスクでロックを獲得してインクリメント。

　このように、共有変数にアクセスするのみでは std::sync::Mutex を利用するのは問題なく、実行速度の上でもこちらの方がよい。一方、ロック獲得中に await を行う場合は、非同期ライブラリが提供する Mutex を利用する必要がある。
　次のソースコードは、ロック獲得中に await を行う例となる。

Rust

```
use std::{sync::Arc, time};
use tokio::sync::Mutex;

const NUM_TASKS: usize = 8;

// ロックだけするタスク ❶
async fn lock_only(v: Arc<Mutex<u64>>) {
    let mut n = v.lock().await;
```

```
    *n += 1;
}

// ロック中に await を行うタスク ❷
async fn lock_sleep(v: Arc<Mutex<u64>>) {
    let mut n = v.lock().await;
    let ten_secs = time::Duration::from_secs(10);
    tokio::time::sleep(ten_secs).await; // ❸
    *n += 1;
}

#[tokio::main]
async fn main() -> Result<(), tokio::task::JoinError> {
    let val = Arc::new(Mutex::new(0));
    let mut v = Vec::new();

    // lock_sleep タスク生成
    let t = tokio::spawn(lock_sleep(val.clone()));
    v.push(t);

    for _ in 0..NUM_TASKS {
        let n = val.clone();
        let t = tokio::spawn(lock_only(n)); // lock_only タスク生成
        v.push(t);
    }

    for i in v {
        i.await?;
    }
    Ok(())
}
```

❶ロックして、共有変数をインクリメントするだけのタスク。

❷ロック中に await を行うタスク。

❸問題の箇所。共有変数ロック中に await を行っている。

　このように、ロック中に await を行うために、非同期ライブラリの提供する tokio::sync::Mutex を用いて排他制御を行っている。もし、std::sync::Mutex を利用すると、デッドロックが起きる可能性がある。

　次の図は、std::sync::Mutex を利用した際に起きるデッドロックの例を示している。

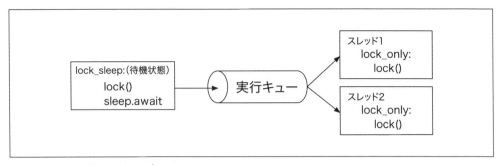

図5-5　std::sync::Mutexによるデッドロック

　ここでは、`lock_sleep` タスクがロック獲得後に await で待機状態になっている。また、各ワーカスレッドでは `lock_only` タスクが実行され lock 関数が呼ばれている。しかし、`lock_sleep` タスクがロックを獲得したまま待機状態になっているため、`lock_only` タスクはロックを永遠に獲得することができずにデッドロックとなる。

　このように、`std::sync::Mutex` でロック中に await を行うとデッドロックとなる可能性がある。しかし、先に示したコードで実際に `std::sync::Mutex` を利用しようとしてもコンパイルエラーとなる。これは、lock のリターンする `MutexGuard` 型には Sync も Send トレイトも実装されてないためである。つまり、`lock_sleep` タスクの Future（状態）は、`MutexGuard` の値を持つ必要があるが、これはスレッド間で共有と所有権の転送をできないためにコンパイルエラーとなる。

　なぜこのようなコンパイルエラーが起きるかは、async/await のメカニズムを把握していないと理解が難しい。しかし、メカニズムを理解すると同時に、Rust は並行プログラミングにおける問題をコンパイル時に極力排除し、並行プログラミングを安全に記述可能となっていることも理解するだろう。

　async/await を用いる際にはチャネルについても注意しなければならない。なぜなら、`std::sync::mpsc::channel` などのチャネルは送受信時にスレッドをブロックしてしまう可能性があるからである。したがって、Tokio などの非同期ライブラリでは async/await 用のチャネルを用意している。Tokio の場合は以下のようなチャネルを利用可能である。

mpsc
　　複数生産者、単一消費者のチャネル。`std::sync::mpsc::channel` の async/await 版。
oneshot
　　単一生産者、単一消費者のチャネル。一度しか値を送受信できない。
broadcast
　　複数生産者、複数消費者のチャネル。
watch
　　単一生産者、複数消費者のチャネル。値の監視に利用。受信側では最新の値のみを得ることが可能。

mpsc、broadcast、watch はこれまでのチャネルを介した送受信や待ち合わせを実現するチャネルであり、使い方は容易に想像がつくだろう。しかし、oneshot はチャネルと言うよりも、将来に決定する値という Future そのものを実現するために用いる。そこで、以下に oneshot の簡単な例を示そう。

次のソースコードは、oneshot を用いて将来決まる値をモデル化した例となる。

Rust

```rust
use tokio::sync::oneshot; // ❶

// 将来のどこかで値が決定される関数 ❷
async fn set_val_later(tx: oneshot::Sender<i32>) {
    let ten_secs = std::time::Duration::from_secs(10);
    tokio::time::sleep(ten_secs).await;
    if let Err(_) = tx.send(100) { // ❸
        println!("failed to send");
    }
}

#[tokio::main]
pub async fn main() {
    let (tx, rx) = oneshot::channel(); // ❹

    tokio::spawn(set_val_later(tx)); // ❺

    match rx.await { // 値読み込み ❻
        Ok(n) => {
            println!("n = {}", n);
        }
        Err(e) => {
            println!("failed to receive: {}", e);
            return;
        }
    }
}
```

❶ oneshot のインポート。

❷ 将来のどこかのタイミングで値が決定される関数を定義。ここでは、単純にスリープしているのみ。oneshot の送信側の端点を受け取り、スリープ後に値を書き込み。

❸ send 関数で値を書き込み。

❹ oneshot の生成。これまでの Rust のチャネルと同じく、送信と受信の端点は分かれている。

❺ 将来のどこかのタイミングで値が決定される関数を呼び出し、送信側の端点を渡す。

❻ 値が決定するまで待機。

このように、oneshot を用いると、将来のどこかのタイミングで値が決定される変数を、通常の

変数のように扱うことができる。ただし、送信か受信側端点の片方のみが破棄された場合は逆側の
端点で受信か送信を行おうとするとエラーとなる。

　最後に、ブロッキング関数の扱いについて説明する。これまで、async/await ではブロッキング
関数の呼び出しを回避するべきであると説明してきた。しかし、処理内容によってはブロッキング
関数を呼び出す必要が出てくる。そのような場合は spawn_blocking 関数を用いて、ブロッキング
を行う関数専用スレッドで実行するようにする。

　次のソースコードは、spawn_blocking 関数の例となる。このコードでは、ブロッキングを行う
do_block 関数と、async の print 関数を並行に実行している。

Rust

```rust
// ブロッキング関数
fn do_block(n: u64) -> u64 {
    let ten_secs = std::time::Duration::from_secs(10);
    std::thread::sleep(ten_secs);
    n
}

// async 関数
async fn do_print() {
    let sec = std::time::Duration::from_secs(1);
    for _ in 0..20 {
        tokio::time::sleep(sec).await;
        println!("wake up");
    }
}

#[tokio::main]
pub async fn main() {
    // ブロッキング関数呼び出し
    let mut v = Vec::new();
    for n in 0..32 {
        let t = tokio::task::spawn_blocking(move || do_block(n)); // ❶
        v.push(t);
    }

    // async 関数呼び出し
    let p = tokio::spawn(do_print()); // ❷

    for t in v {
        let n = t.await.unwrap();
        println!("finished: {}", n);
    }

    p.await.unwrap()
}
```

❶ ブロッキング関数を、ブロッキング処理専用スレッドで呼び出し。

❷ do_print 関数を呼び出して、定期的に println! を実行。

　do_block 関数がブロッキングする関数であり、ここでは単純にスリープしている。この関数では、std::thread::sleep を利用しているため、スリープ中であってもワーカスレッドを占有してしまう。しかし、spawn_blocking 関数でブロッキング用のスレッドを生成し、そこでこの関数を呼び出しているため、デッドロックに陥ることはない。

　以上が Tokio を用いた非同期ライブラリの簡単な説明となる。Tokio に限らず、アルゴリズム、概念、計算モデルなどと比べて、ライブラリ関係はどうしても内容の陳腐化が早く、ここで書かれた内容は最新のバージョンとは異なっている可能性がある。よって、実際にアプリケーションを作成する際には公式のドキュメントを必ず参照してほしい。

6章
マルチタスク

　本書ではこれまで並行について議論を行ったものの、実際の CPU 上、特にプロセスの数が
CPU の数より多い場合に、物理的にどのように動作させるかについては説明していなかった。マ
ルチタスクと並行はほぼ同じ意味であり、マルチタスクは並行にプロセスを動作させることであ
る。マルチタスク、マルチタスキングとは OS などの分野で用いられる用語であり、本書では、こ
れらは単一の CPU 上で複数のプロセスを並行に動作させるための技術を指すものとして捉えて解
説する。

　本章では、まずはじめに、マルチタスク、マルチタスキングの概念的な意味を明確にし、その
周辺用語について説明する。その後、Rust 言語を用いて、AArch64 アーキテクチャを対象とした
ユーザランド実装のスレッド（グリーンスレッドと呼ぶ）の実装を行う。本実装は非常に簡素では
あるものの、OS プロセスや、スレッド、あるいは Erlang や Go 言語の動作原理を明らかにする
はずである。最後に、作成したグリーンスレッドの上で、簡易的なアクターモデルの実装を行う。

6.1　マルチタスク

　本節では、マルチタスク関係の用語と概略、およびマルチタスクの戦略について説明する。

6.1.1　ジキル博士とハイド氏

　「ジキル博士とハイド氏」とは、多重人格を題材にした怪奇物語である。ジキル博士はある日、
ジキル博士の精神を善であるジキルと悪であるハイドに分割することに成功し、その結果悲劇を迎
えてしまう。このような多重人格者は創作物語にしばしば登場する。著者が読んだ作品だと、ド
ラゴンボールのランチさん、幽遊白書の仙水忍、十三番目の人格―ISOLA の森谷千尋、24 人のビ
リーミリガンのビリー（これは創作ではなく実話だが）、などがある。ここでは、医学的な視点か
ら人体と脳の機序について説明するのではなく、どのようにすれば、このような多重人格を実現で
きるかという視点から想像してみよう。

　次の図は、脳の記憶領域に対して読み書きできるようなマシン、脳 IO デバイスを接続した図と
なる。

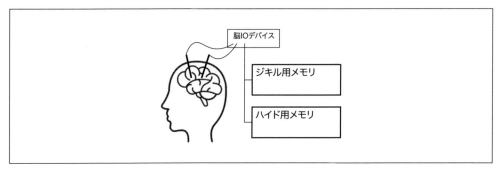

図6-1　脳を読み書きするマシン

　脳 IO デバイスを用いると、外部記憶装置と脳の間で記憶の読み書きができるとしよう。この図では、外部記憶装置として、ジキル用のメモリとハイド用の2つのメモリが脳 IO デバイスに接続されている。すると、ジキルとハイドの人格を入れ替えるためには、いったん脳で動いている現在の人格を外部記憶装置に保存し、別の人格を外部記憶装置から脳に書き込むとよいように思われる。

　では次に、この脳 IO デバイスを用いてどのようにすると人格交代ができるか考えてみよう。次の図は、人格交代のタイムライン例となる。

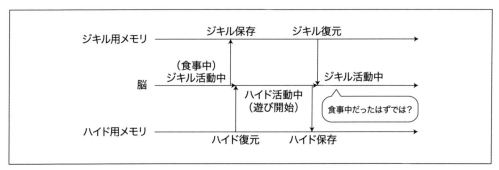

図6-2　ジキル博士とハイド氏のタイムライン

　具体名があった方が想像しやすいため、ここではジキルとハイドと名付けている。この図では、まずはじめにジキルが活動中で食事しており、その食事中に人格交代が起きている。人格交代を行うためには、まず脳の情報をジキル用メモリに保存し、その後にハイド用のメモリを復元すれば実現できると考えられる。人格交代後のハイドは食事を中断して遊び始め、その後に再び人格の交代が起きている。すると、食事中に人格交代が起きたジキルは、いきなり遊んでいる場面になっているため驚くはずである。

　以上の説明は荒唐無稽であり、実現可能性などについては議論の余地が残るが、もし仮に脳の情報を完全に読み書きできるなら、実現可能と思われる。我々人体の脳でこれを行うことは難し

いが、コンピュータに対してなら可能であり、それを表したのが次の図である。すなわち、コンピュータでは、先の図中の脳に相当するのが、CPU であり、外部記憶装置に相当するのがメモリとなる。

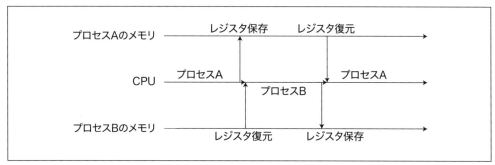

図6-3　コンテキストスイッチ

　脳の情報に相当する CPU の情報はレジスタの値となる。すなわち、あるプロセスが CPU で実行中であるとき、そのレジスタをメモリに保存することでプロセスのある時点での状態が保存される。また、その保存したレジスタを CPU へ復元するとことで、保存した状態に戻ることができる。このような、レジスタ（やスタック情報）などのプロセスの状態に関する情報をコンテキストと呼び、コンテキストの保存と復元の一連の処理をコンテキストスイッチと呼ぶ。コンテキストスイッチの定義は単純に以下のようにする。

定義：コンテキストスイッチ
　　あるプロセスから、別のプロセスへ実行を切り替えること。

　我々が普段利用しているコンピュータやスマートフォンなどの CPU の数は、数個から多くても数十個である。しかし、アプリケーションはその CPU 数よりも遥かに多く起動することができる。これは、OS が OS プロセスのコンテキストスイッチを頻繁に行って、アプリケーションの切り替えをしているからである。コンテキストスイッチを全く行わない OS も存在し、そのような OS はシングルタスク OS と呼ばれ、コンテキストスイッチを行い複数の OS プロセスを並行に動作させることの可能な OS はマルチタスク OS と呼ばれる。Windows、Linux、BSD 系 OS など現在主流の OS はほとんどがマルチタスク OS である。シングルタスク OS としては、Windows の前身である MS-DOS が有名である。
　マルチタスクな実行環境とは、複数のプロセスを実行できるような環境である。しかし、これを良く考えると実は難しい。例えば、CPU が 4 つある環境で、最大 4 つまでのプロセスを同時に実行できるような OS があったとしよう。すると、その OS は、複数のプロセスを実行できはするが、実質的にシングルタスク OS と変わらない。また、3 つ、4 つ、5 つとプロセスを沢山生成で

きはするものの、last in, first out のように、最後に生成したプロセスが終了するまで、それより前に生成されたプロセスが処理されない場合も、実質的にはシングルタスク OS と変わらないだろう。そこで、本書では、マルチタスク実行環境を以下のように定義する。ただし、実行環境とは、OS、擬似マシン、言語処理系などの総称とする。

定義：マルチタスク実行環境

　ある実行環境がマルチタスクである⇔任意のタイミングで新たなプロセスを生成可能、かつ、計算途中状態にあるプロセスが公平に実行される。

ここで、公平という言葉が出てきたが、公平性については以下の定義が知られている。

定義：弱い公平性

　ある実行環境が弱い公平性を満たす⇔あるプロセスが、ある時刻以降で実行可能だが待機状態になるとき、最終的にそのプロセスは実行される。

定義：強い公平性

　ある実行環境が強い公平性を満たす⇔あるプロセスが、ある時刻以降で、実行可能な待機状態と実行不可な待機状態の遷移を無限に繰り返すとき、最終的にそのプロセスは実行される。

　これら定義は、線形時相論理で定式化される [DobrikovLP16]。弱い公平性とは、例えば、ある時刻以降で遊びに行きたいとずっと思っている人がいるときに、遊びに連れて行ってくれるような環境である。強い公平性とは、例えば、ある時刻以降、あるタイミングでは遊びに行きたい、別のタイミングでは家に引きこもっていたいを繰り返すような面倒な人でも、いつか遊びに連れて行ってくれるような環境である。現実的なシステムとしては、弱い公平性の実現は必須であるが、強い公平性を実現するのは容易ではないだろう。

　一方、現実の実装ではレイテンシと CPU 時間の配分という視点も含めた公平性が議論されている。例えば、Linux カーネルのバージョン 2.6.23 以降では、Completely Fair Scheduling（CFS）というプロセスの実行方法が取り入れられ、各プロセスが公平に CPU 時間を消費可能なように変更されている [WongTKW08]、[WongTKLF08]。Linux はスケジューリング方式をいくつか選択でき、IO のデッドライン間近のプロセスを優先するスケジューラなども選択できる。このように、現実的なシステムで公平性を論ずる場合は、実行可能性についてだけではなくリソース消費などの観点も必要である。

6.1.2　協調と非協調的マルチタスク

　コンテキストスイッチとは、CPU 上でプロセスの切り替えを行うことであった。コンテキストスイッチを行う戦略として、協調的と、非協調的に行う方法がある。協調的な戦略は、プロセス

自らが自発的にコンテキストスイッチの切り替えを行う方法であり、非協調的な戦略は、割り込みなどの外部的な強制力によってコンテキストスイッチを行う方法である。協調的にコンテキストスイッチを行うようなマルチタスクを、協調的マルチタスク、非協調的な方法を、非協調的マルチタスクと呼ぶ。

　英語だと、協調的マルチタスクは、cooperative multitasking、あるいは non-preemptive multitasking と呼ばれ、非協調的マルチタスクは、preemptive multitasking と呼ばれる。preempt とは、テレビなどの番組を変更するや、差し替えるなどの意味を持ち、そこから転じて preemptive multitasking と呼ばれるようになったと思われる。日本語でも、非協調的マルチタスクのことを、プリエンプティブマルチタスクとカタカナで表記することもある。上記用語と関連用語である**プリエンプション**（preemption）の定義は以下のとおりとする。

定義：協調的マルチタスク
　各々のプロセスが自発的にコンテキストスイッチを行うマルチタスク方式

定義：非協調的マルチタスク
　プロセスとの協調なしで、外部的な操作によってコンテキストスイッチを行うマルチタスク方式

定義：プリエンプション
　プロセスとの協調なしで行うコンテキストスイッチ

プロセスをどのようにコンテキストスイッチするかを決定するためのモジュール、関数、プロセスのことをスケジューラと呼び、その定義は簡単に以下のようにする。

定義：スケジューラ
　コンテキストスイッチの戦略を決定するプロセス、モジュール、関数

　スケジューラは、公平性を考慮して次に実行すべきプロセスを決定し、非協調的マルチタスクの場合は、どのタイミングでプリエンプションを行うかなども決定しなければならない。スケジューラがプロセスの実行順を決定することを、スケジューリングと呼ぶ。

6.1.2.1　協調的マルチタスクの利点と欠点
　協調的マルチタスクの利点は、マルチタスク機構の実装が容易であるということである。実装が容易であるため、初期のマルチタスク OS の多くに取り入れられていた。例えば、Windows 3.1 やクラシック Mac 用の OS では、協調的マルチタスク方式が用いられていた。また、Rust や Python 言語の async/await といった機構は協調的マルチタスク方式の一種であり、現在でも用い

られている。

　協調的マルチタスクの欠点は、プロセスが自発的にコンテキストスイッチを行わなければならないという点である。例えば、あるプロセスにバグがあって、コンテキストスイッチを行わずに無限ループに陥ったり、停止してしまった場合、そのプロセスが計算リソースを占有してしまう。そのため、アプリケーションの開発者は、協調的マルチタスクであることを意識して、バグのないように実装しなければならない。Windows 3.1 やクラシック Mac の頃は、アプリケーションがクラッシュすると OS 全体がクラッシュしてしまい、PC ごと再起動しなければならないことが頻繁にあった。

　Rust や Python の async/await を用いた実装も同様の問題を抱えており、これら機構を用いて実装しても、無限ループをしたり、処理を停止させてしまうような関数（ブロッキング関数と呼ぶ）を呼び出すと、コンテキストスイッチが行われずに実行速度が低下したり、あるいは最悪デッドロックとなってしまう。async/await などの機構を使うときには、プログラマは協調的マルチタスクであることを強く意識して実装する必要がある。

6.1.2.2　非協調的マルチタスクの利点と欠点

　一方、非協調的マルチタスクでは、協調的マルチタスクで起きたような、無限ループやブロッキング関数に関する問題は起きない。なぜなら、これらを実行や呼び出し中であってもスケジューラによってプリエンプションされて他のプロセスが実行されるからである。Windows や Linux などの現代的な OS では、非協調的マルチタスクを適用しているため、アプリケーションのクラッシュが OS のクラッシュに繋がることは稀である。非協調的マルチタスクを適用したプログラミング言語処理系としては、Erlang、Go 言語などがある。

　非協調的マルチタスクの欠点は、処理系の実装が難しいところである。しかし、アプリケーションの実装者からすると、処理系の実装の難しさについては気にするところではないだろう。また、公平性を保つために頻繁にコンテキストスイッチを行う場合があり、協調的マルチタスクに比べていくらかのオーバーヘッドがある。

6.2　協調的グリーンスレッドの実装

　本節では、Rust 言語を用いて、AArch64 上で動作する簡単な協調的マルチタスクの実装を説明する。本実装はユーザランドのスレッドであり、ユーザランドのソフトウェアが独自に用意したスレッド機構は、一般的にグリーンスレッドと呼ばれている。グリーンスレッドは、OS のスレッドに比べて、スレッド生成と破棄のコストを小さくできるため、Erlang、Go、Haskell といった、並行プログラミングを得意とする処理系で用いられている。なお、これら言語のグリーンスレッド実装はマルチスレッドで動作するが、ここでは簡単のためにシングルスレッドで動作するグリーンスレッドを実装する。シングルスレッド版の実装ではあるが、本実装を拡張すればマルチスレッド化も可能である。

ここでのシングルスレッド、マルチスレッドは、OS のスレッドを 1 つだけ使うか、複数使うかということを意味する。

6.2.1 ファイル構成と型、関数、変数

本節では、本実装の構成と依存クレートなどについてを説明する。以下に、本節と次節の「6.3 アクターモデルの実装」で利用するファイル、関数、変数を示す。多くの型や関数が登場して戸惑うかもしれないが、1 つ 1 つは単純な動作しかしないため、臆することなく、じっくりと読み進めてほしい。

表6-1 協調的グリーンスレッドの実装で用いるファイル

ファイル	説明
Cargo.toml	Cargo 用のファイル
build.rs	ビルド用ファイル
asm/context.S	コンテキストスイッチを行うためのアセンブリ
src/main.rs	main 関数用ファイル
src/green.rs	グリーンスレッド用ファイル

表6-2 コンテキストスイッチ用関数（context.S）

関数	説明
set_context 関数	現在のコンテキストを保存する関数
switch_context 関数	コンテキストスイッチを行う関数

表6-3 コンテキスト情報用の型（src/green.rs）

型	説明
Registers 型	CPU レジスタの値を保存するための型
Context 型	コンテキストを保存するための型

表6-4 コンテキストスイッチを行うための関数（src/green.rs）

関数	説明
spawn_from_main 関数	main 関数からスレッドを生成する関数
spawn 関数	スレッド生成を行う関数
schedule 関数	スケジューリングを行う関数
entry_point 関数	スレッド生成時に呼び出される関数
rm_unused_stack 関数	不要なスタックを削除する関数
get_id 関数	自身のスレッド ID を取得する関数
send 関数	メッセージを送信する関数
recv 関数	メッセージを受信する関数

表 6-5　グローバル変数（src/green.rs）

変数	説明
CTX_MAIN 変数	main 関数のコンテキスト
UNUSED_STACK 変数	不要になったスタック領域
CONTEXTS 変数	実行キュー
ID 変数	現在利用中のスレッド ID
MESSAGES 変数	メッセージキュー
WAITING 変数	待機スレッド集合

 本実装では簡単のためにグローバル変数を利用しているが、Rust ではグローバル変数の利用は推奨されないため、実際に利用する際は適宜修正すること。

以下は今回利用した外部クレートとなる。

例 6-1　Cargo.toml　　　　　　　　　　　　　　　　　　　　　　　　　　　　　　　　　　　　　YAML

```yaml
[dependencies]
nix = "0.20.0"
rand = "0.8.3"
```

本実装では、nix と rand というクレートを用いる。nix は UNIX 系 OS の提供する API のラッパーライブラリであり、rand は乱数生成用のクレートとなる。本実装をコンパイルするためには、Cargo.toml ファイルに以上のように記述する必要がある。バージョンについては、適宜最新のものを指定してほしい。

次に、ビルド用のファイルを示す。

例 6-2　build.rs　　　　　　　　　　　　　　　　　　　　　　　　　　　　　　　　　　　　　　Rust

```rust
use std::process::Command;

const ASM_FILE: &str = "asm/context.S";
const O_FILE: &str = "asm/context.o";
const LIB_FILE: &str = "asm/libcontext.a";

fn main() {
    Command::new("cc").args(&[ASM_FILE, "-c", "-fPIC", "-o"])
                      .arg(O_FILE)
                      .status().unwrap();
    Command::new("ar").args(&["crus", LIB_FILE, O_FILE])
                      .status().unwrap();

    println!("cargo:rustc-link-search=native={}", "asm"); // asm をライブラリ検索パスに追加
    println!("cargo:rustc-link-lib=static=context");  // libcontext.a という静的ライブラリをリンク
    println!("cargo:rerun-if-changed=asm/context.S"); // asm/context.S というファイルに依存
}
```

　本実装ではアセンブリファイルのコンパイルとリンクも行う必要があるため、このように
build.rs ファイルを用意する必要がある。アセンブリファイルをコンパイルするために、cc コ
マンドと ar コマンドが必要なため、各自 UNIX 環境にインストールしてほしい。Debian や
Ubuntu の場合は、

```
$ sudo apt install build-essential
```

とすると、開発用ツール、ライブラリ、ヘッダがインストールされる。なお、build.rs は Cargo
で管理しているディレクトリのトップに置けばよい。
　build.rs は Cargo にコンパイル方法を指定するために用いられるファイルであり、Cargo は
build.rs の内容をもとに Rust のコンパイルを行う。この build.rs で書かれている内容は、以下
のコンパイルと静的ライブラリを作成するコマンドと等価である。

```
$ cc asm/context.S -c -fPIC -o asm/context.o
$ ar crus asm/libcontext.a asm/context.o
```

　cc は C コンパイラであり、通常は gcc か clang が利用される。ar は静的ライブラリの作成や静
的ライブラリからのファイルの取り出しを行うためのコマンドである。つまり、asm/context.o を
本と考えると、asm/libcontext.a が書庫となり、ar コマンドは asm/libcontext.a という書庫へ
ファイルを出し入れするためのコマンドである。その昔、ソフトウェアはパンチカードという物理
的な紙に記録されており、本のような形式であった。また、その本（パンチカード）は書庫にて管
理されており、ソフトウェアの管理は実際の書庫の管理と同じであった。
　ar コマンドのオプションは以下のとおりとなる。

表 6-6　ar コマンドのオプション一覧

オプション	説明
c	書庫を新たに作成。
r	書庫にファイルを挿入。すでに同名のファイルがある場合は置き換え。
u	挿入するファイルより、書庫のファイルが古い場合にのみ置き換え。
s	索引を書庫に書き込み。索引が存在する場合は更新。

　この build.rs では、作成された asm/libcontext.a をリンクしてコンパイルするように指定し
ている。
　以下のソースコードに、本実装で利用する外部の型と関数を示す。見慣れない型や変数が出てき
たら、このソースコードを参照してほしい。

例 6-3　src/green.rs のインポート　　　　　　　　　　　　　　　　　　　　　　　　　　　Rust

```rust
use nix::sys::mman::{mprotect, ProtFlags};
use rand;
use std::alloc::{alloc, dealloc, Layout};
```

```
use std::collections::{HashMap, HashSet, LinkedList};
use std::ffi::c_void;
use std::ptr;
```

6.2.2　コンテキスト

　本節ではコンテキストについて説明する。コンテキストとはプロセスの実行状態に関する情報であり、最も重要な情報がレジスタの値となる。次の図は、本実装で保存するコンテキストとCPUとメモリの関係を示したものとなる。

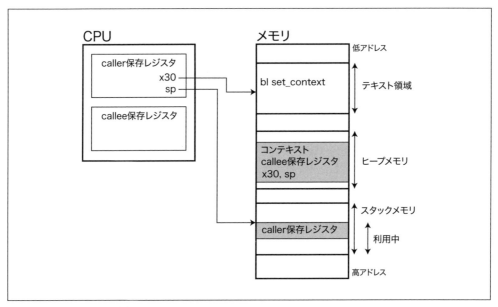

図6-4　CPUとメモリの状態とコンテキスト

　テキスト領域とは、実行命令が置かれるメモリ領域のことであり、この図では、set_context関数というコンテキストを保存する関数が呼び出されて、コンテキストが保存された直後の状態を表している。set_context関数が呼ばれると、caller保存レジスタはコンパイラが出力したコードによってスタック上に退避される。一方、callee保存レジスタは退避されないため、set_context関数がヒープ上に確保された領域に保存する。また、ret命令でのリターン先アドレスを示すリンクレジスタであるx30レジスタと、スタックポインタを示すspレジスタも同様に保存する。すると、別プロセス実行後に、コンテキストに保存したレジスタ情報を復元してret命令でリターンすると、set_context関数を呼び出した次のアドレス（x30レジスタが指していたアドレス）から実行が再開される。

　次のソースコードは、AArch64 CPUで保存すべきレジスタを保持するRust言語の構造体と

なる。保存すべきレジスタは、AArch64 の呼び出し規約である AAPCS64 に従って、callee 保存レジスタと、x30 と sp レジスタとなる。レジスタと AAPCS64 の詳細については「**付録 A AArch64 アーキテクチャ**」を参照されたい。

例 6-4　src/green.rs の Registers　　　　　　　　　　　　　　　　　　　　　　　　　　　Rust

```rust
#[repr(C)] // ❶
struct Registers { // ❷
    // callee 保存レジスタ
     d8: u64,  d9: u64, d10: u64, d11: u64, d12: u64,
    d13: u64, d14: u64, d15: u64, x19: u64, x20: u64,
    x21: u64, x22: u64, x23: u64, x24: u64, x25: u64,
    x26: u64, x27: u64, x28: u64,

    x30: u64, // リンクレジスタ
    sp: u64,  // スタックポインタ
}

impl Registers {
    fn new(sp: u64) -> Self { // ❸
        Registers {
             d8: 0,  d9: 0, d10: 0, d11: 0, d12: 0,
            d13: 0, d14: 0, d15: 0, x19: 0, x20: 0,
            x21: 0, x22: 0, x23: 0, x24: 0, x25: 0,
            x26: 0, x27: 0, x28: 0,
            x30: entry_point as u64, // ❹
            sp,
        }
    }
}
```

---

❶これから定義する構造体の内部メモリ表現が C 言語と同じであることを指定。

❷レジスタの値を保存する構造体。

❸スタックポインタを指すアドレスを引数 sp に受け取り、Registers 型を初期化してリターンする。

❹スレッド開始のエントリポイントとなる関数のアドレスを保存。

#[repr(C)] としている理由は、Rust 言語では、構造体なども最適化が行われて、メンバ変数の記述順でメモリが配置されない可能性があるためである。実際には、この構造体の場合は、そのような置き換えは起きないと思われるが、念のために指定している。

callee 保存レジスタとは、関数を呼び出された側が保存すべきレジスタであるため、コンテキストスイッチを行う関数が呼び出された際に保存しなければならない。リンクレジスタは、コンテキストスイッチから戻ってくるために、スタックポインタはスタックを復元するために必要とな

る。

　entry_point は関数へのアドレスであり、スレッドが生成された際に、一番はじめに実行される関数となる。戻りアドレスの x30 に entry_point のアドレスを保存することで、コンテキストスイッチされた際に entry_point が呼び出されるようにできる。entry_point の指す関数の定義については後ほど説明する。

　Registers 構造体への値の保存と読み込みはアセンブリで定義した関数で行う。#[repr(C)] を Registers 型を指定したのは、アセンブリで定義した関数へ渡すためである。次のソースコードは、レジスタの保存と大域ジャンプを行うための関数である。

例6-5　asm/context.S　　　　　　　　　　　　　　　　　　　　　　　　　　　　　　　　ASM x86-64

```
#ifdef __APPLE__ // Mac の場合は、関数名の先頭にアンダースコアが必要
    #define SET_CONTEXT _set_context
    #define SWITCH_CONTEXT _switch_context
#else
    #define SET_CONTEXT set_context
    #define SWITCH_CONTEXT switch_context
#endif

.global SET_CONTEXT // ❶
.global SWITCH_CONTEXT

SET_CONTEXT: // ❷
    // callee 保存レジスタを保存
    stp  d8,  d9, [x0] // ❸
    stp d10, d11, [x0, #16] // ❹
    stp d12, d13, [x0, #16 * 2]
    stp d14, d15, [x0, #16 * 3]
    stp x19, x20, [x0, #16 * 4]
    stp x21, x22, [x0, #16 * 5]
    stp x23, x24, [x0, #16 * 6]
    stp x25, x26, [x0, #16 * 7]
    stp x27, x28, [x0, #16 * 8]

    // スタックポインタとリンクレジスタを保存
    mov x1, sp
    stp x30, x1, [x0, #16 * 9]

    // return 0 ❺
    mov x0, 0
    ret

SWITCH_CONTEXT: // ❻
    // callee 保存レジスタを復元
    ldp  d8,  d9, [x0] // ❼
    ldp d10, d11, [x0, #16] // ❽
```

```
ldp d12, d13, [x0, #16 * 2]
ldp d14, d15, [x0, #16 * 3]
ldp x19, x20, [x0, #16 * 4]
ldp x21, x22, [x0, #16 * 5]
ldp x23, x24, [x0, #16 * 6]
ldp x25, x26, [x0, #16 * 7]
ldp x27, x28, [x0, #16 * 8]

// スタックポインタとリンクレジスタを復元
ldp x30, x2, [x0, #16 * 9]
mov sp, x2

// return 1 ❾
mov x0, 1
ret
```

❶ set_context と switch_context 関数をグローバル関数であると定義。ただし、Mac の場合は、関数名の先頭にアンダースコアが必要であるため、アセンブリレベルでは _set_context と _switch_context という関数名になる（C や Rust からの呼び出しは、アンダースコアのない set_context と switch_context となる）。

❷現在のレジスタを保存する set_context 関数を定義。

❸ x0 レジスタ（関数の第 1 引数）に Registers 構造体へのアドレスが格納されている。

❹ stp 命令を用いると、2 つのレジスタの値を保存することができる。

❺ x0 レジスタに返り値の 0 を設定してリターン。

❻レジスタを復元する switch_context 関数を定義。

❼同様に、x0 レジスタ（関数の第 1 引数）に Registers 構造体へのアドレスが格納されている。

❽ ldp 命令を用いて 2 つのレジスタに値を復元。

❾ x0 レジスタに返り値の 1 を設定してリターン。

　set_context 関数は、協調的にコンテキストスイッチを行う前に復帰ポイントを保存するときに呼び出す。これはちょうど、ジキルとハイドの例で述べたように、脳の情報をメモリに保存する操作に相当する。

　switch_context 関数は、ジキルのハイドの例でいうところの、メモリから脳に情報を復元する操作に相当する。この関数を呼び出すことで人格交代、つまりコンテキストスイッチが起きる。

　set_context 関数は、コード上では、レジスタを保存したときと、コンテキストスイッチされて戻ってきたときの 2 回返ってくるように見える。そのため、set_context 関数の呼び出し側では、返り値によってどちらから返ってきたかを判定する必要がある。

　次のソースコードは、set_context 関数の呼び出し後に、どのように返ってくるかを説明したコードとなる。

Rust

```
let n = set_context(registers);
if n == 0 { // set_context 関数呼び出し時に x30 に保存されるアドレス（戻りアドレス）
    // set_context 関数呼び出し直後に処理される内容
} else {
    // switch_context 関数でコンテキストスイッチ後に処理される内容
}
```

　まずはじめに、set_context 関数でレジスタを保存している。このとき、set_context 関数内では、このコードの 2 行目を示すアドレス（戻りアドレス）が x30 レジスタに保存されることになる。保存した段階では set_context 関数は 0 をリターンするため 3 行目が実行されるが、その後、他のプロセスが switch_context 関数を呼び出すと、1 がリターンされて set_context 関数が終了したように見えるため、5 行目が実行される。

　すでに気が付いている読者がいるかもしれないが、これは C 言語の setjmp、longjmp 関数と同等の処理である。これら関数は大域ジャンプを行う関数であり、使い方が難しく、誤って用いるとプログラムが異常動作してしまう。特に、Rust 言語では、コンパイラがメモリ管理を行っているため、より注意して使う必要があり、当然 unsafe となる。

　Rust からアセンブリで定義した外部関数を呼び出すためには、次のソースコードのように行う。

例 6-6　src/green.rs の extern　　　　　　　　　　　　　　　　　　　　　　Rust

```
extern "C" {
    fn set_context(ctx: *mut Registers) -> u64;
    fn switch_context(ctx: *const Registers) -> !;
}
```

　set_context 関数は、mutable な Registers 型のポインタを受け取り、u64 型の値をリターンする関数型として定義している。一方、switch_context 関数は、immutable な Registers 型のポインタを受け取り、! という型の値をリターンするように定義している。この ! は never 型と呼ばれており、無限ループなどで返ってこない型であることを意味する。

　次のソースコードは、レジスタ、スタック、エントリポイントの情報を含むコンテキストである。

例 6-7　src/green.rs の Context 型、定数値、スレッド関数の型　　　　　　　　Rust

```
// スレッド開始時に実行する関数の型
type Entry = fn(); // ❶

// ページサイズ。Linux だと 4KiB
const PAGE_SIZE: usize = 4 * 1024; // 4KiB ❷

// コンテキスト ❸
```

```
struct Context {
    regs: Registers,        // レジスタ
    stack: *mut u8,         // スタック
    stack_layout: Layout,   // スタックレイアウト
    entry: Entry,           // エントリポイント
    id: u64,                // スレッドID
}

impl Context {
    // レジスタ情報へのポインタを取得
    fn get_regs_mut(&mut self) -> *mut Registers {
        &mut self.regs as *mut Registers
    }

    fn get_regs(&self) -> *const Registers {
        &self.regs as *const Registers
    }

    fn new(func: Entry, stack_size: usize, id: u64) -> Self { // ❹
        // スタック領域の確保 ❺
        let layout = Layout::from_size_align(stack_size, PAGE_SIZE).unwrap();
        let stack = unsafe { alloc(layout) };

        // ガードページの設定 ❻
        unsafe { mprotect(stack as *mut c_void, PAGE_SIZE, ProtFlags::PROT_NONE).unwrap() };

        // レジスタの初期化 ❼
        let regs = Registers::new(stack as u64 + stack_size as u64);

        // コンテキストの初期化
        Context {
            regs: regs,
            stack: stack,
            stack_layout: layout,
            entry: func,
            id: id,
        }
    }
}
```

❶スレッド開始時に実行する関数の型を定義しており、ここでは、単純に引数も返り値もない関数型としている。この定義を変更することで、スレッド開始時に任意の値を渡せるようになる（ただし、スレッド生成時のコード修正も必要）。

❷仮想メモリのページサイズを定義。本コードは Linux 上で動かすことを想定しているため4 KiB としている。ページサイズは nix::unistd::sysconf 関数を利用しても取得できるが、

ここでは簡単のため固定値としている。実用するソフトウェアでは sysconf 関数を利用した方
がよい。

❸コンテキストを保持する Context 型の定義。この型は、レジスタ情報と、スタックへのポイン
タ、スタックのレイアウト、エントリポイント、スレッド ID の情報を保持。

❹コンテキスト生成を行う new 関数。第 1 引数 func にスレッド開始時に実行する関数へのポイ
ンタを、第 2 引数 stack_size にスレッドのスタックサイズを、第 3 引数にスレッド ID を指
定。この関数では以下を行う。

- スタック領域の確保
- スタック用のガードページ設定
- レジスタの初期化
- コンテキストの初期化とリターン

❺スタックメモリの確保。from_size_align 関数を用いて、ページサイズにアラインメントされ
たメモリレイアウトを指定して、alloc 関数でメモリ領域を確保。

❻mprotect 関数を呼び出し、スタックオーバーフローを検知するためのガードページを設定。
つまり、スタックの最終ページを読み書き不可に設定。ガードページについても後ほど説明
する。

❼レジスタの初期化。スタックポインタの開始アドレスを確保したスタックメモリのアドレスか
らスタックサイズだけ加算したアドレスにしている。これは、スタックは高アドレスから低ア
ドレスへ伸びていくからである。

本グリーンスレッド実装は、Rust の std::thread::spawn 関数のように関数を渡してスレッドを
生成するが、そのときに渡す関数型が Entry 型となる。Context 型は CPU レジスタ情報などの情
報を保存する。スレッド ID はスレッドを一意に識別するために用いられる値でスレッドに対して
何かしらの操作を行う場合に用いられる。Pthreads でも、各スレッドは pthread_t 型の一意な値
で識別される。また、スレッドごとに別々なスタック領域を用意する必要があるため、スタック領
域用の変数も用意している。

Rust は、std::alloc::alloc 関数と、std::alloc::dealloc 関数を呼び出すことで、手動でヒー
プメモリ領域の確保と解放を行える。ただしこのとき、メモリのサイズとアラインメントを示すメ
モリレイアウト（std::alloc::Layout）を指定する必要があり、メモリ確保で指定したレイアウ
トと解放で指定するメモリレイアウトは同じでなければならない。そのため Context 型にはメモリ
レイアウトを保存するための変数も保持している。

以上がコンテキストの説明となる。スレッドの生成と破棄を行う際には、Context 型を保持する
領域の確保と解放および、スタック領域の確保と解放を行う。コンテキストスイッチを行う際に
は、Registers 型のメモリ領域へアクセスし、実行中プロセスの状態保存と、スイッチ対象のプロ
セス情報の復元を行う。

6.2.3 スレッド生成、破棄とスケジューリング

　次に、スレッドの生成、破棄とスケジューリングを行う方法について説明する。本グリーンスレッド実装ではスレッドのスケジューリングはキューで行い、キューの実装には Rust の LinkedList を用いる。次の図は、スレッドの生成、破棄、スケジューリングを行うための実行キューを表したものとなる。

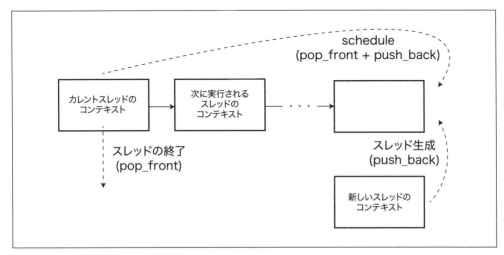

図6-5　スレッドの実行キュー

　キューの先頭には、現在実行中であるスレッドのコンテキストが保存される。スレッド生成時にはコンテキストが生成された後に、キューの最後尾にそのコンテキストを生成し、スレッドの終了時にはキューの先頭からコンテキストが削除される。また、別スレッドへコンテキストスイッチする際には、先頭のコンテキストを最後尾に移動させる。このようにして、順番にスレッドを実行していく方法はラウンドロビン方式と呼ばれる。これ以降では、この図で示した実行キューの実装について説明する。

　次のソースコードは、グリーンスレッド用のグローバル変数となる。Rust ではグローバル変数の利用は推奨されないが、説明を簡単にするためにグローバル変数を用いる。なお、本実装はシングルスレッドで動作するグリーンスレッドであるため、マルチスレッド化する際にはミューテックスなどで保護する必要がある。

例6-8　src/green.rs のグローバル変数　　　　　　　　　　　　　　　　　　　　　　Rust

```
// すべてのスレッド終了時に戻ってくる先 ❶
static mut CTX_MAIN: Option<Box<Registers>> = None;

// 不要なスタック領域 ❷
```

```
static mut UNUSED_STACK: (*mut u8, Layout) = (ptr::null_mut(), Layout::new::<u8>());

// スレッドの実行キュー ❸
static mut CONTEXTS: LinkedList<Box<Context>> = LinkedList::new();

// スレッド ID の集合 ❹
static mut ID: *mut HashSet<u64> = ptr::null_mut();
```

❶ main 関数のコンテキストを保存する変数。全スレッドが終了したときの戻り先を保存。

❷ 解放すべき不要なスタック領域へのポインタとアドレスレイアウトを保存する変数。

❸ スレッドの実行キュー。基本的に、スレッドの生成、破棄、スケジューリングはこの変数を操作することで行う。

❹ スレッド ID の集合を保存する変数。

次のソースコードは、ユニークなスレッド ID を生成する get_id 関数となる。

例 6-9　src/green.rs の get_id 関数　　　　　　　　　　　　　　　　　　　　　　　　Rust

```
fn get_id() -> u64 {
    loop {
        let rnd = rand::random::<u64>(); // ❶
        unsafe {
            if !(*ID).contains(&rnd) { // ❷
                (*ID).insert(rnd); // ❸
                return rnd;
            };
        }
    }
}
```

❶ ランダムに ID を生成。

❷ その ID がすでに使われていないかをチェック。

❸ 使われていない ID の場合は ID を登録しリターン。すでに使われている ID を生成した場合は、再度同じ操作を繰り返す。

生成したスレッドのスレッド ID はグローバルな HashSet に保存される。ここでは、一意なスレッド ID 生成するために、その HashSet 中に存在しないかを検査している。

次のソースコードは、スレッド生成を行う関数となる。この関数は非常に単純で、コンテキストを保存する領域を生成して、それを実行キューの最後尾に追加してスケジューリングを行い、生成したスレッドの ID をリターンするのみとなる。

例6-10　src/green.rs の spawn 関数　　　　　　　　　　　　　　　　　　　　　　　　　　Rust

```rust
pub fn spawn(func: Entry, stack_size: usize) -> u64 { // ❶
    unsafe {
        let id = get_id(); // ❷
        CONTEXTS.push_back(Box::new(Context::new(func, stack_size, id))); // ❸
        schedule(); // ❹
        id // ❺
    }
}
```

❶ func 引数がスレッド生成時に実行するエントリポイントで、stack_size 引数がスレッドのスタックサイズ。

❷ スレッド ID を生成。

❸ コンテキストを新たに生成して実行キューの最後尾に追加。

❹ schedule 関数を呼び出してプロセスのスケジューリング。

❺ スレッド ID をリターン。

実際にコンテキストスイッチを行うのは、schedule 関数となる。次のソースコードに schedule 関数の定義を示す。schedule 関数は、現在実行中のスレッドを停止して、実行キューにある次のスレッドにコンテキストスイッチする。この関数で行うことは、

1. 実行キューの先頭にある、自スレッドのコンテキストを最後尾に移動。
2. 自スレッドの CPU レジスタをコンテキストに保存。
3. 次のスレッドにコンテキストスイッチ。
4. コンテキストスイッチ後に不要なスタック領域を削除。

の 4 つとなる。

例6-11　src/green.rs の schedule 関数　　　　　　　　　　　　　　　　　　　　　　　　Rust

```rust
pub fn schedule() {
    unsafe {
        // 実行可能なプロセスが自身のみであるため即座にリターン ❶
        if CONTEXTS.len() == 1 {
            return;
        }

        // 自身のコンテキストを実行キューの最後に移動
        let mut ctx = CONTEXTS.pop_front().unwrap(); // ❷
        // レジスタ保存領域へのポインタを取得 ❸
        let regs = ctx.get_regs_mut();
        CONTEXTS.push_back(ctx);
```

```
        // レジスタを保存 ❹
        if set_context(regs) == 0 {
            // 次のスレッドにコンテキストスイッチ
            let next = CONTEXTS.front().unwrap();
            switch_context((**next).get_regs());
        }

        // 不要なスタック領域を削除
        rm_unused_stack(); // ❺
    }
}
```

❶実行キューにあるスレッドの数を調べ、自分自身しか存在しないようであるなら、コンテキストスイッチの必要がないため即座にリターン。

❷実行キューの先頭にある自スレッドのコンテキストを、最後尾に移動。

❸レジスタ保存領域へのポインタを取得。

❹現在のレジスタを保存して次スレッドにコンテキストスイッチ。

❺他のスレッドからコンテキストスイッチされた場合は、不要となったスタック領域を解放。

schedule 関数が行う最も重要な操作は、set_context 関数呼び出しによるコンテキストの保存と、switch_context 関数呼び出しによるコンテキストスイッチである。すなわち、この部分が、ジキルからハイドへ人格交代を行うコードとなる。

spawn 関数では、第 1 引数にスレッドのエントリポイントを取得していた。しかし、実際には、次のソースコードで示す entry_point 関数が真のエントリポイントとなり、この中で spawn 関数の第 1 引数に渡される関数が呼び出される。entry_point 関数は、src/context.S で示されるように、一番はじめにスレッドが呼び出される際のエントリポイントとして、x30 レジスタに保存される。

例 6-12　src/green.rs の entry_point 関数　　　　Rust

```rust
extern "C" fn entry_point() {
    unsafe {
        // 指定されたエントリ関数を実行 ❶
        let ctx = CONTEXTS.front().unwrap();
        ((**ctx).entry)();

        // 以降がスレッド終了時の後処理

        // 自身のコンテキストを取り除く
        let ctx = CONTEXTS.pop_front().unwrap();

        // スレッド ID を削除
        (*ID).remove(&ctx.id);
```

```
    // 不要なスタック領域として保存
    // この段階で解放すると、以降のコードでスタックが使えなくなる
    UNUSED_STACK = ((*ctx).stack, (*ctx).stack_layout); // ❷

    match CONTEXTS.front() { // ❸
        Some(c) => {
            // 次のスレッドにコンテキストスイッチ
            switch_context((**c).get_regs());
        }
        None => {
            // すべてのスレッドが終了した場合、main 関数のスレッドに戻る
            if let Some(c) = &CTX_MAIN {
                switch_context(&**c as *const Registers);
            }
        }
    };
    }
    panic!("entry_point"); // ❹
}
```

❶自スレッドの生成時に指定されたエントリ関数（spawn 関数の第 1 引数で指定された関数）を実行している。すなわち、この関数が終了したということは、スレッドが終了したということである。

❷不要となるスタック領域へのポインタをグローバル変数に保存。このタイミングでスタック領域を解放してしまうと、この行以降でスタックメモリが利用不可となってしまうため、スタック領域の解放は必ずコンテキストスイッチ後に行う。

❸次のスレッド、もしくは main 関数へとコンテキストスイッチ。

❹コードが正しければ到達する可能性がないはずだが、万一のためにパニックを起こすようにしている。

entry_point 関数は、実際のスレッド用関数の呼び出しおよび、スレッド終了時の後処理を行うための関数である。先に述べたように、Registers 型の値を生成する際（new 関数）、x30 レジスタに entry_point 関数へのアドレスを保存することで、スレッド生成後の実行時にこの関数が呼ばれるようになる。

次のソースコードは、main 関数から 1 度だけ呼ばれる、最初のスレッド生成のための spawn_from_main 関数である。この関数は基本的には spawn 関数と同じだが、グローバル変数の初期化と解放を行うのが異なる。

例 6-13　src/green.rs の spawn_from_main 関数　　　　　　　　　　　　　Rust

```
pub fn spawn_from_main(func: Entry, stack_size: usize) {
    unsafe {
```

```
// すでに初期化済みならエラーとする
if let Some(_) = &CTX_MAIN {
    panic!("spawn_from_main is called twice");
}

// main 関数用のコンテキストを生成
CTX_MAIN = Some(Box::new(Registers::new(0)));
if let Some(ctx) = &mut CTX_MAIN {
    // グローバル変数を初期化 ❶
    let mut msgs = MappedList::new();
    MESSAGES = &mut msgs as *mut MappedList<u64>;

    let mut waiting = HashMap::new();
    WAITING = &mut waiting as *mut HashMap<u64, Box<Context>>;

    let mut ids = HashSet::new();
    ID = &mut ids as *mut HashSet<u64>;

    // すべてのスレッド終了時の戻り先を保存 ❷
    if set_context(&mut **ctx as *mut Registers) == 0 {
        // 最初に起動するスレッドのコンテキストを生成して実行 ❸
        CONTEXTS.push_back(Box::new(Context::new(func, stack_size, get_id())));
        let first = CONTEXTS.front().unwrap();
        switch_context(first.get_regs());
    }

    // 不要なスタックを解放 ❹
    rm_unused_stack();

    // グローバル変数をクリア
    CTX_MAIN = None;
    CONTEXTS.clear();
    MESSAGES = ptr::null_mut();
    WAITING = ptr::null_mut();
    ID = ptr::null_mut();

    msgs.clear(); // ❺
    waiting.clear();
    ids.clear();
    }
  }
}
```

❶グローバル変数の初期化を行っている。これら変数の用途については、後ほど「**6.3　アク
ターモデルの実装**」の節で説明。

❷自身のコンテキストを保存して、全スレッド終了時の戻り先を保存。

❸最初に起動するスレッドを生成してコンテキストスイッチ。

❹これ以降が全スレッドが終了した際の処理。

❺明示的にローカル変数をクリア。ここでアクセスすることで、これら変数のライフタイムが最短でもこの行まであることを保証する。

次のソースコードは、スタックの削除を行う `rm_unused_stack` 関数となる。この関数は単純で、スタック領域のガードページの解除とスタック領域解放を行うだけである。

例 6-14　src/green.rs の rm_unused_stack 関数　　　　　　　　　　　　　　　Rust

```rust
unsafe fn rm_unused_stack() {
    if UNUSED_STACK.0 != ptr::null_mut() {
        // スタック領域の保護を解除 ❶
        mprotect(
            UNUSED_STACK.0 as *mut c_void,
            PAGE_SIZE,
            ProtFlags::PROT_READ | ProtFlags::PROT_WRITE,
        )
        .unwrap();
        // スタック領域解放 ❷
        dealloc(UNUSED_STACK.0, UNUSED_STACK.1);
        UNUSED_STACK = (ptr::null_mut(), Layout::new::<u8>());
    }
}
```

❶ mprotect 関数を呼び出し、スタック領域保護を解除。

❷ 2 重解放を防ぐために UNUSED_STACK グローバル変数をクリア。

　まず関数の呼び出しが行われると、その関数内で定義されたローカル変数用のメモリがスタックメモリ上に確保される。関数が何重にも繰り返し呼び出されると、その分だけスタックメモリが消費される。一般的に、スタックメモリには利用可能な上限サイズが設定されており、その上限を超える利用がされた場合はプログラムが異常終了する。これが一般的に言われるスタックオーバーフローである。ガードページはスタックオーバーフローを検知するためのしくみであり、スタックメモリが特定の領域にまで達した場合にエラーとする。

　例えば、以下のような多重にネストした関数呼び出しがあったとしよう。なお、ここではローカル変数が定義されていないが適当に存在するものとして考える。

例 6-15　ネストする関数呼び出し　　　　　　　　　　　　　　　　　　　　　Rust

```rust
fn f0() { f1(); }
fn f1() { f2(); }
// ...
fn fn() { fn(); }
```

すると、この関数呼び出しにおけるスタックメモリの消費は次の図のようになる。

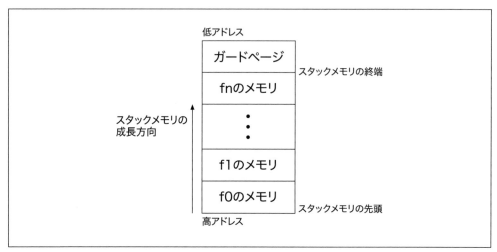

図6-6　スタックメモリとガードページ

　通常、スタックメモリの先頭は高アドレスに位置し、関数が呼び出されるごとに低アドレス方向へと成長していく。スタックメモリのサイズには上限が設定されており、ある程度成長するとスタックオーバーフローとしてエラーを発生させる必要がある。この図のようにガードページを設定すると、ガードページへの読み書きは実行時エラーとなるためスタックオーバーフローを検出することができる。

6.2.4　グリーンスレッドの実行例

　次に、グリーンスレッドの実行例を示す。次のソースコードは実験で用いるコードである。ここでは gaia、ortega、mash 関数を定義し、それら関数は自発的にスケジューリングし順番に呼び出されるようにしている。

例 6-16　src/main.rs　　　　　　　　　　　　　　　　　　　　　　　　　　　　　　　　　　Rust

```rust
mod green;

fn mash() {
    green::spawn(ortega, 2 * 1024 * 1024);
    for _ in 0..10 {
        println!("Mash!");
        green::schedule();
    }
}
```

```
fn ortega() {
    for _ in 0..10 {
        println!("Ortega!");
        green::schedule();
    }
}

fn gaia() {
    green::spawn(mash, 2 * 1024 * 1024);
    for _ in 0..10 {
        println!("Gaia!");
        green::schedule();
    }
}

fn main() {
    green::spawn_from_main(gaia, 2 * 1024 * 1024);
}
```

　ここでは、スレッド用の gaia、ortega、mash 関数を定義しており、これら関数内では、10 回ループして標準出力に文字列を出力した後、schedule 関数を呼び出して協調的にコンテキストスイッチを行っている。また、gaia と mash 関数内では spawn 関数で別スレッドを起動している。main 関数では、spawn_from_main 関数を呼び出して、一番最初のスレッドを起動している。このコードを実行すると、以下のように表示される。

```
Gaia!
Orgega!
Mash!
...
```

　これより、順に関数が呼び出されているのがわかるだろう。
　以上が、非常に簡単だが実際に動作するグリーンスレッドの実装となる。実際、OS プロセス、スレッド、グリーンスレッドはこの考えがベースとして実装されている。本実装の拡張方針としては、マルチスレッド化、非協調的マルチタスク化などがある。マルチスレッド化するためには、グローバル変数をミューテックスなどで保護する必要がある。非協調的マルチタスク化はマルチスレッド化よりも難しい。非協調的マルチタスクを実現するためには、シグナルを用いて割り込みを実装する必要があるが、シグナルの扱いは「**4.6　シグナル**」の節で示したように扱いが難しく、システムコールの再入なども考慮する必要があるだろう。
　コンテキストスイッチ時のオーバーヘッドを軽減するために呼び出し規約を変更する方法もある。Go 言語では独自の呼び出し規約を用いており、汎用レジスタすべてを caller 保存レジスタとし、callee 保存レジスタをなくしている。そうすると、コンテキストスイッチ時にはプログラムカウンタやスタックポインタなどのみ保存すれば良くなり、無駄なレジスタの保存をする必要が

なくなる。しかし、これを実現するためにはコンパイラを修正する必要がある。

6.3　アクターモデルの実装

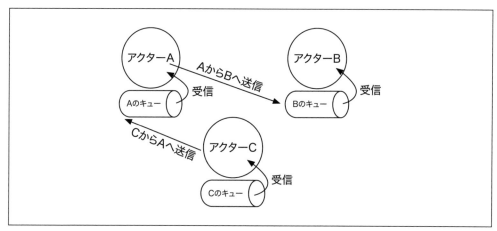

図6-7　アクターモデル

　本節では、先に実装したグリーンスレッド上にアクターモデルを実装する例を示す。アクターモデルとは、アクターと呼ばれるプロセス同士がメッセージを交換し合う並行計算モデルのことである。概念的な実装は**図6-7**で示すように、各アクターがメッセージキューを持ち、そのキューを介してデータの送受信を実現する。本実装では、メッセージを保存するメッセージキューと、受信待機中のスレッドを保存する待機スレッド集合が新たに追加され、それらに対する操作で、アクターモデルを実現する。スレッドへメッセージを送信する際は、メッセージキューへメッセージが保存され、そのメッセージが待機中のスレッド宛の場合は、そのスレッドのコンテキストを待機スレッド集合から実行キューに移動させる。メッセージの受信時には、メッセージキューに自分宛のメッセージがある場合はそれを取り出し、ない場合は、実行キューから待機スレッドに自スレッドのコンテキストを移動させる。

　まずはじめに、本実装で用いる `MappedList` 型を次のソースコードに示す。この型は、意味的には、key が `u64` 型で、value が `LinkedList` 型の `HashMap` となる。この型には、対応する key のリストの最後尾に push する `push_back` 関数と、先頭から pop する `pop_front` 関数、およびすべてをクリアする `clear` 関数が実装される。

例6-17　src/green.rs の MappedList 型　　　　　　　　　　　　　　　　　　　　Rust

```rust
struct MappedList<T> { // ❶
    map: HashMap<u64, LinkedList<T>>,
}
```

```
impl<T> MappedList<T> {
    fn new() -> Self {
        MappedList {
            map: HashMap::new(),
        }
    }

    // key に対応するリストの最後尾に追加 ❷
    fn push_back(&mut self, key: u64, val: T) {
        if let Some(list) = self.map.get_mut(&key) {
            // 対応するリストが存在するなら追加
            list.push_back(val);
        } else {
            // 存在しない場合、新たにリストを作成して追加
            let mut list = LinkedList::new();
            list.push_back(val);
            self.map.insert(key, list);
        }
    }

    // key に対応するリストの一番前から取り出す ❸
    fn pop_front(&mut self, key: u64) -> Option<T> {
        if let Some(list) = self.map.get_mut(&key) {
            let val = list.pop_front();
            if list.len() == 0 {
                self.map.remove(&key);
            }
            val
        } else {
            None
        }
    }

    fn clear(&mut self) {
        self.map.clear();
    }
}
```

❶ u64 型の値から LinkedList 型の値へのマップを定義する型。

❷ push する key と value を引数に受け取り追加。HashMap 型の get_mut 関数を用いて、key に
対応するリストを取得する。対応するリストが存在する場合はそのリストの最後尾に value
を追加し、対応するリストがない場合は、新たにリストを追加して HashMap へ追加。

❸ある key に対応するリストの 1 番前から値を取り出す。指定された key に対応するリスト
を取得し、対応するリストが存在する場合は pop。その後、リストが空となった場合には
HashMap からも削除し対応する値をリターン。対応するリストが存在しない場合は None をリ

ターン。

次のソースコードに、アクターモデルの実装で用いるグローバル変数を示す。

例6-18　src/green.rs のアクターモデル用グローバル変数　　　　　　　　　　　　　　Rust

```
// メッセージキュー ❶
static mut MESSAGES: *mut MappedList<u64> = ptr::null_mut();

// 待機スレッド集合 ❷
static mut WAITING: *mut HashMap<u64, Box<Context>> = ptr::null_mut();
```

❶送信するメッセージのキューを保存するグローバル変数。この変数の型は先に説明した
MappedList 型となっており、あるアクターに対するメッセージを複数保存できるようにして
いる。Erlang では、このメッセージキューのことを mailbox と呼んでいる。
❷受信待ちのスレッドを保存するグローバル変数。本実装では、各スレッドに u64 型のユニー
クな ID が割り振られるため、メッセージ送受信時には、その ID を key として、メッセージ
キューとコンテキストを検索できるようにする必要がある。それを行うために、MappedList
と HashMap 型でアクターの ID と、メッセージキューとコンテキストを対応付けている。

　ここで、これらグローバル変数はポインタとなっているが、これは、Rust ではグローバル変数
はコンパイル時に初期化されるためである。これらの初期化は spawn_from_main 関数で行ってお
り、ご覧のように苦肉の策である。本書では、わかりやすさを優先してこのようなコードになって
いるが、一般的には、このようなコードは Rust では推奨されないので注意されたい。
　次のソースコードは、メッセージ送信を行う send 関数となる。この関数は、宛先スレッドに対
するメッセージをメッセージキューに保管し、宛先スレッドが受信待ちの場合にそのコンテキスト
を実行キューに移動させる。

例6-19　src/green.rs の send 関数　　　　　　　　　　　　　　　　　　　　　　Rust

```
pub fn send(key: u64, msg: u64) { // ❶
    unsafe {
        // メッセージキューの最後尾に追加
        (*MESSAGES).push_back(key, msg);

        // スレッドが受信待ちの場合に実行キューに移動
        if let Some(ctx) = (*WAITING).remove(&key) {
            CONTEXTS.push_back(ctx);
        }
    }
    schedule(); // ❷
}
```

❶ key と msg 変数が、宛先スレッドの ID とメッセージ。
❷ メッセージをキューに入れた後、自プロセスをスケジューリング。

　受信待ちのアクターに対してメッセージが送信された場合、そのアクターを実行可能にしなければならない。send 関数ではその操作を行っている。
　次のソースコードがメッセージの受信を行う recv 関数となる。この関数は、メッセージキューに自分宛のメッセージがあるかを調べ、あるならそれをメッセージキューから取り出し、ない場合は自身を受信待機状態に移行する。

例 6-20　src/green.rs の recv 関数　　　　　　　　　　　　　　　　　　　　　　　Rust

```rust
pub fn recv() -> Option<u64> {
    unsafe {
        // スレッド ID を取得
        let key = CONTEXTS.front().unwrap().id;

        // メッセージがすでにキューにある場合即座にリターン
        if let Some(msg) = (*MESSAGES).pop_front(key) {
            return Some(msg);
        }

        // 実行可能なスレッドが他にいない場合はデッドロック
        if CONTEXTS.len() == 1 {
            panic!("deadlock");
        }

        // 実行中のスレッドを受信待ち状態に移行
        let mut ctx = CONTEXTS.pop_front().unwrap();
        let regs = ctx.get_regs_mut();
        (*WAITING).insert(key, ctx);

        // 次の実行可能なスレッドにコンテキストスイッチ
        if set_context(regs) == 0 {
            let next = CONTEXTS.front().unwrap();
            switch_context((**next).get_regs());
        }

        // 不要なスタックを削除
        rm_unused_stack();

        // 受信したメッセージを取得
        (*MESSAGES).pop_front(key)
    }
}
```

　この実装ではメッセージの送受信はスレッド間でしか行われず、タイムアウトもないため実行可能なスレッドがない場合に recv 関数を呼び出すとデッドロック状態となる。つまり、送信するスレッドが誰もいないのに受信を行った場合である。実際のアクターモデルの実装では、受信にタイムアウトを設けることができる場合が多く、その後に何かしらデータを送信される可能性があるため、このコードは除外すべきである。さらに、IO のように、OS プロセス外からもデータ送受信がされるため、やはり実用時にはこのコードは除外すべきである。

　一番最後の行で受信したメッセージを取り出しリターンしている。次スレッド宛のメッセージがないのにコンテキストスイッチして実行が再開した場合は、ここでは None が返ってくるが、これはすなわち擬似覚醒である。ただし、本実装では擬似覚醒は起きないはずである。

　次のソースコードは、本実装の利用例となる。ここでは、単純に 2 つのスレッドを生成して、その間でデータの送受信を行う。

例 6-21　src/main.rs   Rust

```rust
fn producer() { // ❶
    let id = green::spawn(consumer, 2 * 1024 * 1024);
    for i in 0..10 {
        green::send(id, i);
    }
}

fn consumer() { // ❷
    for _ in 0..10 {
        let msg = green::recv().unwrap();
        println!("received: count = {}", msg);
    }
}

fn main() {
    green::spawn_from_main(producer, 2 * 1024 * 1024); // ❸
}
```

❶新たにスレッドを生成し、生成したスレッドに対してデータを送信。
❷データを受信してそれを表示。
❸ producer 関数をエントリポイントとして最初のスレッドを生成。

このコードを実行すると以下のように表示される。

```
received: count = 0
received: count = 1
received: count = 2
received: count = 3
...
```

　素晴らしい。

　以上がシンプルなアクターモデルの実装となる。実用的なアクターモデルを実装するには、スレッド間の通信のみではなくファイルディスクリプタによる IO や、受信時のタイムアウトも考慮する必要がある。Erlang 言語ではこれらを非常に綺麗に扱うことができるようになっているため、参考にするとよいだろう。

7章
同期処理2

　同期処理は並行プログラミングになくてはならない基本的な要素であることはこれまで説明した。これまでに説明したスピンロックやミューテックスといった基本的な同期処理手法でも基本的な要件を満たすことはできるが、いくつか考慮すべき点がある。例えば、高速なCPUと低速なCPUがスピンロックでロックを獲得すると、高速なCPUばかりがロックを獲得してしまい公平性に問題が残る。また、食事する哲学者の例で見たように、並行プログラミングではデッドロックにも気を付けなければならない。そこで、本章では、公平性やデッドロックといった問題を解決する、より発展的な同期処理手法について説明する。

　本章では、はじめに、公平性を担保するロックについて説明し、その後、ソフトウェアトランザクショナルメモリ（STM）について解説する。STMは従来のロック手法と違い、デッドロックの起きない同期処理手法となる。最後に、複数のプロセスから同時にアクセス可能なデータ構造である、ロックフリーデータ構造について説明する。ロックフリーデータ構造を用いると、排他ロックなどを用いずとも、複数のプロセスで更新可能なデータ構造を実現できる。なお、本章の実装はすべてスレッドを用いているため、プロセスではなくスレッドと表記するが、これらアルゴリズムはカーネル内プログラムへも適用可能である。

7.1　公平な排他制御

　本節では公平な排他制御について説明する。はじめに弱い公平性を担保するロックについて説明し、その後、共有資源へのアクセス頻度、つまり**コンテンション**（contention）を減らす手法について説明する。コンテンションとは競争という意味であり、ロック獲得の競争が激しくなると、その分実行速度が低下し無駄にCPUリソースを消費してしまう。特に、Non-Uniform Memory Access（NUMA）環境では、メモリとCPUの位置によってメモリへのアクセス速度が異なるため、ロックの獲得しやすさに差が生じてしまう。その結果、ロックを獲得するスレッドに偏りが生じる可能性がある。公平性という視点から見ても、スレッド間のコンテンションを軽減させるのは重要である。

7.1.1　弱い公平性を担保するロック

本節では、弱い公平性を担保する排他制御アルゴリズムについて説明する［synccon］。このアルゴリズムでは、ロックを優先的に獲得可能なスレッドが設定され、優先スレッドは順番に変わっていく。例えば、スレッド3が優先に設定されていた場合、スレッド3が必ずロック獲得する。ロック解放の際には次のスレッドを優先するよう設定する。つまり、スレッド3がロックを解放する際には次のスレッド4を優先するように設定し、スレッド4へ実行権限を委譲する。もし、スレッド4がロック獲得を試みていない場合は、その他のスレッド同士でロックを奪い合い、その後に次のスレッド5を優先に設定する。このように、順番にロックを獲得可能にすることで弱い公平性を担保する。

以下に、弱い公平性を担保する排他制御アルゴリズムの実装例を示す。

例7-1　弱い公平性を担保する排他制御アルゴリズム（インポート、定数、型）　　　　　　　Rust

```rust
use std::cell::UnsafeCell;
use std::ops::{Deref, DerefMut};
use std::sync::atomic::{fence, AtomicBool, AtomicUsize, Ordering};

// スレッドの最大数
pub const NUM_LOCK: usize = 8; // ❶

// NUM_LOCK の剰余を求めるためのビットマスク
const MASK: usize = NUM_LOCK - 1; // ❷

// 公平なロック用の型 ❸
pub struct FairLock<T> {
    waiting: Vec<AtomicBool>, // ロック獲得試行中のスレッド
    lock: AtomicBool,         // ロック用変数
    turn: AtomicUsize,        // ロック獲得優先するスレッド
    data: UnsafeCell<T>,      // 保護対象データ
}

// ロックの解放と、保護対象データへのアクセスを行うための型 ❹
pub struct FairLockGuard<'a, T> {
    fair_lock: &'a FairLock<T>,
    idx: usize, // スレッド番号
}
```

❶このロックを利用可能なスレッドの最大数。

❷x % NUM_LOCK を計算するためのビットマスク。すなわち、x % NUM_LOCK = x & MASK となる。よって、NUM_LOCK は 2^n 倍でなければならない。

❸公平なロックで用いる FairLock 型の定義。

❹ロックの自動的な解放と、ロック獲得中に保護対象データへのアクセスを行うための型。

fair_lock 変数が FairLock 型への参照であり、idx 変数がロックを獲得したスレッドのスレッド番号を保存する変数となる。

公平なロックで利用する共有変数は、FairLock 型の waiting、lock、turn 変数となる。また、NUM_LOCK 変数にあるように、このアルゴリズムでは実行するスレッドの最大数を事前に決定する必要がある。

waiting 変数は、n 番目のスレッドがロック獲得試行中かどうかを示すベクタとなる。n 番目のスレッドがロックを獲得する際は、この waiting[n] を true に設定する。また、n 番目以外のスレッドがロック解放を行い、n 番目のスレッドに実行権限を譲るためには waiting[n] を false に設定する。

turn 変数は、ロック獲得を優先すべきスレッドを示す変数である。すなわち、もし turn 変数の値が 3 だった場合は、3 番目のスレッドが優先的にロックを獲得する。

lock 変数はスピンロックのための変数であり、data 変数が保護対象データを保持する変数となる。

次に、初期化とロックを行うコードを示す。

例 7-2 弱い公平性を担保する排他制御アルゴリズム（初期化、ロック）　　　　　　　　　Rust

```rust
impl<T> FairLock<T> {
    pub fn new(v: T) -> Self { // ❶
        let mut vec = Vec::new();
        for _ in 0..NUM_LOCK {
            vec.push(AtomicBool::new(false));
        }

        FairLock {
            waiting: vec,
            lock: AtomicBool::new(false),
            data: UnsafeCell::new(v),
            turn: AtomicUsize::new(0),
        }
    }

    // ロック関数 ❷
    // idx はスレッドの番号
    pub fn lock(&self, idx: usize) -> FairLockGuard<T> {
        assert!(idx < NUM_LOCK); // idx が最大数未満であるか検査 ❸

        // 自身のスレッドをロック獲得試行中に設定
        self.waiting[idx].store(true, Ordering::Relaxed); // ❹
        loop {
            // 他のスレッドが false を設定した場合にロック獲得 ❺
            if !self.waiting[idx].load(Ordering::Relaxed) {
```

```
                break;
            }

            // 共有変数を用いてロック獲得を試みる ❻
            if !self.lock.load(Ordering::Relaxed) {
                if let Ok(_) = self.lock.compare_exchange_weak(
                    false, // false なら
                    true,  // true を書き込み
                    Ordering::Relaxed, // 成功時のオーダー
                    Ordering::Relaxed, // 失敗時のオーダー
                ) {
                    break; // ロック獲得
                }
            }
        }
    }
    fence(Ordering::Acquire);

    FairLockGuard {
        fair_lock: self,
        idx: idx,
    }
    }
}
```

❶初期化関数。ここでは単に、waiting と lock 変数を false に、turn 変数を 0 に設定して、data 変数の初期化を行っているのみ。

❷ロック獲得用の lock 関数。ロックを行うスレッド番号を引数にとり、ロックを獲得した後に FairLockGuard 型の値をリターンする。

❸引数で与えられたスレッド番号がスレッドの最大数未満であるかを検査。

❹自身のスレッドがロック獲得試行中であることを示すために、waiting 変数の所定の値を true に設定している。この値は、他スレッドから false に設定される場合があり、これは実行権限が移譲されたことを示す。

❺waiting 変数の自身の値が false となっているか検査し、false となっていた場合にはロック獲得に成功。これは、他のスレッドが自身に実行権限を移譲したことを意味する。

❻waiting 変数の値が true のままだった場合は、TTAS を実行し、ロック獲得できた場合にループを抜ける。ロック獲得できなかった場合はリトライ。

　n 番目のスレッドがロックを獲得する際は、まず、waiting[n] を true に設定、つまり自身がロック獲得中であると設定する。その後、waiting[n] の値を監視して false となっていればロック獲得となる。waiting[n] が false になるというのは、他のスレッドから実行権限を明示的に譲ってもらったということである。

　実行権限を譲ってもらえない場合は、lock 変数を用いたロック獲得を試みる。他に実行中のス

レッドがいない場合や、優先すべきスレッドがロック獲得を試みていない場合は、lock 変数を用いたロック獲得を行う。

次のソースコードに、アンロックの実装を示す。

例 7-3　弱い公平性を担保する排他制御アルゴリズム（アンロック）　　　　　　　　　Rust

```rust
// ロック獲得後に自動で解放されるように Drop トレイトを実装 ❶
impl<'a, T> Drop for FairLockGuard<'a, T> {
    fn drop(&mut self) {
        let fl = self.fair_lock; // fair_lock への参照を取得

        // 自身のスレッドを非ロック獲得試行中に設定 ❷
        fl.waiting[self.idx].store(false, Ordering::Relaxed);

        // 現在のロック獲得優先スレッドが自分なら次のスレッドに設定 ❸
        let turn = fl.turn.load(Ordering::Relaxed);
        let next = if turn == self.idx {
            (turn + 1) & MASK
        } else {
            turn
        };

        if fl.waiting[next].load(Ordering::Relaxed) { // ❹
            // 次のロック獲得優先スレッドがロック獲得中の場合
            // そのスレッドにロックを渡す
            fl.turn.store(next, Ordering::Relaxed);
            fl.waiting[next].store(false, Ordering::Release);
        } else {
            // 次のロック獲得優先スレッドがロック獲得中でない場合
            // 次の次のスレッドをロック獲得優先スレッドに設定してロック解放
            fl.turn.store((next + 1) & MASK, Ordering::Relaxed);
            fl.lock.store(false, Ordering::Release);
        }
    }
}
```

❶公平なロックの解放用の関数。FairLockGuard 型の Drop トレイトとして実装。

❷自身のスレッドを非ロック獲得試行中と設定するため、waiting 変数の所定の箇所に false と設定。

❸現在のロック獲得優先スレッドを取得し、次のロック獲得優先スレッドを決定。ここでは、現在のロック獲得優先が自身の場合は、自身の次のスレッドを、そうでない場合は現在のロック獲得優先スレッドを、次のロック獲得優先スレッドにしている。なお、ここで決定した次スレッドの番号は next 変数に保存される。

❹ロックの解放、もしくは実行権限の移譲を行うコード。先に決定した次のロック獲得優先ス

レッドがロック獲得試行中であるかを検査する。もし、試行中だった場合は、現在のロック獲得優先スレッドを next に設定して、waiting 変数の next 番目の値を false に設定する。試行中でなかった場合は、next の次のスレッドをロック獲得優先スレッドに設定し、ロックを解放する。

n 番目のスレッドがロック解放を行うためには、まず、waiting[n] を false に設定する。その後、turn が n ならば next を n+1、そうでないなら next を n に設定する。最後に、waiting[next] の値を調べ、next 番目のスレッドがロック獲得を試行中の場合は実行権限を委譲し、そうでない場合は単純に lock 変数のロックを解放する。

図7-1　リレー走

以上がロックの獲得と解放アルゴリズムとなる。イメージとしてはリレー走でバトンを順番に渡していくのを想像するとよい。基本的にリレーでバトンが渡されるが、もし次の走者が走る準備をできていなかった場合は、神が現れトラックの中央にバトンを置き他の走者同士でバトンを奪い合う。

次のソースコードは、FairLock と FairLockGuard 型が実装すべきトレイトとなる。

例 7-4　弱い公平性を担保する排他制御アルゴリズム（Sync、Deref、DerefMut トレイト）　　　Rust

```rust
// FairLock 型はスレッド間で共有可能と設定
unsafe impl<T> Sync for FairLock<T> {}
unsafe impl<T> Send for FairLock<T> {}

// 保護対象データの immutable な参照外し
impl<'a, T> Deref for FairLockGuard<'a, T> {
    type Target = T;

    fn deref(&self) -> &Self::Target {
        unsafe { &*self.fair_lock.data.get() }
    }
}
```

```
}

// 保護対象データの mutable な参照外し
impl<'a, T> DerefMut for FairLockGuard<'a, T> {
    fn deref_mut(&mut self) -> &mut Self::Target {
        unsafe { &mut *self.fair_lock.data.get() }
    }
}
```

FairLock 型に Sync トレイトを実装することでスレッド間でデータが共有可能となり、Send を実装するとスレッド間で所有権を送受信できるようになる。また、FairLockGuard に Deref と DerefMut を実装することで、ロック獲得中に保護データへアクセスすることができるようになる。

次のソースコードは、公平なロックの利用例となる。

Rust

```rust
use std::sync::Arc;

const NUM_LOOP: usize = 100000;
const NUM_THREADS: usize = 4;

mod fairlock;

fn main() {
    let lock = Arc::new(fairlock::FairLock::new(0));
    let mut v = Vec::new();

    for i in 0..NUM_THREADS {
        let lock0 = lock.clone();
        let t = std::thread::spawn(move || {
            for _ in 0..NUM_LOOP {
                // スレッド番号を渡してロック
                let mut data = lock0.lock(i);
                *data += 1;
            }
        });
        v.push(t);
    }

    for t in v {
        t.join().unwrap();
    }

    println!(
        "COUNT = {} (expected = {})",
        *lock.lock(0),
        NUM_LOOP * NUM_THREADS
```

```
    );
}
```

基本的には Mutex などと同じだが、ロックを獲得する際に、自身のスレッドの番号を指定しなければならい。このコードを実行すると、COUNT と expected が両方とも同じ値になる。

7.1.2　チケットロック

弱い公平性を担保するロックは、有限ステップで必ずロック獲得が行える。一方、現実的な実装では、理論的に弱い公平性を満たしているわけではないが、ロック獲得時の競合を減少させるようなアルゴリズムが用いられることがある。チケットロックはそのようなアルゴリズムの 1 つであり [synccon]、Linux カーネル内でも実装されている [linux-ticketlock]。

チケットロックの考え方はパン屋のアルゴリズムと似ており、ロック獲得を試みるスレッドは番号の書かれたチケットを取得し、そのチケットの順番になるまで待機する。以下にチケットロックの実装例を示す。

Rust

```rust
use std::cell::UnsafeCell;
use std::ops::{Deref, DerefMut};
use std::sync::atomic::{fence, AtomicUsize, Ordering};

// チケットロック用の型
pub struct TicketLock<T> {
    ticket: AtomicUsize, // チケット
    turn: AtomicUsize,   // 実行可能なチケット
    data: UnsafeCell<T>,
}

// ロック解放と、保護対象データへのアクセスを行うための型
pub struct TicketLockGuard<'a, T> {
    ticket_lock: &'a TicketLock<T>,
}
```

チケットロックで用いる共有変数は、ticket と turn 変数の 2 つとなる。ticket 変数は、次のチケットの番号を記憶する変数であり、スレッドがチケットを取得する際には、この変数をアトミックにインクリメントする。turn 変数は、現在実行が許可されているチケット番号である。ロック獲得を行うスレッドは、この値を監視して自分のチケット番号となったらクリティカルセクションを実行する。

TicketLockGuard についてはこれまでと同様であるため説明は省略する。

次に、チケットロックの初期化、ロック獲得、ロック解放関数について説明する。

Rust

```rust
impl<T> TicketLock<T> {
    pub fn new(v: T) -> Self {
```

```
        TicketLock {
            ticket: AtomicUsize::new(0),
            turn: AtomicUsize::new(0),
            data: UnsafeCell::new(v),
        }
    }

    // ロック用関数 ❶
    pub fn lock(&self) -> TicketLockGuard<T> {
        // チケットを取得
        let t = self.ticket.fetch_add(1, Ordering::Relaxed);
        // 所有するチケットの順番になるまでスピン
        while self.turn.load(Ordering::Relaxed) != t {}
        fence(Ordering::Acquire);

        TicketLockGuard { ticket_lock: self }
    }
}

// ロック獲得後に自動で解放されるように Drop トレイトを実装 ❷
impl<'a, T> Drop for TicketLockGuard<'a, T> {
    fn drop(&mut self) {
        // 次のチケットを実行可能に設定
        self.ticket_lock.turn.fetch_add(1, Ordering::Release);
    }
}
```

❶ ロック関数。この関数では、まず、現在のチケットを獲得してアトミックにインクリメントする。その後、turn 変数の値が所有するチケット番号になるまでスピンを行い、同じ番号になったらクリティカルセクションに入る。

❷ TicketLockGuard 型の Drop トレイトの実装となる。ここでは、次のチケット番号を持つスレッドが実行可能なように、turn 変数をアトミックにインクリメントしていく。

このように、チケットロックでは、ticket の獲得時にスピンを行わないため、他のスレッドとのコンテンションを軽減することができる。

7.1.3 MCSロック

チケットロックでは、アトミック命令でアクセスする変数とスピンの最中にアクセスする変数が同じだった。つまり、次の図のような状態となっていた。

図7-2 チケットロックの変数

　アトミックにメモリアクセスすると、当該メモリのCPUキャッシュが排他的に設定されてしまい、待機スレッドの当該メモリ読み込み時にオーバーヘッドが生じる可能性がある。CPUキャッシュが排他的に設定されると、同一アドレスのキャッシュに対して1つのCPUのみが読み書き込み可能に設定される。そのため、複数のCPUで同一アドレスを排他に設定し合うと、メモリの読み書き権限を奪い合うことになり、それがオーバーヘッドとなる。MCSロック［Mellor-CrummeyS91］では、リンクリストをアトミックに更新してキューを実装することで、アトミック命令でアクセスする変数と、スピン中にアクセスする変数を分離させている。すなわち、以下の図のような状態となる。

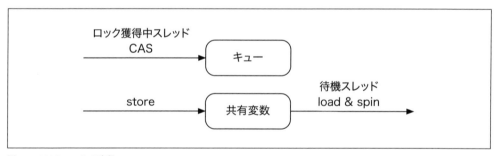

図7-3 MCSロックの変数

　MCSロックでは、CAS命令でキューの最後尾に自身のスレッド用のノードを追加し、スピンで監視する変数は別に用意する。つまり、CASでアクセスする変数はアトミックに更新するが、スピンでアクセスする変数は通常のメモリアクセス命令を利用する。このようにすることで、アトミック命令のコンテンションを低下させることができる。

　以下ではRustによるMCSロックの実装例を示す。まずはじめに、次のソースコードにMCSロックでのインポート、型定義、トレイトの実装を示す。

Rust

```rust
use std::cell::UnsafeCell;
use std::ops::{Deref, DerefMut};
use std::ptr::null_mut;
use std::sync::atomic::{fence, AtomicBool, AtomicPtr, Ordering};
```

```
pub struct MCSLock<T> { // ❶
    last: AtomicPtr<MCSNode<T>>, // キューの最後尾
    data: UnsafeCell<T>,         // 保護対象データ
}

pub struct MCSNode<T> { // ❷
    next: AtomicPtr<MCSNode<T>>, // 次のノード
    locked: AtomicBool,          // true ならロック獲得中
}

pub struct MCSLockGuard<'a, T> {
    node: &'a mut MCSNode<T>, // 自スレッドのノード
    mcs_lock: &'a MCSLock<T>, // キューの最後尾と保護対象データへの参照
}

// スレッド間のデータ共有と、チャネルを使った送受信が可能と設定
unsafe impl<T> Sync for MCSLock<T> {}
unsafe impl<T> Send for MCSLock<T> {}

impl<T> MCSNode<T> {
    pub fn new() -> Self {
        MCSNode { // MCSNode の初期化
            next: AtomicPtr::new(null_mut()),
            locked: AtomicBool::new(false),
        }
    }
}

// 保護対象データの immutable な参照外し
impl<'a, T> Deref for MCSLockGuard<'a, T> {
    type Target = T;

    fn deref(&self) -> &Self::Target {
        unsafe { &*self.mcs_lock.data.get() }
    }
}

// 保護対象データの mutable な参照外し
impl<'a, T> DerefMut for MCSLockGuard<'a, T> {
    fn deref_mut(&mut self) -> &mut Self::Target {
        unsafe { &mut *self.mcs_lock.data.get() }
    }
}
```

❶ MCS ロック用の型。

　基本的には FairLock や SpinLock と同じだが、ここではキューの最後尾を示す last 変数が定

義される。各スレッドは、この last 変数に対してアトミックにリンクリストのノードを追加
していく。

❷リンクリスト用のノード型。

次ノードを表す next 変数と、自身のスレッドがロック獲得中かを示す locked 変数を持つ。
ロックを獲得する際は locked 変数を true に設定し、他のスレッドによって false に設定さ
れるまでスピンする。

MCSLock 型が MCS ロックで用いるキューとなる。この実装からわかるように、キューはリン
クリストを用いて実装される。MCSLock 型の last 変数がキューの最後尾を表し、キューに追加
する際はこの変数に MCSNode 型の値を追加していく。本実装ではアトミックなポインタである
AtomicPtr 型を用いてリストを実現している。

次の図は、MCS ロックの動作を表した概念図となる。

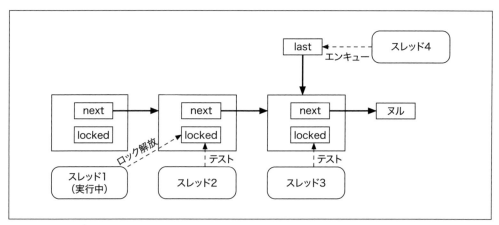

図7-4　MCSロックの動作概念図

先のソースコードでも示したが、MCS ロックはリンクリストで実装されるキューで管理してお
り、ロックを獲得する際はキューに追加し、locked 変数をテストすることで行う。キューの先頭
にあるスレッドが現在実行中のスレッドであり、ロックを解放する際は自身の次のスレッドのロッ
クを解放する。これで、キューへの追加とスピンに用いる変数を分離できる。

次のソースコードに、MCS ロックの初期化とロック関数を示す。

Rust

```rust
impl<T> MCSLock<T> {
    pub fn new(v: T) -> Self {
        MCSLock {
            last: AtomicPtr::new(null_mut()),
            data: UnsafeCell::new(v),
        }
```

```
    }

    pub fn lock<'a>(&'a self, node: &'a mut MCSNode<T>) -> MCSLockGuard<T> {
        // 自スレッド用のノードを初期化 ❶
        node.next = AtomicPtr::new(null_mut());
        node.locked = AtomicBool::new(false);

        let guard = MCSLockGuard {
            node,
            mcs_lock: self,
        };

        // 自身をキューの最後尾とする ❷
        let ptr = guard.node as *mut MCSNode<T>;
        let prev = self.last.swap(ptr, Ordering::Relaxed);

        // 最後尾がヌルの場合は誰もロックを獲得しようとしていないためロック獲得
        // ヌル以外の場合は、自身をキューの最後尾に追加
        if prev != null_mut() { // ❸
            // ロック獲得中と設定
            guard.node.locked.store(true, Ordering::Relaxed); // ❹

            // 自身をキューの最後尾に追加 ❺
            let prev = unsafe { &*prev };
            prev.next.store(ptr, Ordering::Relaxed);

            // 他のスレッドから false に設定されるまでスピン ❻
            while guard.node.locked.load(Ordering::Relaxed) {}
        }

        fence(Ordering::Acquire);
        guard
    }
}
```

❶ まずはじめに、自スレッド用のノードを初期化。これ以降で、このノードをキューに追加しスピンで監視する。

❷ 作成したノードをキューの最後尾にアトミック命令で追加。このとき、prev に追加前の最後尾のノードが代入される。

❸ prev がヌルの場合は、自分以外誰もロックを獲得しようとしていないためロックを獲得する。そうでない場合は、他のスレッドの終了を待つ。

❹ locked 変数を true と設定し、ロック獲得状態にする。クリティカルセクション実行中の他のスレッドは、クリティカルセクション終了時にこの変数を false に設定する。

❺ prev.next に自身のアドレスを設定。

❻他のスレッドから locked 変数が false に設定されるまでスピン。

　このように、MCS ロックでは、ロックをする際は自スレッド用のノードをキューへアトミック
に追加し、スピンする際は別の変数を用いる。次に、ロック解放用の処理を示す。ロック解放は、
これまでと同様に、MCSLockGuard 型の Drop トレイトに実装する。

Rust

```rust
impl<'a, T> Drop for MCSLockGuard<'a, T> {
    fn drop(&mut self) {
        // 自身の次のノードがヌルかつ自身が最後尾のノードなら、最後尾をヌルに設定 ❶
        if self.node.next.load(Ordering::Relaxed) == null_mut() {
            let ptr = self.node as *mut MCSNode<T>;
            if let Ok(_) = self.mcs_lock.last.compare_exchange( // ❷
                ptr,
                null_mut(),
                Ordering::Release,
                Ordering::Relaxed,
            ) {
                return;
            }
        }

        // 自身の次のスレッドが lock 関数実行中なので、その終了を待機 ❸
        while self.node.next.load(Ordering::Relaxed) == null_mut() {}

        // 自身の次のスレッドを実行可能に設定 ❹
        let next = unsafe { &mut *self.node.next.load(Ordering::Relaxed) };
        next.locked.store(false, Ordering::Release);
    }
}
```

❶まずはじめに、自身の次に待機中のスレッドがいるかを next がヌルかをチェックする。

❷もし next がヌル（待機中のスレッドがいない）なら、キューの最後尾を示す last 変数の値を
ヌルにアトミックに更新する。ここで Err が返ってくるということは、if の条件式（4 行目）
と、この行の間に、他のスレッドによって last 変数が更新されたということになる（待機中
のスレッドが追加された）。

❸次のスレッドが lock 関数を終了し、next 変数に次スレッドのノードを書き込むまで待機。

❹次のスレッドの locked 変数を false に設定し、次スレッドを実行可能にする。

　このように、ロック解放時には次に実行すべきスレッドがあるかを調べ、ある場合は次スレッド
の locked 変数の値を false に設定する。ロック獲得中のスレッドは locked 変数が true の間スピ
ンしているため、false に設定された時点でクリティカルセクションに入る。

　上記コードで難しいのは、番号❸で示した while ループである。この条件が成り立つのは、他の

スレッドが lock 関数実行中で last 変数は更新されたが、next 変数の更新はまだ行われていない
場合である。よって、いずれ next 変数が更新されるため、それを待機している。

　本実装の MCSLock を用いてロックを行うには、リンクリスト用のノードを作成し、ロック関数に
そのノードの参照を渡してロックする必要がある。次のソースコードは、MCSLock の利用例となる。

Rust

```rust
use std::sync::Arc;

const NUM_LOOP: usize = 100000;
const NUM_THREADS: usize = 4;

mod mcs;

fn main() {
    let n = Arc::new(mcs::MCSLock::new(0));
    let mut v = Vec::new();

    for _ in 0..NUM_THREADS {
        let n0 = n.clone();
        let t = std::thread::spawn(move || {
            // ノードを作成してロック
            let mut node = mcs::MCSNode::new();
            for _ in 0..NUM_LOOP {
                let mut r = n0.lock(&mut node);
                *r += 1;
            }
        });

        v.push(t);
    }

    for t in v {
        t.join().unwrap();
    }

    // ノードを作成してロック
    let mut node = mcs::MCSNode::new();
    let r = n.lock(&mut node);
    println!(
        "COUNT = {} (expected = {})",
        *r,
        NUM_LOOP * NUM_THREADS
    );
}
```

このように、mcs::MCSNode::new 関数で MCSNode、つまりリンクリスト用のノードを作成し、

MCSLock 型の lock 関数にその参照を渡してロックを獲得する。ヒープ上に MCSNode を作成する実装方法も可能ではあるが、ヒープメモリの確保と削除は実行コストのかかる操作であるため避けた方が良い。この他にも、スレッドローカル変数に MCSNode を保持して、ロック時にはそれを利用する方法もある。

　MCS ロックの他にも、CLH ロック［Craig93］、階層的 CLH ロック［LuchangcoNS06］、K42 ロック［k42］などがある。Boyd-Wickizer［Boyd-Wickizer12］らは、CPU コア数が 10 を超えたあたりから、チケットロックよりも MCS ロックの方が性能が良くなると報告している。また、CLH ロックの方が MCS ロックよりも若干性能が良いとも報告している。

 ロックの性能はハードウェア構成に大きく依存するため、利用する際は各自の動作環境で計測を行うこと。

7.2　ソフトウェアトランザクショナルメモリ

　本節では、ソフトウェアトランザクショナルメモリ（Software Transactional Memory）について説明する。「**3章　同期処理1**」では、スピンロックやミューテックスなどのロックアルゴリズムについて説明した。これらアルゴリズムは、ロックを獲得しなければクリティカルセクション中のコードは一切実行されないような排他制御方法であった。一方、トランザクショナルメモリは、クリティカルセクション中のコードを投機的に実行し、実行した結果競合が検知されない場合のみに結果をメモリにコミットする。そのため、ミューテックスのようなロックの方法を悲観的ロック、トランザクショナルメモリのような方法を楽観的ロックと呼ぶこともある。STM ではクリティカルセクションのことを**トランザクション**（Transaction）と呼ぶ。トランザクションは、元々は取引という意味であったが、コンピュータではある一連の処理のことを指す。

　トランザクショナルメモリの実装方法としては、ハードウェアで実装する方法と、ソフトウェアで実装する方法がある。ハードウェアで実装する方法はハードウェアトランザクショナルメモリ（HTM）と呼ばれ、ソフトウェアで実装する方法はソフトウェアトランザクショナルメモリ（STM）と呼ばれる。STM を適用したプログラミング言語としては、Haskell や Clojure 言語が有名である。本節では、STM の実装手法の 1 つである、Transaction Locking II (TL2)［DiceSS06］のアルゴリズムと実装について解説する。TL2 は、Haskell の STM 実装の基礎となったアルゴリズムである。

　HTM は Intel CPU だと Transactional Synchronization Extensions（TSX）という名称で、Haswell シリーズから実装された。しかし、TSX の実装にいくつもの脆弱性が発見されている［cve-2019-11135］、［cve-2020-0549］。Intel CPU 以外では、Power 8 以降の Power 系 CPU での HTM 実装があり、Arm も Transactional Memory Extension と呼ぶ HTM を発表した［arm-nef］。リトライなどの基本的な考えは STM と同じだが、競合検知をキャッシュコヒーレンス技術を用いて実現している。つまり、HTM のトランザクション実行時に利用するメモリのキャッシュ

を排他的に設定し、トランザクション終了時に、それらキャッシュが排他的でなくなっていた場合に競合が発生したと判断する。HTM の概要は参考文献 ［taom］に詳しい。STM と HTM を組み合わせたトランザクショナルメモリは、ハイブリッドトランザクショナルメモリと呼ばれ、いくつかの研究が行われている ［CalciuGSPH14］、［MatveevS15］。

7.2.1　STMの特徴

STM はミューテックスと異なる特徴を持つため、ミューテックスと同じように利用すると問題が起きる可能性がある。そこで、本節ではまず STM の特徴について説明し、擬似コードを用いて STM の簡単な利用例を説明する。

STM の重要な特徴な次の 4 点である。

1.　トランザクション中のコードは 2 回以上実行される可能性がある
2.　トランザクション中に副作用のあるコードを実行すべきではない
3.　デッドロックしない
4.　複数のトランザクション処理を合成可能

以下では、これら特徴について説明する。

先に述べたように、STM は楽観的なロックであり投機的に実行して、実行後に競合の検知を行う。一般的には競合が発見された後には、トランザクションをリトライするため、ミューテックスなどのロックと違って 2 回以上実行される可能性がある。そのため、トランザクション中のコードに副作用のあるコードを記述すると想定外の動作となる可能性がある。次のソースコードは、これから実装する STM を利用して、トランザクション中に副作用のあるコードを記述した例となる。

Rust
```rust
stm.write_transaction(|tr| {
    // トランザクション
    if cond {
        lunch_missile(); // ミサイル発射
    }
})
```

`write_transaction` 関数は、クロージャを受け取り書き込みトランザクションを実行するための関数となる。このクロージャ内にトランザクションの内容を記述する。このトランザクションは投機的実行中に何度か実行される可能性がある。このコードでは、ある条件が成り立つときにミサイルを発射すべきと意図しているが、STM により何度も実行されると、ミサイルが何度も発射されてしまう。このように、副作用、特に外部と IO のあるコードをトランザクション中に記述すると、意図しない結果となる可能性があるため注意しなければならない。

次のソースコードは、STM で左右に相当するメモリから値を読み込み、それらの値が 0 の場合に限り 1 を設定して書き込みする例である。すなわち、食事する哲学者問題のトランザクションとなる。

Rust

```rust
stm.write_transaction(|tr| {
    let l = load!(tr, left);  // left 番地を読み込み ❶
    let r = load!(tr, right); // right 番地を読み込み
    if l[0] == 0 && r[0] == 0 { // ❷
        // 両方とも 0 なら 1 を設定して書き込み
        l[0] = 1;
        r[0] = 1;
        store!(tr, left, l);  // left 番地に書き込み
        store!(tr, right, r); // right 番地に書き込み
        STMResult::Ok(true) // ❸
    } else {
        STMResult::Ok(false) // ❹
    }
})
```

❶この哲学者の左手と右手側にある箸に相当するメモリを読み込む。left と right 変数がアドレスとなる。

❷両方ともの箸が取得可能か（0 かを）をチェックし、両方とも取得可能なら箸を取得したとして該当アドレスに書き込む。

❸トランザクションを無事終了したとして、STMResult::Ok(true) をリターン。

❹もしも、両方の箸を取得できない場合は STMResult::Ok(false) をリターンしトランザクションを終了。

write_transaction 関数の返り値は Option 型であり、この場合、箸を取得できた場合は Some(true) を、できない場合は Some(false) がリターンされる。

このコードでは、左手と右手に相当するアドレスに値を書き込むが、トランザクション実行中に競合が発生した場合、すべての状態を巻き戻して、クロージャが再実行される。最終的に書き込まれるのは、トランザクションが無事に実行されて、競合がないと判断されたときである。すなわち、if 式を実行中の時点では実際にはメモリ書き込みは行われずに、このクロージャを抜けたときに競合検知が行われ、競合がない場合に書き込まれる。

このように、STM は競合が検知されなかった場合に書き込まれ、検出された場合はリトライされる。そのため、食事する哲学者のようにロックを取得しても、デッドロックとはならず必ず処理が続行する。しかし、リトライを繰り返してコミットされないような飢餓状態に陥る可能性はあるため、トランザクションの進行を保証するような STM の研究も行われている［ZhangHCB15］。簡単な解決方法としては、リトライが多い場合はセマフォを用いてクリティカルセクションを同時実行するプロセス数を制限する方法がある。

合成可能（composable）という性質は STM の最も特筆すべき点である。合成可能とは、任意のトランザクション処理を、任意の組み合わせで実行できるということである。例えば、リストとマップを使う処理があった場合に、それらを任意の順番で組み合わせることはミューテックスや

ロックフリーデータ構造でも難しい。ミューテックスを利用する場合は、食事する哲学者問題のように デッドロックしてしまう可能性があり、ロックフリーデータ構造の場合は、専用のデータ構造を設計しなければならない。しかし、STM の場合、どちらの操作も任意の順番で組み合わせることが可能である。

7.2.2　TL2のアルゴリズム

本節では、TL2 のアルゴリズムを説明する。次の図は、TL2 で利用する変数とメモリの概要を示したものとなる。

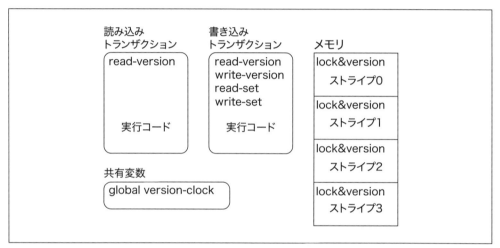

図7-5　TL2の変数とメモリ

TL2 では、RW ロックのように、書き込みと読み込みトランザクションが分割されており、読み込みトランザクションは書き込みトランザクションよりも高速に実行できる。STM の実装方法として、各オブジェクトごとに管理する方法と、一定のメモリ区画（ストライプ）単位で管理する方法があるが、ここではストライプ単位での方法を説明する。この図ではメモリが示されているが、ストライプ単位に分割され、それぞれのストライプには、排他ロックとデータのバージョン保存を行う変数（lock&version）がある。

全体での共有変数として、全体のバージョンを示す global version-clock があり、これは、最新のバージョンを示す変数となる。書き込み、読み込みトランザクション実行時にはこの変数が参照、更新される。

書き込みトランザクションは、read-version、write-version、read-set、write-set と呼ぶローカルデータと実行コードを保持する。書き込みトランザクションは、これら変数を参照、更新して実行される。read-version は、global version-clock をコピーするための変数、write-version は、インクリメント後の global version-clock を保存する変数、read-set は読み込んだメモリア

ドレスを保存する集合、write-set は書き込んだメモリアドレスと値を保存するマップとなる。

　読み込みトランザクションは read-version のみ保持する。読み込みトランザクションの開始時に、global version-clock の値が read-version にコピーされ、終了時に global version-clock の値と read-version の値を比較し競合を検知する。

　TL2 のトランザクション実行アルゴリズムは以下のとおりとなる。なお、書き込みトランザクションは、読み書き両方可能なトランザクションで、読み込みトランザクションはメモリ読み込みのみ可能なトランザクションである。

書き込みトランザクション

1. **global version-clock 読み込み**：global version-clock を、ローカルの read-version にコピー。
2. **投機的実行**：トランザクションを投機的に実行
   - メモリ書き込みの場合は、実際には書き込まずに write-set に書き込み先アドレスとデータを保存。
   - メモリ読み込みの場合は、write-set に書き込みデータがあるか検索し、あればそれを読み込む。なければメモリから読み込む。ただし、メモリ読み込みの前後で、対象ストライプがロックされていないかと、そのバージョンが read-version 以下であるかをチェックする。もし、ストライプがロックされているか、そのバージョンが read-version より大きいならトランザクションをアボート。
3. **write-set のロック**：write-set 中のアドレスに対応するストライプのロックを獲得。ロック獲得できない場合はトランザクションをアボート。
4. **global version-clock のインクリメント**：global version-clock をアトミックにインクリメントし、インクリメント後のバージョンを write-version に保存。
5. **read-set の検証**：read-set 中のアドレスに対応するストライプのバージョンが、他のスレッドによってロックされていないかと、read-version 以下であるかをチェックし、そうでないならアボート。ただし、read-version + 1 = write-version の場合はこのチェックはスキップ可能。
6. **コミットとリリース**：write-set 中のアドレスにデータを書き込み、対応するストライプのバージョンを write-version に設定。その後ロック解放をアトミックに実行。

読み込みトランザクション

1. **global version-clock 読み込み**：global version-clock を、ローカルの read-version にコピー。
2. **投機的実行**：トランザクションを投機的に実行。メモリ読み込みの前後で、対象ストライプがロックされていないかと、そのストライプのバージョンが read-version 以下であるかをチェックする。ストライプがロックされているか、そのバージョンが read-version より大きいならトランザクションをアボート。

3. コミット：すべての読み込みに成功したらコミット。

TL2 の基本的な動作は以上となる。重要なのは、書き込みトランザクションの書き込み時には実際には書き込まずに、コミット時に書き込むことである。このアルゴリズムからわかるように、writer が多い場合は常にストライプのロック獲得や global version-clock の更新が行われるため、reader が飢餓状態となる可能性がある。

7.2.3　TL2の実装

本節では、Rust 言語による TL2 の実装例を解説する。次の表は、これより実装する型の一覧である。

表7-1　TL2実装の型

型	用途
Memory	メモリの初期化、ロック、バージョン管理に利用
STM	実際にトランザクションを実行するために利用
ReadTrans	Read トランザクション時のメモリ読み込みに利用
WriteTrans	Write トランザクション時のメモリ読み書きに利用
STMResult	トランザクションの返り値の型

Memory 型がメモリの管理をする型となる。STM 型がトランザクション処理を実行するために利用する型で、スレッド間で共有可能な型となる。つまり、Rust の Mutex 型に相当する型となる。この型に実装される関数は、トランザクションを実行するクロージャを受け取り処理を実行する。そのクロージャの引数に、ReadTrans か WriteTrans 型の参照が渡され、クロージャ内ではそれら参照経由でメモリ読み書きを行う。また、そのクロージャのリターンする値の型は STMResult 型でなければならない。

次のソースコードは本実装で利用する型と関数となる。これらの型はこれまでに解説、利用したものであるため説明は省略する。

例 7-5　tl2.rs のインポート　　　　　　　　　　　　　　　　　　　　　　　　　　　　Rust

```rust
use std::cell::UnsafeCell;
use std::collections::HashMap;
use std::collections::HashSet;
use std::sync::atomic::{fence, AtomicU64, Ordering};
```

7.2.3.1　Memory 型
次のソースコードは、TL2 で管理するメモリのための定数値と型となる。

例 7-6　tl2.rs の定数値と Memory 型　　　　　　　　　　　　　　　　　　　　Rust

```rust
// ストライプのサイズ
const STRIPE_SIZE: usize = 8; // u64, 8 バイト

// メモリの合計サイズ
const MEM_SIZE: usize = 512; // 512 バイト

// メモリの型
pub struct Memory {
    mem: Vec<u8>,              // メモリ
    lock_ver: Vec<AtomicU64>, // lock&version
    global_clock: AtomicU64,  // global version-clock

    // アドレスからストライプ番号に変換するシフト量
    shift_size: u32,
}
```

ここでは、ストライプサイズを 8 バイト、メモリの合計サイズを 512 バイトとしている。そのため、この設定では 512/8=64 個のストライプを利用可能である。Memory 型の mem 変数が実際のメモリを、lock_ver 変数がストライプに対応するロックとバージョンを、global_lock 変数が global version-clock を保持する。shift_size 変数は、アドレスからストライプに変換するためのシフト量となる。例えば、ストライプサイズが 1 バイトなら、メモリとストライプは 1 対 1 のためシフト量は 0 であるし、ストライプサイズが 2 バイトなら、アドレスを 2 で割った値がストライプ番号のため、シフト量は 1 となる。ストライプサイズが 4 バイトならシフト量は 2、ストライプサイズが 8 バイトならシフト量は 3 となる。そのため、ストライプとメモリのサイズは 2^n バイトでなければならない。

7.2.3.2　Memory 型の実装

次のソースコードに Memory 型の実装を示す。Memory 型には、トランザクションを実行する基礎的な関数が定義される。

例 7-7　tl2.rs の Memory 型の実装　　　　　　　　　　　　　　　　　　　　Rust

```rust
impl Memory {
    pub fn new() -> Self { // ❶
        // メモリ領域を生成
        let mem = [0].repeat(MEM_SIZE);

        // アドレスからストライプ番号へ変換するシフト量を計算
        // ストライプのサイズは 2^n にアラインメントされている必要あり
        let shift = STRIPE_SIZE.trailing_zeros(); // ❷

        // lock&version を初期化 ❸
        let mut lock_ver = Vec::new();
```

```
    for _ in 0..MEM_SIZE >> shift {
        lock_ver.push(AtomicU64::new(0));
    }

    Memory {
        mem,
        lock_ver,
        global_clock: AtomicU64::new(0),
        shift_size: shift,
    }
}

// global version-clock をインクリメント ❹
fn inc_global_clock(&mut self) -> u64 {
    self.global_clock.fetch_add(1, Ordering::AcqRel)
}

// 対象のアドレスのバージョンを取得 ❺
fn get_addr_ver(&self, addr: usize) -> u64 {
    let idx = addr >> self.shift_size;
    let n = self.lock_ver[idx].load(Ordering::Relaxed);
    n & !(1 << 63)
}

// 対象のアドレスのバージョンが rv 以下でロックされていないかをテスト ❻
fn test_not_modify(&self, addr: usize, rv: u64) -> bool {
    let idx = addr >> self.shift_size;
    let n = self.lock_ver[idx].load(Ordering::Relaxed);
    // ロックのビットは最上位ビットとするため、
    // 単に rv と比較するだけでテスト可能
    n <= rv
}

// 対象アドレスのロックを獲得 ❼
fn lock_addr(&mut self, addr: usize) -> bool {
    let idx = addr >> self.shift_size;
    match self.lock_ver[idx].fetch_update( // ❽
        Ordering::Relaxed, // 書き込み時のオーダー
        Ordering::Relaxed, // 読み込み時のオーダー
        |val| {
            // 最上位ビットの値をテスト＆セット
            let n = val & (1 << 63);
            if n == 0 {
                Some(val | (1 << 63))
            } else {
                None
            }
```

```
        },
    ) {
        Ok(_) => true,
        Err(_) => false,
    }
}

// 対象アドレスのロックを解放 ❾
fn unlock_addr(&mut self, addr: usize) {
    let idx = addr >> self.shift_size;
    self.lock_ver[idx].fetch_and(!(1 << 63),
                                  Ordering::Relaxed);
}
}
```

❶ new 関数。

❷ アドレスからストライプ番号へ変換するためのシフト量を計算。ストライプサイズは 2^n バイトであるため、シフト量はストライプサイズの下位ビットの連続する 0 を数えることで計算でき、この計算は trailing_zeros 関数で行える。

❸ ストライプのロックとバージョンを管理するベクタを初期化し、最後に値を生成してリターン。

❹ inc_global_clock 関数。

global version-clock をインクリメントするのみ。

❺ get_addr_ver 関数。

この関数はアドレスを引数にとり、そのアドレスに対応するストライプのバージョンをリターンする。はじめに、アドレスからストライプのインデックスを計算しているが、これは、単純にシフトするだけで計算できる。その後、対応する lock&version を取得し最上位ビットを 0 とした値をリターンする。これは、本実装では 64 ビットアトミック変数のうち、最上位ビットをロック用のビットとして利用し、下位の 63 ビットをバージョンとして利用するためである。

❻ test_not_modify 関数。

この関数は、アドレスとバージョンを引数にとり、そのアドレスに対応するストライプのバージョンが、引数で指定されたバージョン以下であり、かつロックが取得されていない場合に真を返し、それ以外の場合に偽をリターンする。本実装では、最上位ビットをロック用のビットとして利用し、バージョン情報は下位 63 ビットのみ利用するため、単に引数の rv と大小比較するだけでロックの確認とバージョンの大小を同時に判定可能である。

❼ lock_addr 関数。

この関数はロックが獲得できたら真を、獲得できなったら偽をリターンする。

❽ fetch_update 関数で最上位ビットを 1 に設定。

❾ unlock_addr 関数。

ここでは、引数で指定されたアドレスに対応するストライプのロックを解放（lock&version の最上位ビットを 0 に設定）しているのみ。

fetch_update 関数は、第 1 引数に書き込み時のメモリオーダー、第 2 引数に読み込み時のメモリオーダー、第 3 引数にアトミックに実行するクロージャを指定する。このコードでは、クロージャ内で単純に最上位ビットの値を検査し、その値が 0 なら 1 をセットしてロック獲得し、1 ならすでにロック獲得されているため None をリターンする。クロージャが Some をリターンすると、fetch_update 関数は値を更新してから Ok で以前の値をリターンする。クロージャが None をリターンすると、fetch_update 関数は何もせずに Err で以前の値をリターンする。なお、fetch_update 関数は書き込みに失敗する可能性があり、クロージャが Some を返して書き込みに失敗した場合はリトライされる。

TL2 ではこれら関数を利用して読み込み、書き込みトランザクションを実行する。

7.2.3.3　ReadTrans 型

次のソースコードに、読み込みトランザクション時にメモリ読み込みを行う ReadTrans 型を示す。

例 7-8　tl2.rs の ReadTrans 型　　　　　　　　　　　　　　　　　　　　　　　Rust

```rust
pub struct ReadTrans<'a> { // ❶
    read_ver: u64,  // read-version
    is_abort: bool,  // 競合を検知した場合に真
    mem: &'a Memory, // Memory 型への参照
}

impl<'a> ReadTrans<'a> {
    fn new(mem: &'a Memory) -> Self { // ❷
        ReadTrans {
            is_abort: false,

            // global version-clock 読み込み
            read_ver: mem.global_clock.load(Ordering::Acquire),

            mem,
        }
    }

    // メモリ読み込み関数 ❸
    pub fn load(&mut self, addr: usize) -> Option<[u8; STRIPE_SIZE]> {
        // 競合を検知した場合終了 ❹
        if self.is_abort {
            return None;
        }
```

```
        // アドレスがストライプのアラインメントに沿っているかチェック
        assert_eq!(addr & (STRIPE_SIZE - 1), 0); // ❺

        // 読み込みメモリがロックされておらず、read-version 以下か判定 ❻
        if !self.mem.test_not_modify(addr, self.read_ver) {
            self.is_abort = true;
            return None;
        }

        fence(Ordering::Acquire);

        // メモリ読み込み。単なるコピー ❼
        let mut mem = [0; STRIPE_SIZE];
        for (dst, src) in mem
            .iter_mut()
            .zip(self.mem.mem[addr..addr + STRIPE_SIZE].iter())
        {
            *dst = *src;
        }

        fence(Ordering::SeqCst);

        // 読み込みメモリがロックされておらず、read-version 以下か判定 ❽
        if !self.mem.test_not_modify(addr, self.read_ver) {
            self.is_abort = true;
            return None;
        }

        Some(mem)
    }
}
```

❶ ReadTrans 型の定義。read_ver 変数は、トランザクション開始時に global version-clock を読み込むために利用され、is_abort 変数は、トランザクション実行中に競合が検知された場合に真に設定される。mem 変数は Memory 型への参照であり、実際のメモリ読み込みは Memory 型中のベクタに対して行われる。

❷ 初期化関数。global version-clock の読み込みを行う。

❸ メモリ読み込み用の関数。読み込み先のアドレスを引数に受け取り、読み込んだ結果を Some で包んで返し、トランザクション実行中に競合が検知された場合は None をリターン。

❹ 過去の読み込みで競合が検知されたかをチェックし、競合があった場合は None をリターン。

❺ 引数で渡されたアドレスがストライプのアラインメントに沿っているかをチェック。ここでは実装を簡単にするためにこのようにしているが、実際に利用する際にはさまざまなアドレスに対応するべきだろう。

❻指定されたアドレスに対応するストライプがロックされているかと、read-version より小さいかをチェック。

❼ここではイテレータでコピーしているが、unsafe なメモリコピー手法を利用した方が高速化できる可能性がある。

❽再びストライプのロックと read-version のチェックを行い、最後に読み込んだ値をリターン。

TL2 では、データ読み込みの前後で対象メモリ（ストライプ）がロックされているかと、バージョンが更新されていないかをチェックしているが、これは、確実に read-version 以下のバージョンのデータを読み込むためである。ここで、事前、事後のチェックがなかった場合にどのような競合が起きるか例を用いて示す。なお、これから説明する例では、**表 7-2** に示す略記を用いる。

表7-2　STMの例で用いる略記

表記	意味
gv	global version-clock
rv	read-version
m	メモリ
a, 0	メモリ m の値が a で、バージョンが 0
load m -> a	メモリ m を読み込み、その値は a
store m = a	メモリ m に値 a を書き込み
test m	メモリ m がロックされていないかと、バージョンが read-version より小さいか検査
lock m	メモリ m をロック
unlock m	メモリ m をアンロックし、バージョンを更新

以下は、読み込み後のチェックがない場合に起きる競合の例となる。

表7-3　読み込み後のチェックがない場合の競合

time	gv	m	reader	writer
0	0	a, 0		
1			rv = gv	
2			test m	
3				lock m
4	1			gv += 1
5		a', 0		store m = a'
6		a', 1		unlock m
7			load m -> a'	

時刻 0 における初期状態は、global version-clock の値が 0 で、メモリ m の値が a でバージョンが 0 となる。その後、時刻 1 で reader が読み込みトランザクションを開始している。ここで、global version-clock が read-version にコピーされるため、このトランザクション中に読み込むメモリのバージョンは、すべて 0 以下でなければならない。しかし、時刻 3 から 6 で書き込みトランザクションが実行されると、時刻 7 でバージョンが 1 のデータを読み込んでしまう。

次に、読み込み前のチェックがない場合に起きる競合の例を示す。

表7-4　読み込み前のチェックがない場合の競合

time	gv	m	reader	writer
0	0	a, 0		
1				lock m
2	1			gv += 1
3			rv = gv	
4			load m -> a	
5		a', 0		store m = a'
6		a', 1		unlock m
7			test m	

　同じく、時刻0における初期状態は、global version-clock の値が0で、メモリmの値がaでバージョンが0となる。こちらでは、書き込みトランザクションが時刻1で対象メモリをロックし、時刻2でglobal version-clock をインクリメントしている。その後、時刻3で reader がglobal version-clock を read-version にコピーしているため、このトランザクション中に読み込むメモリのバージョンは、1以下でかつ、最新のバージョンでなければならない。しかし、時刻4でreader が読み込み、時刻5でwriter が書き込んでしまうと、バージョン0の古い値を reader が読み込んでしまっていることになる。そのため、時刻7で reader 側のテストが成功するとしても、これはレースコンディションとなる。これら例ではアクセス先のメモリが1つであったため特に問題はないが、2つ以上となると、最新のバージョンのデータと、古いバージョンのデータが混在してしまう可能性があり、データの不整合が生じる可能性がある。

7.2.3.4　WriteTrans 型

　WriteTrans 型は、書き込みトランザクション時にメモリ読み書きを行うための型となる。まず、次のソースコードに WriteTrans 型の定義を示す。

例 7-9　tl2.rs の WriteTrans 型　　　　　　　　　　　　　　　　　　　　　　　　　　Rust

```
pub struct WriteTrans<'a> {
    read_ver: u64,              // read-version
    read_set: HashSet<usize>, // read-set
    write_set: HashMap<usize, [u8; STRIPE_SIZE]>, // write-set
    locked: Vec<usize>,   // ロック済みアドレス
    is_abort: bool,       // 競合を検知した場合に真
    mem: &'a mut Memory, // Memory 型への参照
}
```

　ここでは、read-version、read-set、write-set 用の変数を定義している。locked 変数は、どのアドレスをロックしたかを記録するためにある。これは、write-set をロックしている途中でトランザクションの競合を検知した場合に、適切にロック解放を行うためにある。is_abort と mem 変数は、ReadTrans 型と同じで、競合検知したことを記録する変数と、Memory 型への参照変数と

なる。

次に、WriteTrans 型の Drop トレイト実装を示す。ここでは、locked 変数に記録されたメモリのロックを解放しているのみである。

例 7-10 tl2.rs の WriteTrans 型の Drop トレイト実装   Rust

```rust
impl<'a> Drop for WriteTrans<'a> {
    fn drop(&mut self) {
        // ロック済みアドレスのロックを解放
        for addr in self.locked.iter() {
            self.mem.unlock_addr(*addr);
        }
    }
}
```

次に、WriteTrans 型の実装を示す。書き込みトランザクションはこれら関数を呼び出して行う。

例 7-11 tl2.rs の WriteTrans 型の実装   Rust

```rust
impl<'a> WriteTrans<'a> {
    fn new(mem: &'a mut Memory) -> Self { // ❶
        WriteTrans {
            read_set: HashSet::new(),
            write_set: HashMap::new(),
            locked: Vec::new(),
            is_abort: false,

            // global version-clock 読み込み
            read_ver: mem.global_clock.load(Ordering::Acquire),

            mem,
        }
    }

    // メモリ書き込み関数 ❷
    pub fn store(&mut self, addr: usize, val: [u8; STRIPE_SIZE]) {
        // アドレスがストライプのアラインメントに沿っているかチェック
        assert_eq!(addr & (STRIPE_SIZE - 1), 0);
        self.write_set.insert(addr, val);
    }

    // メモリ読み込み関数 ❸
    pub fn load(&mut self, addr: usize) -> Option<[u8; STRIPE_SIZE]> {
        // 競合を検知した場合終了
        if self.is_abort {
            return None;
```

```
    }

    // アドレスがストライプのアラインメントに沿っているかチェック
    assert_eq!(addr & (STRIPE_SIZE - 1), 0);

    // 読み込みアドレスを保存
    self.read_set.insert(addr);

    // write-set にあればそれを読み込み
    if let Some(m) = self.write_set.get(&addr) {
        return Some(*m);
    }

    // 読み込みメモリがロックされておらず、read-version 以下か判定
    if !self.mem.test_not_modify(addr, self.read_ver) {
        self.is_abort = true;
        return None;
    }

    fence(Ordering::Acquire);

    // メモリ読み込み。単なるコピー
    let mut mem = [0; STRIPE_SIZE];
    for (dst, src) in mem
        .iter_mut()
        .zip(self.mem.mem[addr..addr + STRIPE_SIZE].iter())
    {
        *dst = *src;
    }

    fence(Ordering::SeqCst);

    // 読み込みメモリがロックされておらず、read-version 以下か判定
    if !self.mem.test_not_modify(addr, self.read_ver) {
        self.is_abort = true;
        return None;
    }

    Some(mem)
}

// write-set 中のアドレスをロック
// すべてのアドレスをロック獲得できた場合は真をリターンする ❹
fn lock_write_set(&mut self) -> bool {
    for (addr, _) in self.write_set.iter() {
        if self.mem.lock_addr(*addr) {
            // ロック獲得できた場合は、locked に追加
```

```
                self.locked.push(*addr);
            } else {
                // できなかった場合は false を返して終了
                return false;
            }
        }
    }
    true
}

// read-set の検証 ❺
fn validate_read_set(&self) -> bool {
    for addr in self.read_set.iter() {
        // write-set 中にあるアドレスの場合は
        // 自スレッドがロック獲得しているはず
        if self.write_set.contains_key(addr) {
            // バージョンのみ検査
            let ver = self.mem.get_addr_ver(*addr);
            if ver > self.read_ver {
                return false;
            }
        } else {
            // 他のスレッドがロックしていないかとバージョンを検査
            if !self.mem.test_not_modify(*addr, self.read_ver) {
                return false;
            }
        }
    }
    true
}

// コミット ❻
fn commit(&mut self, ver: u64) {
    // すべてのアドレスに対して書き込み。単なるメモリコピー
    for (addr, val) in self.write_set.iter() {
        let addr = *addr as usize;
        for (dst, src) in self.mem.mem[addr..addr + STRIPE_SIZE].iter_mut().zip(val) {
            *dst = *src;
        }
    }

    fence(Ordering::Release);

    // すべてのアドレスのロック解放 & バージョン更新
    for (addr, _) in self.write_set.iter() {
        let idx = addr >> self.mem.shift_size;
        self.mem.lock_ver[idx].store(ver, Ordering::Relaxed);
    }
```

```
        // ロック済みアドレス集合をクリア
        self.locked.clear();
    }
}
```

---

❶ WriteTrans 型。

　locked 変数は、どのアドレスをロックしたかを記録するためにある。これは、write-set を
ロックしている途中でトランザクションの競合を検知した場合に、適切にロック解放を行うた
めにある。is_abort と mem 変数は、ReadTrans 型と同じで、競合検知したことを記録する変
数と、Memory 型への参照変数となる。

❷ store 関数。

　トランザクション中にメモリ書き込みを行う。ただし、この関数は実際にメモリ書き込みを行
わずに、write_set 変数に書き込み先のアドレスとデータを保存するだけとなる。コミット時
に書き込みを行う際は、write_set 変数に保存された情報をもとに行う。

❸ load 関数。

　トランザクション中にメモリ読み込みを行う。この関数のほとんどの部分は ReadTrans 型と同
じである。違うのは、メモリ読み込みアドレスを保存する箇所と、write-set から読み込む箇
所の、2 箇所となる。write-set から読み込む理由は、トランザクション中に書き込まれた場
合に、正しくそのデータを読み込むためとなる。

❹ lock_write_set 関数。

　TL2 の書き込みアルゴリズムのステップ 3 では、write-set のロックを行うが、それを行う関
数を含んでいる。この関数では、write-set を順に操作してロックしていく。すべてのロック
を獲得できた場合はそのアドレスを locked 変数に保存する。ロックを獲得できなかった場合
は false をリターン。

❺ validate_read_set 関数。

　TL2 の書き込みアルゴリズムのステップ 5 にある、read-set の検証を行う関数。この関数で
は、read-set 中にあるアドレスを順に走査していくが、アドレスが write-set にある場合は
バージョンのみ検査し、ない場合は他のスレッドによってロックされていないかと、バージョ
ンの両方を検査する。write-set にある場合は自スレッドがすでにロックしているため、ここ
で再びロックするとデッドロックとなる。そのため write-set の検査を行っている。

❻ commit 関数。

　この関数では実際にメモリ書き込みを行った後に、書き込んだメモリのロックの解放とバー
ジョンの更新を行う。最後に、ロック済みアドレスの集合をクリアしてコミットを終了す
る。メモリ書き込みとロックの解放を別々に行う理由は、ループ中にメモリバリアを行うと
CPU パイプライン実行の実行速度が低下してしまう可能性があるためである。同じ理由で、
ReadTrans と WriteTrans の load 関数で行っている事前と事後の検査を、トランザクションの
前後に集約できると、メモリバリアのオーバーヘッドを軽減できる。

7.2.3.5　STMResult 型

次に、STMResult 型について説明する。この型は、トランザクションを実行するクロージャの返り値の型であり、Option 型の変種と考えてもらってよい。次のソースコードに STMResult 型の定義を示す。

例 7-12　tl2.rs の STMResult 型　　　　　　　　　　　　　　　　　　　　　　　　Rust

```rust
pub enum STMResult<T> {
    Ok(T),
    Retry, // トランザクションをリトライ
    Abort, // トランザクションを中止
}
```

STM のトランザクションは競合を検知するとアボートする。そこで、本実装では、トランザクションがアボートした際、クロージャが STMResult の Ok か Retry をリターンするとリトライし、Abort をリターンするとトランザクションが中止するようにする。トランザクションが成功した際は、クロージャが Ok をリターンすると、その中の値を Option 型の Some で包んで結果を返し、Retry か Abort をリターンすると None をリターンするようにする。

7.2.3.6　STM 型

次のソースコードで、トランザクションを実行するための STM 型を説明する。STM 型は Mutex 型のようにスレッド間で共有可能で、この型に実装された関数にクロージャを渡すことでトランザクションを実行する。

例 7-13　tl2.rs の STM 型　　　　　　　　　　　　　　　　　　　　　　　　　　Rust

```rust
pub struct STM {
    mem: UnsafeCell<Memory>, // 実際のメモリ
}

// スレッド間で共有可能に設定。チャネルで送受信可能に設定。
unsafe impl Sync for STM {}
unsafe impl Send for STM {}

impl STM {
    pub fn new() -> Self {
        STM {
            mem: UnsafeCell::new(Memory::new()),
        }
    }

    // 読み込みトランザクション ❶
    pub fn read_transaction<F, R>(&self, f: F) -> Option<R>
    where
```

```
        F: Fn(&mut ReadTrans) -> STMResult<R>,
{
    loop {
        // 1. global version-clock 読み込み ❷
        let mut tr = ReadTrans::new(unsafe { &*self.mem.get() });

        // 2. 投機的実行 ❸
        match f(&mut tr) {
            STMResult::Abort => return None, // 中断
            STMResult::Retry => {
                if tr.is_abort {
                    continue; // リトライ
                }
                return None; // 中断
            }
            STMResult::Ok(val) => {
                if tr.is_abort == true {
                    continue; // リトライ
                } else {
                    return Some(val); // 3. コミット
                }
            }
        }
    }
}

// 書き込みトランザクション ❹
pub fn write_transaction<F, R>(&self, f: F) -> Option<R>
where
    F: Fn(&mut WriteTrans) -> STMResult<R>,
{
    loop {
        // 1. global version-clock 読み込み ❺
        let mut tr = WriteTrans::new(unsafe { &mut *self.mem.get() });

        // 2. 投機的実行 ❻
        let result;
        match f(&mut tr) {
            STMResult::Abort => return None,
            STMResult::Retry => {
                if tr.is_abort {
                    continue;
                }
                return None;
            }
            STMResult::Ok(val) => {
                if tr.is_abort {
```

```
                continue;
            }
            result = val;
        }
    }

    // 3. write-set のロック ❼
    if !tr.lock_write_set() {
        continue;
    }

    // 4. global version-clock のインクリメント ❽
    let ver = 1 + tr.mem.inc_global_clock();

    // 5. read-set の検証 ❾
    if tr.read_ver + 1 != ver && !tr.validate_read_set() {
        continue;
    }

    // 6. コミットとリリース ❿
    tr.commit(ver);

    return Some(result);
        }
    }
}
```

❶読み込みトランザクションを実行する read_transaction 関数。

この関数は、ReadTrans 型の参照を受け取って STMResult 型の値をリターンするクロージャを引数にとり、Option 型をリターンする。クロージャ内では、ReadTrans 型の参照を用いてメモリ読み込みを行う。クロージャの返り値と、read_transaction 関数の返り値については、STMResult 型で説明したとおりであり、トランザクションが成功した場合に、クロージャの返り値である STMResult 型の Ok に包まれた値が、Option 型の Some に包まれてリターンされる。

❷ReadTrans 型の値を初期化してステップ 1 の global version-clock を読み込む。

❸引数で渡されたクロージャ（トランザクション）を実行して、成功した場合は値を返し、成功しなかった場合は、リトライか中断かを選択する。

❹書き込みトランザクションを実行する write_transaction 関数の定義。

この関数も、基本的には書き込み用のアルゴリズムを手順どおり実行するのみとなる。write_transaction 関数の引数もクロージャであり、クロージャの引数が WriteTrans 型となっているところが、読み込みトランザクションとは異なる。WriteTrans 型は、メモリ読み込みのみではなく書き込みも行える型である。

❺WriteTrans 型の生成と、ステップ 1 の global version-clock の読み込み。

❻ステップ2の投機的実行を行い、実行に失敗した場合は中断かリトライを選択。

❼アルゴリズムのステップ3にある write-set のロック。ロックに失敗した場合はリトライ。

❽ステップ4の global version-clock のインクリメント。更新後の値が ver 変数に保存される。

❾ステップ5の read-set の検証を行う箇所で、検証に失敗した場合はリトライ。

❿最後に、ステップ6の書き込みメモリへのコミット、すなわち、書き込み、ロックの解放、バージョン更新を行う。

7.2.4　STMを用いた食事する哲学者問題

最後に、STM を用いて食事する哲学者問題を実装してみよう。次のソースコードは、トランザクション中にメモリ読み書きを行うためのマクロである。

例7-14　main.rs（TL2用マクロ）　　　　　　　　　　　　　　　　　　　　　　　　Rust

```rust
// メモリ読み込み用のマクロ ❶
#[macro_export]
macro_rules! load {
    ($t:ident, $a:expr) => {
        if let Some(v) = ($t).load($a) {
            v
        } else {
            // 読み込みに失敗したらリトライ
            return tl2::STMResult::Retry;
        }
    };
}

// メモリ書き込み用のマクロ ❷
#[macro_export]
macro_rules! store {
    ($t:ident, $a:expr, $v:expr) => {
        $t.store($a, $v)
    };
}
```

❶メモリ読み込み用のマクロ。このマクロではメモリ読み込みに失敗したら Retry をリターンする。

❷メモリ書き込み用のマクロ。このマクロは store 関数をラップしているのみで、読み込みマクロとインタフェースを合わせるだけである。

まず、次のソースコードに、食事する哲学者問題のインポート、定数値、哲学者を表す関数を示す。本実装では、箸1本に対して STM のストライプを1つ用いるものとする。

例 7-15　main.rs（TL2 を用いた食事する哲学者問題の哲学者）　Rust

```rust
use std::sync::Arc;
use std::{thread, time};

mod tl2;

// 哲学者の数
const NUM_PHILOSOPHERS: usize = 8;

fn philosopher(stm: Arc<tl2::STM>, n: usize) { // ❶
    // 左と右の箸用のメモリ ❷
    let left = 8 * n;
    let right = 8 * ((n + 1) % NUM_PHILOSOPHERS);

    for _ in 0..500000 {
        // 箸を取り上げる
        while !stm
            .write_transaction(|tr| {
                let mut f1 = load!(tr, left);  // 左の箸 ❸
                let mut f2 = load!(tr, right); // 右の箸
                if f1[0] == 0 && f2[0] == 0 { // ❹
                    // 両方空いていれば 1 に設定
                    f1[0] = 1;
                    f2[0] = 1;
                    store!(tr, left, f1);
                    store!(tr, right, f2);
                    tl2::STMResult::Ok(true)
                } else {
                    // 両方取れない場合取得失敗
                    tl2::STMResult::Ok(false)
                }
            })
            .unwrap()
        { }

        // 箸を置く ❺
        stm.write_transaction(|tr| {
            let mut f1 = load!(tr, left);
            let mut f2 = load!(tr, right);
            f1[0] = 0;
            f2[0] = 0;
            store!(tr, left, f1);
            store!(tr, right, f2);
            tl2::STMResult::Ok(())
        });
    }
}
```

❶哲学者の動作を行う philosopher 関数。引数 stm が STM へのポインタで、引数 n が哲学者の
番号である。

❷自身の番号に対応する箸のアドレスを計算。

❸左と右の箸の状態を取得。

❹左右の箸を両方取得可能（値が0）ならば取得済みとして値を1に設定し true をリターン。
左右両方取得できない場合は false をリターンし、取得できるまで while ループを繰り返す。

❺置くトランザクションであり、ここでは単純に0を設定しているだけとなる。

次に、哲学者を観測する観測者を以下のソースコードに示す。

例 7-16　main.rs（TL2 を用いた食事する哲学者問題の観測者）　　　　　　　　　　　　Rust

```rust
// 観測者
fn observer(stm: Arc<tl2::STM>) {
    for _ in 0..10000 {
        // 箸の現在の状態を取得 ❶
        let chopsticks = stm
            .read_transaction(|tr| {
                let mut v = [0; NUM_PHILOSOPHERS];
                for i in 0..NUM_PHILOSOPHERS {
                    v[i] = load!(tr, 8 * i)[0];
                }

                tl2::STMResult::Ok(v)
            })
            .unwrap();

        println!("{:?}", chopsticks);

        // 取り上げられている箸が奇数の場合は不正 ❷
        let mut n = 0;
        for c in &chopsticks {
            if *c == 1 {
                n += 1;
            }
        }

        if n & 1 != 0 {
            panic!("inconsistent");
        }

        // 100 マイクロ秒スリープ
        let us = time::Duration::from_micros(100);
        thread::sleep(us);
    }
}
```

❶箸の現在の状態を取得し表示。

❷取り上げられている箸の数を計算し、箸の数が奇数の場合は中間状態を取得している（アトミックな処理となっていない）ためパニック。

以下は、TL2 を用いた食事する哲学者問題の main 関数となる。

例 7-17　main.rs（TL2 を用いた食事する哲学者問題の main 関数）　　　　　　　Rust

```rust
fn main() {
    let stm = Arc::new(tl2::STM::new());
    let mut v = Vec::new();

    // 哲学者のスレッド生成
    for i in 0..NUM_PHILOSOPHERS {
        let s = stm.clone();
        let th = std::thread::spawn(move || philosopher(s, i));
        v.push(th);
    }

    // 観測者のスレッド生成
    let obs = std::thread::spawn(move || observer(stm));

    for th in v {
        th.join().unwrap();
    }

    obs.join().unwrap();
}
```

これを実行すると以下のように箸の状態が observer 関数によって表示される。

```
[0, 0, 0, 1, 1, 1, 1, 0]
[1, 1, 1, 0, 0, 0, 0, 1]
[1, 1, 1, 0, 0, 0, 0, 1]
[1, 1, 0, 0, 1, 1, 0, 0]
[1, 1, 1, 1, 0, 0, 1, 1]
[1, 1, 1, 0, 0, 0, 0, 1]
[1, 1, 0, 0, 1, 1, 0, 0]
[1, 0, 0, 0, 0, 0, 0, 1]
[0, 0, 0, 1, 1, 0, 0, 0]
[1, 1, 0, 0, 1, 1, 0, 0]
...
```

ミューテックスを用いた実装では食事する哲学者問題はデッドロックを引き起こし、処理が進まなくなる場合があったが、STM 版の実装ではデッドロックは起きず最後まで処理が実行される。

また、STMのトランザクションがアトミックでなければ、哲学者が片方のみ箸を取り上げた途中の状態を観測できてしまうが、実行結果よりそのような状態には陥らないことがわかる。

7.2.5　TL2の改良

本実装のTL2は基本的な機能しかなく、いくつかの改良方法が考えられる。1つ目の改良としては、メモリバリアを集約する方法がある。ReadTransやWriteTrans型のload関数では、メモリ読み込みの前後でメモリのロックとバージョンの検査を行っていた。この検査にはメモリバリアが必要であったが、メモリバリアがあるとCPUパイプライン実行時に実行速度が低下してしまう。これは、複数アドレスの検査、複数アドレス読み込み、複数アドレスの検査というように、処理を集約するとメモリバリアによる実行速度低下をある程度解消できる。

2つ目の改良点としては、global version-clockのオーバーフローの対策である。本実装では、global version-clockをインクリメントしているだけで何も検査を行っていないため、いずれオーバーフローしてしまう。そのため、オーバーフローを検出したときには、global version-clockとすべてのストライプのバージョンを0にする操作が必要となる。

3つ目の改良点としては、オブジェクト単位で扱えるようにすることである。本実装はストライプごとにバージョン管理をしていたが、実際にはオブジェクト単位の方が利便性がよい。しかし、オブジェクト単位の実装はガベージコレクションのある言語だと容易だが、自前でメモリ管理を行う言語だと難しい。

4つ目の改良点としては、リトライが多い場合に、トランザクションを実行するスレッド数を制限することである。基本的にはトランザクションを実行するスレッドが多いほど、競合の発生確率が高くライブロックに陥ってしまう可能性が大きくなってしまう。そのため、多数のスレッドによるトランザクションの実行と、頻繁なリトライを検出した場合には、実行するスレッド数を制限するなどの工夫が必要である。

他にも、HTMとの併用などの改良、NUMA環境での実行速度向上、global version-clockへのアクセス数の減少についてなどの改良が考えられるが、それらについては本書の範囲を大きく超えるため、詳細については参考文献［tm］を参照されたい。

7.3　ロックフリーデータ構造とアルゴリズム

本節ではロックフリーデータ構造について説明する。ロックフリーとは、排他ロックを用いずに処理を行うデータ構造とそれに対する操作アルゴリズムの総称であり、アトミックにデータ更新を行うために、「3章　同期処理1」で説明したCompare and Swap（CAS）命令が用いられる。本節では、ロックフリーデータ構造のうち、最も基本的なロックフリースタックに説明し、その後、ロックフリーデータ構造に関する諸問題と、ロックフリーデータ構造の分類について説明する。

7.3.1　ロックフリースタック

ロックフリースタックは、先頭要素に対するpushとpop操作だけのリストとして実装される。次のソースコードは、ロックフリースタックの実装例となる。なお、後で理由を述べるが、この

コードは正しく動作しない場合がある。

例 7-18　不完全版のロックフリースタック　　　　　　　　　　　　　　　　　　　　Rust

```rust
use std::ptr::null_mut;
use std::sync::atomic::{AtomicPtr, Ordering};

// スタックのノード。リスト構造で管理 ❶
struct Node<T> {
    next: AtomicPtr<Node<T>>,
    data: T,
}

// スタックの先頭
pub struct StackBad<T> {
    head: AtomicPtr<Node<T>>,
}

impl<T> StackBad<T> {
    pub fn new() -> Self {
        StackBad {
            head: AtomicPtr::new(null_mut()),
        }
    }

    pub fn push(&self, v: T) { // ❷
        // 追加するノードを作成
        let node = Box::new(Node {
            next: AtomicPtr::new(null_mut()),
            data: v,
        });

        // Box 型の値からポインタを取り出す
        let ptr = Box::into_raw(node);

        unsafe {
            // アトミックにヘッドを更新 ❸
            loop {
                // head の値を取得
                let head = self.head.load(Ordering::Relaxed);

                // 追加するノードの next を head に設定
                (*ptr).next.store(head, Ordering::Relaxed);

                // head の値が更新されていなければ、追加するノードに更新
                if let Ok(_) =
                    self.head
```

```
                            .compare_exchange_weak(
                                head, // 値が head なら
                                ptr,  // ptr に更新
                                Ordering::Release, // 成功時のオーダー
                                Ordering::Relaxed  // 失敗時のオーダー
                        ) {
                            break;
                        }
                    }
                }
            }

    pub fn pop(&self) -> Option<T> { // ❹
        unsafe {
            // アトミックにヘッドを更新
            loop {
                // head の値を取得 ❺
                let head = self.head.load(Ordering::Relaxed);
                if head == null_mut() {
                    return None; // head がヌルの場合に None
                }

                // head.next を取得 ❻
                let next = (*head).next.load(Ordering::Relaxed);

                // head の値が更新されていなければ、
                // head.next を新たな head に更新 ❼
                if let Ok(_) = self.head.compare_exchange_weak(
                    head, // 値が head なら
                    next, // next に更新
                    Ordering::Acquire, // 成功時のオーダー
                    Ordering::Relaxed, // 失敗時のオーダー
                ) {
                    // ポインタを Box に戻して、中の値をリターン
                    let h = Box::from_raw(head);
                    return Some((*h).data);
                }
            }
        }
    }
}

impl<T> Drop for StackBad<T> {
    fn drop(&mut self) {
        // データ削除
        let mut node = self.head.load(Ordering::Relaxed);
        while node != null_mut() {
```

```
            // ポインタを Box に戻す操作を繰り返す
            let n = unsafe { Box::from_raw(node) };
            node = n.next.load(Ordering::Relaxed)
        }
    }
}
```

❶ Node 型。
ロックフリースタックを実現するための型であり、next 変数が次ノードへのポインタとなる。
StackBad 型は先頭ノードへのポインタである head 変数を保持する型で、この head 変数の値
をアトミックに更新することで、アトミックなスタックの push と pop を実現する。
❷ push 関数。
この関数では、let n = alloc(Node); n.next = head; head = n という push 操作をアトミッ
クに行う。
❸実際の push 操作を行うコード。
まず、head 変数の値を取得し、新たに追加するノードの次ノードを head 変数の値に設定して
いる。その後、CAS 操作で head 変数の値の更新を行う。ここで、head の値が変わっていな
いことを調べることで、head 変数の取得と更新中に他のノードによって head 変数が更新され
ていないことを確認できる。
❹ pop 関数。
この関数では、head = head.next; dealloc(head) という pop 操作をアトミックに行う。
❺ head 変数の値を読み込み、その値がヌルの場合は何もデータがないということなので None を
リターン。
❻ head.next の値を読み込む。
❼ CAS 操作で head の値を head.next の値に更新する。CAS 操作が失敗した場合はやり直し、
成功した場合はポインタを Box 型に戻して中身のデータをリターンする。このようにするこ
とで、ヒープ上にあるデータのライフタイムが、再び Rust のコンパイラによって管理される
ようになる。

　以上がロックフリースタックとなる。基本的な操作はリンクリスト構造を用いたスタックと同じ
で、先頭ポインタに対して push と pop 操作を行いデータを更新していく。このコードで示したよ
うに、ロックフリースタックでは、push と pop 操作は CAS 操作を用いてアトミックに行われるた
め、排他ロックを用いずに複数のプロセス間でのデータ共有と更新ができる。ロックフリースタッ
クを基本としてロックフリーリストなどに発展していくが、それらについては本書では割愛させて
もらう。ロックフリーについては参考文献［taom］が詳しいため、そちらを参照されたい。

7.3.2　ABA問題
　先に説明したロックフリースタックは、多くの場合は問題ないが、ある特殊な条件が揃ったとき

にABA問題と呼ばれる問題が発生する。本節ではABA問題についてと対処方法について解説する。

　次の図は、ABA問題の例を示している。

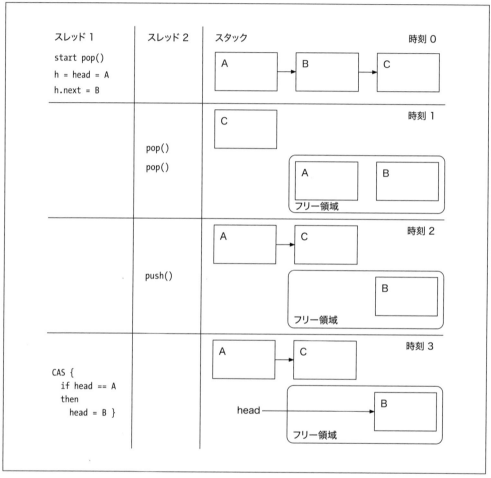

図7-6　ABA問題の例

　ここでは、2つのスレッドが、ロックフリースタックにpush、popを行っている。初期状態ではロックフリースタックには3つのデータが存在し、それぞれのノードのアドレスはA、B、Cであるとする。まず、時刻0で、スレッド1がpop操作を開始する。このときスレッド1は、headのアドレスAと、Aの次ノードアドレスであるBを記憶する。その後、時刻1で、スレッド2が2回のpop操作を行う。すると、ノードAとBはスタックから取り除かれ、それらのメモリはフリー領域となる。さらにその後、時刻2で、スレッド2が新しいデータをpushする。もしこのと

き、フリー領域となったノード A が再利用された場合、スタックは図のように A → C という状態になる。最後に、時刻 3 で、スレッド 1 が pop 操作の続きである CAS 操作を行うと、head は見かけ上更新されていないように見えるため、解放されたノード B を利用して更新を行ってしまう。

ロックフリースタックでは、CAS 操作によって head が更新されていないことを確認してから、push、pop を行っていた。しかし、もしメモリ領域が再利用されてしまうと、このような問題が起きてしまう。このように、A を読み込んで B を読み込んで A を読み込んだ場合、最初と最後の A は同じ値でも意味的に異なっている場合がある。このような問題のことを、ABA 問題と呼ぶ。

ABA 問題が生じる理由は、変更の有無を CAS 処理による値比較で行っているからであり、値比較ではなく、当該メモリに何らかの書き込みがあったかどうかを検知できれば問題は解決できる。実は、これは、「**3.2.3　Load-Link / Store-Conditional**」の節で述べた LL/SC 命令を用いると実現可能である。

以下に、LL/SC を用いたロックフリースタックの実装例を示す。このコードは、基本的な操作は以前と全く同じだが、そのポインタに関する操作の多くを AArch64 アセンブリで実行している。アセンブリの実装には、Rust のインラインアセンブリを用いた。本書執筆時点では Rust のインラインアセンブリは nightly でしか利用できなく、仕様も今後変更される可能性はあるので注意されたい。インラインアセンブリは、Rust の nightly を rustup などでインストールして、

```
$ cargo +nightly run --release
```

と +nightly オプションを付けて実行すると利用可能である。

例 7-19　stack.rs（ロックフリースタック）　　　　　　　　　　　　　　　　Rust

```rust
use std::ptr::null_mut;

// スタックのノード。リスト構造で管理 ❶
#[repr(C)]
struct Node<T> {
    next: *mut Node<T>,
    data: T,
}

// スタックの先頭 ❷
#[repr(C)]
pub struct StackHead<T> {
    head: *mut Node<T>,
}

impl<T> StackHead<T> {
    fn new() -> Self {
        StackHead { head: null_mut() }
    }
```

```
pub fn push(&mut self, v: T) { // ❸
    // 追加するノードを作成
    let node = Box::new(Node {
        next: null_mut(),
        data: v,
    });

    // Box 型の値からポインタを取り出す
    let ptr = Box::into_raw(node) as *mut u8 as usize;

    // ポインタのポインタを取得
    // head の格納されているメモリを LL/SC
    let head = &mut self.head as *mut *mut Node<T> as *mut u8 as usize;

    // LL/SC を用いた push ❹
    unsafe {
        asm!("1:
            ldxr {next}, [{head}] // next = *head
            str {next}, [{ptr}]   // *ptr = next
            stlxr w10, {ptr}, [{head}] // *head = ptr
            // if tmp != 0 then goto 1
            cbnz w10, 1b",
            next = out(reg) _,
            ptr = in(reg) ptr,
            head = in(reg) head,
            out("w10") _)
    };
}

pub fn pop(&mut self) -> Option<T> { // ❺
    unsafe {
        // ポインタのポインタを取得
        // head の格納されているメモリを LL/SC
        let head = &mut self.head as *mut *mut Node<T> as *mut u8 as usize;

        // pop したノードへのアドレスを格納
        let mut result: usize;

        // LL/SC を用いた pop ❻
        asm!("1:
            ldaxr {result}, [{head}] // result = *head
            // if result != NULL then goto 2
            cbnz {result}, 2f

            // if NULL
            clrex // clear exclusive
```

```
            b 3f  // goto 3

            // if not NULL
            2:
            ldr {next}, [{result}]    // next = *result
            stxr w10, {next}, [{head}] // *head = next
            // if tmp != 0 then goto 1
            cbnz w10, 1b

            3:",
        next = out(reg) _,
        result = out(reg) result,
        head = in(reg) head,
        out("w10") _);

        if result == 0 {
            None
        } else {
            // ポインタをBoxに戻して、中の値をリターン
            let ptr = result as *mut u8 as *mut Node<T>;
            let head = Box::from_raw(ptr);
            Some((*head).data)
        }
    }
  }
}

impl<T> Drop for StackHead<T> {
    fn drop(&mut self) {
        // データ削除
        let mut node = self.head;
        while node != null_mut() {
            // ポインタをBoxに戻す操作を繰り返す
            let n = unsafe { Box::from_raw(node) };
            node = n.next;
        }
    }
}
```

❶ Node 型。
  スタックの各ノードを表す型。基本的には先の定義と変わらないが、本実装ではインラインアセンブリからアクセスするため、#[repr(C)] でメンバ変数のメモリ上の配置を定義順になるように指定している。
❷ StackHead 型。
  スタックの先頭を表す型。同じく、#[repr(C)] を指定。

❸ push 関数。

ここでも、はじめに Box でヒープ上にデータを生成してからポインタを取り出している。その後、スタックの先頭を指すポインタの格納されているアドレスを取得している。このアドレスの値をアトミックに変更することで、push 操作を行う。

❹ LL/SC 命令を用いた push。基本的にはポインタ操作だが、head の指す値を排他的に読み込んでおり、このアドレスに対する読み書きが他の CPU から行われない場合に限り書き込みが成功する。

❺ pop 関数。

この関数でも、まず、スタックの先頭を指すポインタの格納されているアドレスを取得している。

❻ pop 操作。head の指す値を排他的に読み込み、head の次ノードを書き込み。この書き込みは、他の CPU による head への読み書きがあった場合に失敗する。

このように LL/SC 命令を用いることで、ABA 問題を回避可能である。このロックフリースタックをマルチスレッドで利用するため、以下のソースコードのような Stack 型を定義する。

例 7-20　stack.rs（Stack 型） Rust

```rust
use std::cell::UnsafeCell;

// StackHead を UnsafeCell で保持するのみ
pub struct Stack<T> {
    data: UnsafeCell<StackHead<T>>,
}

impl<T> Stack<T> {
    pub fn new() -> Self {
        Stack {
            data: UnsafeCell::new(StackHead::new()),
        }
    }

    pub fn get_mut(&self) -> &mut StackHead<T> {
        unsafe { &mut *self.data.get() }
    }
}

// スレッド間のデータ共有と、チャネルを使った送受信が可能と設定
unsafe impl<T> Sync for Stack<T> {}
unsafe impl<T> Send for Stack<T> {}
```

この Stack 型は、UnsafeCell 型で StackHead 型の値を保持しているだけとなる。Sync トレイト

を実装することでスレッド間での共有が、Send トレイトを実装することでチャネルを使った所有
権の送受信が可能となる。

次のソースコードは、ロックフリースタックの利用例となる。

例 7-21　main.rs　　　　　　　　　　　　　　　　　　　　　　　　　　　　　　　Rust

```rust
#![feature(asm)]

use std::sync::Arc;

mod stack;

const NUM_LOOP: usize = 1000000; // ループ回数
const NUM_THREADS: usize = 4;    // スレッド数

use stack::Stack;

fn main() {
    let stack = Arc::new(Stack::<usize>::new());
    let mut v = Vec::new();

    for i in 0..NUM_THREADS {
        let stack0 = stack.clone();
        let t = std::thread::spawn(move || {
            if i & 1 == 0 {
                // 偶数スレッドは push
                for j in 0..NUM_LOOP {
                    let k = i * NUM_LOOP + j;
                    stack0.get_mut().push(k);
                    println!("push: {}", k);
                }
                println!("finished push: #{}", i);
            } else {
                // 奇数スレッドは pop
                for _ in 0..NUM_LOOP {
                    loop {
                        // pop、None の場合やり直し
                        if let Some(k) = stack0.get_mut().pop() {
                            println!("pop: {}", k);
                            break;
                        }
                    }
                }
                println!("finished pop: #{}", i);
            }
        });
```

```
        v.push(t);
    }

    for t in v {
        t.join().unwrap();
    }

    assert!(stack.get_mut().pop() == None);
}
```

このコードでは、偶数番目のスレッドは push 操作を、奇数番目のスレッドは pop 操作を行う。したがって、合計の push 数と pop 数は同じであり、main 関数の最後にある pop 操作は必ず None が返ってくるはずである。このコードを実行すると assert が必ず成功し、ロックフリースタックが正しく動作しているということがわかるだろう。

以上が LL/SC 命令を用いた ABA 問題の解決方法となる。x86-64 では LL/SC 命令が存在しないため、タグを用いた方法が用いられる。タグとは、ポインタのバージョン情報のことであり、破壊的な操作が行われる際にポインタのバージョンを更新していく。そうすることで同じアドレスを指すポインタであっても、バージョンが異なるため CAS 命令で変更を検知することができる。

タグの実装方法は、ポインタ中に埋め込む方法と、ポインタと別に用意する方法がある。ポインタ中に埋め込む方法の場合、64 ビット（CPU のビット幅）の CAS 命令があれば実装できるが、ポインタと別に用意する方法では、ポインタの 64+ タグのビット長の CAS 命令が必要となる。これは、新しい x86-64 の場合 cmpxchg16b という 128 ビットの CAS 命令があり、それを利用すると実現できる。

7.3.3　マルチスレッドでの参照に関する問題

ロックフリーデータ構造は、マルチスレッドでのアクセスやアップデートを行えるが、そのデータの削除について問題が生じる場合がある。次の図は、マルチスレッドで参照が行われた場合に起きる問題例となる。

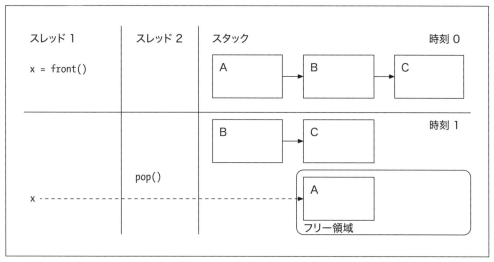

図7-7　マルチスレッドでの参照例

　ここでは、先のロックフリースタックに、先頭ノードを参照するための front という関数を追加したと仮定する。初期状態でリストは A → B → C と接続されており、時刻 0 でスレッド 1 が先頭ノードを参照したとする。その後、時刻 1 でスレッド 2 が pop 操作を行い、先頭ノードを破棄してしまうと、スレッド 1 の参照 x はぶら下がりポインタとなってしまう。

　このような状態が起きるのは、スレッド 2 が破壊的操作を行うにもかかわらず、スレッド 1 で参照可能になっているからである。Rust 言語ではこの問題を所有権で解決したが、ロックフリーデータ構造を用いると再びマルチスレッドでの参照問題が発生する。

　これを解決するには、動的メモリ管理、すなわちガベージコレクション（GC）が必要となる。Java や .Net 系のプログラミング言語は GC を備えているため、スレッド 1 から参照されているオブジェクトは、時刻 1 の時点で生存することが保証されている。

　GC のないプログラミング言語の場合、自前で GC を実装する必要があり、そのうち最も有名な方法はハザードポインタと呼ばれる方法である［Michael04］。ハザードポインタでは、スレッドローカルなストレージに現在アクセス中のアドレスを保存し、メモリ解放を行う際は、そのストレージに該当アドレスが存在しないことを確認してから行う。汎用 GC の方式にいくつもの種類が存在するように、ロックフリーデータ構造用の GC についてもいくつもの方式が提案されている［YangW17］、［KangJ20］。

7.3.4　ロックフリーの分類

　ロックフリーという用語は元々ミューテックスなどに依存しないという意味で用いられてきたが、ロックフリーのデータ構造とアルゴリズムは、**排他ロックフリー**（obstruction-freedom）、**ロックフリー**（lock-freedom）、**ウェイトフリー**（wait-freedom）と、より詳細に分類される場合

もある。

　次の表はロックフリーの分類と、その意味を示したものである。

表7-5　ロックフリーの分類

	排他ロックを用いない	ライブロックが起きない	飢餓が起きない
排他ロックフリー	✓		
ロックフリー	✓	✓	
ウェイトフリー	✓	✓	✓

　この分類によると、ロックフリーとはライブロックが起きないアルゴリズムのこととなる。すなわち、LL/SCのようなリトライが繰り返される可能性がある場合はロックフリーとはならず、排他ロックフリーとなる。なお、ここでいうライブロックとは「**4.2　ライブロックと飢餓**」の節で定義したように、システムワイドな状態を指す。

　一方、排他ロックフリーが、そもそものロックフリーと呼ばれていた意味に近く、あるスレッドが他のスレッドから独立して実行された場合に、そのスレッドの進行が保証される[HerlihyLM03]。また、ロックフリーデータ構造は、上記分類との混同を避けるため**並行データ構造**（concurrent data structure）とも呼ばれることがある。

　ただし、現在でもロックフリーは元々の意味、すなわち排他ロックを用いないという意味で使われることも多く、必ずしも上記分類に沿った呼び方がされているわけではない。これはあくまで個人的な意見だが、本分類は命名に問題があるように感じる。例えば、ウェイトフリーといったときには待ち時間はないアルゴリズムであってほしいが、実際には待ち時間はあり、ないのは飢餓がないだけである。また、ロックフリーにライブロックまで含めてしまうと、従来の意味していた排他ロックのないという意味であるロックフリーという用語と混同され、同一の用語で異なる意味を持ってしまう。分類すること自体には賛成だが、もう少しよい命名方法があったのではと思う。

8章
並行計算モデル

　我々は、「**1章　並行性と並列性**」にて並行性について定義を与えたが、ここで行った定義はきわめて抽象度の高い定義であり、実際、どのように並行に計算が実行されていくかについてまでは明確に定義していない。そこで本章では、代表的な2つの並行計算モデルを提示し、並行処理についての形式的な定義を示す。形式的とはつまり、三者三様に解釈されるのではなく、誰が読んでも同一の意味と捉えられるような定義の方法である。

　本章で提示する並行計算モデルは、**アクターモデル**（actor model）、π計算（π-calculus）の2つである。π計算は、プロセス間のデータ交換にチャネルという通信路を用いて行う並行計算方式である。一方、アクターモデルではチャネルを用いず、アクター（本書で言うところのプロセス）同士が直接通信を行ってデータを交換する方式となる。アクターモデルとπ計算はメッセージの交換を主として計算を進めていくため、共有メモリ方式の並行プログラミングと対比して、**メッセージパッシング**（message passing）方式と大別されることもある。

　本章では、並行計算モデルを解説する前に、導入として**λ計算**（λ-calculus）について説明し、束縛変数と自由変数、α変換、β簡約などについての基礎的な説明を行う。λ計算自体は、並行プログラミングを学ぶ上で本質的に不要かもしれないが、λ計算の持つ形式的な記述能力とその考え方は、並行プログラミングの意味を厳密に捉えるための助けとなるだろう。その後、λ計算をベースとしたアクターモデルについて説明し、最後にπ計算について解説する。

8.1　数学的表記

　並行計算モデルの説明を行う前に、本章で用いる数学的表記の一覧を次の表に列挙する。

表8-1　本書で用いる数学的表記一覧

表記	意味
$\emptyset$	空集合
$a \in A$	a は集合 A の要素
$a \notin A$	a は集合 A の要素ではない
$A \cup B$	集合 A と集合 B の和集合
$A \cap B$	集合 A と集合 B の積集合
$A \uplus B$	集合 A と集合 B の和集合、ただし集合 A と集合 B は互いに素
$A \subseteq B$	集合 A は集合 B の部分集合
$\mathrm{dom}(f)$	写像 f の定義域
$A \Longleftrightarrow B$	B は A の必要十分条件
$\dfrac{\mathrm{cond1} \quad \mathrm{cond2} \quad \cdots}{\mathrm{rule}}$	上の条件すべてを満たす場合に下の rule を適用可能
$A \overset{\mathrm{def}}{=} B$	B を A と定義
$M \to N$	何らかの規則を適用して、M から N へと変換
$M \to_\alpha N$	α 変換を適用して、式 M から式 N へと変換
$M \to_\beta N$	β 簡約を適用して、式 M から式 N へと変換
$\mathrm{bv}(M)$	M 中の束縛変数の集合
$\mathrm{fv}(M)$	M 中の自由変数の集合
$\mathrm{all}(M)$	M 中のすべての変数の集合
$M\{x \mapsto y\}$	M 中の自由変数 x を y に置き換え
$\langle a \Leftarrow x \rangle$	データ x をアクター a へ送信するというメッセージ

　なお、$\dfrac{\mathrm{cond1} \quad \mathrm{cond2} \quad \cdots}{\mathrm{rule}}$ は、一般的に、推論規則と呼ばれており、上の条件すべてを満たす場合に下の rule を適用可能なことを示している。また、条件がない場合、すなわち、rule のみ書かれた場合は、無条件で rule を適用できる。

　$A \uplus B$ は、互いに素な集合 A と B の和集合である。A と B が互いに素であるとは、$A \cap B = \emptyset$ であるという意味となる。

8.2　λ計算

　λ計算とは Alonzo Church が 1930 年代に発明した計算モデルであり、その計算能力はチューリングマシンと等価、すなわちチューリング完全であることが、Alan M. Turing によって示されている［Turing］。λ計算は、Haskell、ML 系言語などの関数型言語の基礎理論として用いられており、関数型言語の考えは、Ruby や Python など関数型言語以外の言語にも取り入れられている。

　チューリングマシンは次の図のように、無限長のテープがあり、内部状態に基づいてヘッドをシークさせて、テープ上のデータを読み書きすることで計算を行っていく計算モデルである。

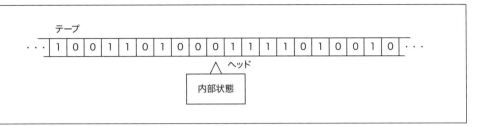

図8-1　チューリングマシン

　C言語や、Ruby、Python、Haskell、MLなど、一般的なプログラミング言語の計算は、この
チューリングマシンでシミュレート可能であり、つまりチューリング完全となる。チューリングマ
シンはテープとヘッドを用いる計算モデルだが、λ計算は、抽象関数と、変数の束縛と置換による
関数適用を用いる計算モデルである。

8.2.1　関数

　λ計算における関数の説明を行う前に、まず、数学による関数の記述方式を考えてみよう。例え
ば、引数 x を2乗する関数を数学的記法で記述すると以下のようになる。

$$f(x) = x^2$$

　一方、λ計算による記法を用いて記述すると、以下のようになる（厳密に言うと、x^2 や後に出
てくる乗算はλ計算の記法には含まれていないが、ここでは説明を簡単にするために利用してい
る）。

$$\lambda x.x^2$$

　では、さらに、引数 x を3乗する関数を考えてみよう。数学的記法では以下のように記述でき
る。

$$g(x) = x^3$$

これは、λ計算による記法では以下のようになる。

$$\lambda x.x^3$$

　数学的記法による式では、それぞれ、f と g と、関数名に名前が付いており両者を関数名で識別可能である。もし仮に両者に同じ名前を付けてしまうと $f(x) = x^2$ かつ $f(x) = x^3$ なので、$x^2 = x^3$ となってしまい、明らかにおかしな結論が導けてしまう。

　他方、λ 計算では、両方とも先頭文字が λx となっており違いがない。数学的記法では、関数 f、関数 g というように、各関数に一意な識別子を付けていたが、λ 計算では関数には名前を付けない。したがって、λx という記述では、その中身が一体どういったものかを判断することはできない。わかるのは、1 引数とって何か値をリターンする関数であるということだけである。一般的に、このような、名前のない関数のことを無名関数と呼ぶ。

　続いて、関数適用について見てみよう。ここでいう**適用**（apply）とは、ある関数に何かの値を代入して計算することである。なお、厳密な関数適用の仕方は、後の「**8.2.7　β 簡約**」の節で説明する。一般的に、値 a に $\lambda x.M$ という λ 式を適用することは、以下のように記述される。

$$(\lambda x.M \quad a)$$

　ただしここで、M は何かしらの計算を行う項であるとする。例えば、数字の 3 に $\lambda x.x^2$ を適用して計算すると、以下のようになる。

$$(\lambda x.x^2 \quad 3) \to 3^2 \to 9$$

　ここで、右矢印は計算ステップが進んでいっていることを表している。

8.2.2　カリー化

　次に、2 引数とる関数の場合を考えてみよう。例えば、四角形の面積を計算する関数 h は数学的記法で以下のように記述できる。

$$h(x, y) = x \times y$$

　これを、λ 計算で記述すると以下のようになる。

$$\lambda x.\lambda y. \ (x \times y)$$

　値 3, 4 にこの式を適用すると以下のようになる。

$$((\lambda x.\lambda y.\ (x \times y)\ \ 3)\ \ 4) \rightarrow (\lambda y.\ (3 \times y)\ \ 4)$$
$$\rightarrow\ 3 \times 4$$
$$\rightarrow\ 12$$

　数学的記法の式では、2引数をとる関数 h を定義していた。λ計算では、1引数をとる関数を2個定義して関数 h と同じ意味の式を実現している。これは、どのように行っているかというと、変数 x に引数をとって、さらに変数 y に引数をとる関数をリターンすることで実現している。この3にλ式を適用した段階では、変数 y に引数をとる関数を返していることがわかる。このように、複数個の引数をとる関数と同じ動作を、関数をリターンする関数を定義することで、単一の引数をとる関数のみで実現することを**カリー化**（currying）と呼ぶ。この例では、2引数関数のカリー化を示したが、原理的には引数がいくつあったとしてもカリー化は可能である。

　$h(x,y) = x \times y$ は、2つの値を乗算する関数定義だが、数字の2のみにこれを適用することで、数字を2倍する関数を得られる。例えば、2にこの式を適用したものを F とおく。

$$(\lambda x.\lambda y.\ (x \times y)\ \ 2) \rightarrow \lambda y.\ (2 \times y) = F$$

　すると、F はある値を2倍する関数であるとみなすことができ、5を2倍する計算を以下のように記述できる。

$$(F\ \ \ 5) = (\lambda y.\ (2 \times y)\ \ 5) \rightarrow\ 2 \times 5 \rightarrow\ 10$$

　このように、一部の引数のみに式を適用することを**部分適用**（partial application）と呼ぶ。

8.2.3　高階関数

　λ計算では関数は**第一級オブジェクト**（first-class object）である。第一級オブジェクトとは、つまり、関数も値も取り扱いに差がなく、関数自体を関数の引数としてとったり、関数そのものを関数の返り値としてリターンさせることができる。この、値ではなく、関数を引数にとる関数や、関数をリターンする関数のことを**高階関数**（higher-order function）と呼ぶ。関数をリターンする関数の例は、「**8.2.2　カリー化**」の節で解説した。そこで本節では、関数を引数にとる関数について例を用いて説明する。

　ここで、以下のような関数を考えてみよう。

$$\lambda x.\lambda f.(f\ \ x)$$

　この式は、カリー化された2引数をとる関数であり、第1引数に値を、第2引数に関数をとる関数であることがわかる。例えば、値3と、2乗する関数に、この式を適用すると以下のようになる。

$$((\lambda x.\lambda f.\ (f\ \ x)\ \ 3)\ \lambda x.x^2) \rightarrow (\lambda f.(f\ \ 3)\ \ \lambda x.x^2)$$
$$\rightarrow (\lambda x.x^2\ \ 3)$$
$$\rightarrow 3^2$$
$$\rightarrow 9$$

　このように、関数を引数にとる関数を用いて、関数適用する関数が定義できる。

　しかしながら、この例はいささか恣意的すぎるため、Python を使って高階関数を利用する例を見てみよう。次のソースコードは、引数 x にリストをとり、引数 f に関数をとる filter 関数を示している。

Python

```python
def filter(x, f):
    m = []
    for n in x:
        if f(n):
            m.append(n)
    return m
```

　この関数は、リスト x の各要素ごとに関数 f を適用し、その結果が真となる要素のみを取り出して返り値としてリターンする関数である。この関数の使用例は以下のようになる。

Python

```python
a = [20, 1, 3, 9, 14]
f = lambda x: True if x > 5 else False
b = filter(a, f)
```

　このコードでは、5より大きい値をリスト a から取り出しており、これを実行すると b = [20, 9, 14] となる。一般的に、どのようなフィルタルールに基づいてリスト中の値を取り出したいかは、アプリケーションによって異なると考えられるが、高階関数を利用することで、フィルタの特殊パターンをすべて実装するのではなく、より汎化した実装ができる。

8.2.4　λ抽象

　本節で説明したような、引数と無名関数で式を記述する方法を**λ抽象**（λ abstraction）と呼ぶ。λ計算の構文を**バッカス・ナウア記法**（BNF：Backus-Naur form）で厳密に記述すると以下のようになる。

$$e \quad = \quad v \qquad 変数$$
$$| \quad \lambda v.e \qquad \lambda 抽象$$
$$| \quad (e\ e) \qquad \lambda 関数適用$$

このような、変数、λ抽象、関数適用からなる式を、**λ項**（λ-term）または、λ式と呼ぶ。この式からもわかるように、厳密に言うとλ計算では、これまでに説明したような加法の演算子（+）などは定義されておらず、さらに、数字や真偽値、条件分岐なども定義されていない。これでは、プログラムとは言えないのではないかと思うかもしれないが、その心配は無用で、この式の定義のみを用いて、数字、真偽値、条件文、加減乗除など各種数値演算を実行できる。より詳しく知りたい方は、参考文献［understanding］を参照されたい。

なお、本節では、説明のために、本式の規則に加えて、加法や累乗などの演算を加えたλ計算を用いている。

8.2.5　束縛変数と自由変数

束縛変数（bound variable）とは、関数が引数をとったときに式中で置換されるべき変数のことを指し、**自由変数**（free variable）とは、式の引数に束縛されずに自由に値を決められる変数のことを指す。言葉で説明してもわかりにくいため、例を用いて説明しよう。

以下の式は、ある二次方程式を表す関数である。

$$f(x) = x^2 + A \times x + B$$

ここで、変数 x は、引数 x の値に依存しているが、A と B は引数には依存しない変数である。したがって、$f(x)$ 中の x は束縛変数であり、A と B は自由変数である。これはλ計算でも同様で、$\lambda x.E$ とあった場合、E 中の自由変数 x が λx によって束縛され、x は束縛変数となる。例えば、以下の式では、

$$\lambda x.\ (x^2 + A \times x + B)$$

x が束縛変数となり、A と B が自由変数となる。

ここで、ある式 E の束縛変数の集合を $\mathsf{bv}(E)$、自由変数の集合を $\mathsf{fv}(E)$ と表すとする。例えば、$\mathsf{bv}(\lambda x.\ (x^2 + A \times x + B)) = \{x\}$、$\mathsf{fv}(\lambda x.\ (x^2 + A \times x + B)) = \{A, B\}$ となる。このとき、自由変数と束縛変数の集合は以下のように定義できる。

定義：λ計算の自由変数

　λ計算の自由変数の集合は、以下の式より再帰的に得られる変数の集合である。

$$\mathsf{fv}(x) = \{x\}$$
$$\mathsf{fv}((M\ \ N)) = \mathsf{fv}(M) \cup \mathsf{fv}(N)$$
$$\mathsf{fv}(\lambda x.M) = \mathsf{fv}(M) - \{x\}$$

定義：λ計算の束縛変数

　λ計算の束縛変数の集合は、すべての変数の集合から、自由変数の集合に出現する変数を除いた集合となる。すなわち、以下で求められる集合が束縛変数の集合となる。

$$\mathsf{bv}(E) = \mathsf{all}(E) - \mathsf{fv}(E)$$

　ここで、$\mathsf{all}(E)$ は E 中の全変数の集合とする。

8.2.6　α変換

以下のような式があったとき、束縛変数と自由変数はどれだろうか。

$$(\lambda x.\,(x^2 + A \times x + B)\ \ x + 1)$$

この式を Python で表してみると以下のようになる。

Python

```python
def f(x):
    return x * x + A * x + B

f(x + 1)
```

　このコードを見れば明らかなように、1、2行目の変数 x と、4行目の変数 x は別の実体を指している。つまり、4行目の x は自由変数だが、1、2行目の x は束縛変数となっている。λ式中の前半部分、$\lambda x.\,(x^2 + A \times x + B)$ 中の x は束縛変数だが、後半の $x + 1$ 中の x は自由変数となる。

　ここで、これら式の前半に出現する束縛変数 x は、その変数名を変えても意味は変わらないことは自明である。例えば、先の λ 式を、

$$(\lambda y.\,(y^2 + A \times y + B)\ \ x + 1)$$

としても同じ意味となる。一般的に、束縛変数の名前を別の名前にしても意味は変わらず、束縛変数の名前を変換する操作のことを **α変換**（α-conversion）と呼ぶ。本書では、α変換は矢印の右下に α が書かれた、$\to_\alpha$ で表す。例えば、

$$(\lambda x.\,(x^2 + A \times x + B)\ \ x + 1) \to_\alpha (\lambda y.\,(y^2 + A \times y + B)\ \ x + 1)$$

と記述できる。

ここで、以下のような式を考えてみよう。

$$(\lambda x.\,(x + y)\ \ 10)$$

この式の束縛変数 x を y に置き換えることはできるだろうか？ これはできない。なぜなら式の意味が異なってくるからである。例えば、この式の束縛変数 x を y とすると、以下のようになる。

$$(\lambda y.\,(y + y)\ \ 10)$$

元の式では、10 に何かの値 y を加えるという操作を行っていたが、変数置き換え後の式では、10 を 2 倍するという操作になり、意味が異なってしまっている。これは、式中に自由変数 y が出現するにもかかわらず、y で x を置換してしまったためである。

次に、以下のような式を考えてみよう。

$$((\lambda x.\lambda y.\,(x + y)\ \ 10)\ \ 20)$$

この式の束縛変数 x を y に置き換えても、意味が異なってしまう。すなわち、

$$
\begin{aligned}
((\lambda y.\lambda y.\,(y + y)\ \ 10)\ \ 20) &\to (\lambda y.\,(y + y)\ \ 20)\\
&\to 20 + 20\\
&\to 40
\end{aligned}
$$

となってしまう。これは、置き換えた変数 y が、λy の束縛変数 y によって束縛されてしまうからである。

これで、α変換を行える条件がわかったので、α変換の定義を行うことができる。その前に、変

数の**置換**（substitution）について定義する。

定義：置換

　式 E 中の自由変数 x を y に置き換える操作を変数の置換と言い、$E\{x \mapsto y\}$ と表す。

例えば、

$$(\lambda x.\,(x + y))\{y \mapsto z\} = \lambda x.\,(x + z)$$

となる。しかし、

$$(\lambda x.\,(x + y))\{x \mapsto z\} = \lambda x.\,(x + y)$$

となり、この場合は変数 x は束縛変数であるため置換されない。また、

$$\lambda x.\,(x + y)\{x \mapsto z\} = \lambda x.\,(z + y)$$

となる。これは、置換の方が $\lambda x.$ よりも結合力が強いことを意味している。すなわち、$\lambda x.\,(x + y)\{x \mapsto z\} = \lambda x.\,((x + y)\{x \mapsto z\})$ となる。

　α 変換の定義は以下のように与えられる。

定義：λ計算における α 変換

　$\lambda x.E$ という式において、$y \notin \mathsf{fv}(E)$ かつ、$E\{x \mapsto y\}$ としたときに E 中の式が新たに y を束縛しないときに限り、$\lambda x.E$ を $\lambda y.E\{x \mapsto y\}$ と変換でき、この操作を α 変換と呼ぶ。

　式 M と N があり、式 M を 0 回以上 α 変換すると式 N と全く同じ式になるとき、式 M と N は **α 同値**（α-equivalent）であるという。いま、$M \to_{\alpha}^{*} N$ を 0 回以上 α 変換を行うと、式 M から N になることを意味するとすると、α 同値の定義は以下のように与えられる。

定義：α 同値

　$M \to_{\alpha}^{*} N$ が成り立つ $\Leftrightarrow$ 式 M と N は α 同値である。

ただしここで、$M \to_{\alpha}^{*} N \Longleftrightarrow N \to_{\alpha}^{*} M$ なので、$N \to_{\alpha}^{*} M$ としてもよい。

8.2.7 β簡約

$(\lambda x.M\ \ N)$ という式があった場合、これは、$M\{x \mapsto N\}$ として計算が実行される。このようにして計算ステップを実行することを**β簡約**（β-reduction）と呼ぶ。例えば、

$$(\lambda x.\ (x^2 + 5)\ \ 3)\ \rightarrow\ (x^2 + 5)\{x \mapsto 3\}$$
$$\rightarrow\ (3^2 + 5)$$

となる。また、β 簡約によって計算ステップが実行されたことを、$\rightarrow_\beta$ で表すとする。例えば、この式の β 簡約は以下のように表せる。

$$(\lambda x.\ (x^2 + 5)\ \ 3)\ \rightarrow_\beta\ (3^2 + 5)$$

では以下の式の β 簡約を考えてみよう。

$$(\lambda x.\lambda y.\ (x + y)\ \ y)$$

この式の**誤った** β 簡約は以下のようになる。

$$(\lambda x.\lambda y.(x + y)\ \ y) \rightarrow\ \lambda y.(x + y)\{x \mapsto y\}$$
$$\rightarrow\ \lambda y.(y + y)$$

元の式は、2 引数を足し合わせるカリー化された関数だったが、**誤った** β 簡約後は引数 y を 2 倍する関数となり意味が異なってしまっている。これを解決するには、先に α 変換すればよい。すなわち、

$$(\lambda x.\lambda y.\ (x + y)\ \ y) \rightarrow_\alpha\ (\lambda x.\lambda z.\ (x + z)\ \ y)$$
$$\rightarrow_\beta\ \lambda z.\ (y + z)$$

となり、期待した式が得られる。

> **定義：β簡約**
>
> λ計算における関数適用は、次の推論規則により行われる。
>
> $$(\lambda x.M \quad N) \rightarrow M\{x \mapsto N\}$$
>
> この規則を用いた計算のステップ実行をβ簡約と呼ぶ。ただし、代入 $\{x \mapsto N\}$ によって、N 中の自由変数が新たに $M\{x \mapsto N\}$ 中で束縛される場合は、本規則を適用できず、事前にα変換で変数名の置換を行う必要がある。

　置換により自由変数を束縛してしまうのを防ぐために、β簡約の前に、事前に各変数に一意の変数名を割り当てる方法がある。例えば、**ドブランインデックス**（De Bruijn Index）を適用すると、変数名が一意に決定される。ドブランインデックスについては参考文献［tapl］を参照されたい。

8.2.8　評価戦略

　$(\lambda x.M \quad N)$ という式があった場合、先にβ簡約を行うのか、それとも N の評価を先に行うのかという、2種類の評価戦略が考えられる。先にβ簡約を行う戦略を、**正規順序の評価**（normal-order evaluation）と呼び、先に引数 N の評価を行う戦略を、**作用的順序の評価**（applicative-order evaluation）と呼ぶ。正規順序の評価は、引数の評価を必要となるまで遅らせるため**遅延評価**（lazy evaluation）とも呼び、先に引数を評価する作用的順序の評価は**先行評価**（eager evaluation）とも呼ぶ。

　例えば、

$$(\lambda x. (x + x) \quad (3 + 4))$$

の評価を、正規順序と作用的順序の評価で行うと以下のようになる。

正規順序

$$
\begin{aligned}
&(\lambda x. (x + x) \quad (3 + 4)) \\
&\rightarrow (3 + 4) + (3 + 4) \\
&\rightarrow 7 + (3 + 4) \\
&\rightarrow 7 + 7 \\
&\rightarrow 14
\end{aligned}
$$

作用的順序

$$(\lambda x. (x + x) \ (3 + 4))$$
$$\rightarrow \ (\lambda x. (x + x) \ (7))$$
$$\rightarrow \ 7 + 7$$
$$\rightarrow \ 14$$

これより、作用的順序の評価の方が、正規順序の評価よりもステップ数が少なくなっていることがわかる。C 言語や Python 言語など、多くのプログラミング言語では、作用的順序の評価による評価戦略をとっている。一方、Haskell などの一部関数型言語では、正規順序の評価による評価戦略をとっている。Haskell では、正規順序の評価の無駄な計算ステップをメモ化によって回避している。メモ化とは、一度行った計算を保存しておく最適化手法のことであり、メモ化を用いて正規順序で評価する戦略を、**必要呼び出し**（call-by-need）と呼ぶ。

ここで、以下のような式を考えてみよう。

$$(\lambda x. (x \ x) \ \lambda x. (x \ x))$$

この式は、評価しても同じ式になるような式である。すなわち、

$$(\lambda x. (x \ x) \ \lambda x. (x \ x)) \rightarrow_\beta (\lambda x. (x \ x) \ \lambda x. (x \ x))$$

となる。関数 $\lambda x. (x \ x)$ に $\lambda x. (x \ x)$ を適用しても同じ式となり、このとき、$\lambda x. (x \ x)$ は関数 $\lambda x. (x \ x)$ の**不動点**（fixed point）であると言う。つまり、この式は何度 β 簡約しても終わりがなく、無限ループとなるような式である。ここで、この式を適用した、以下のような式を考えてみる。

$$(\lambda z. y \ (\lambda x. (x \ x) \ \lambda x. (x \ x)))$$

正規順序と作用的順序で評価すると以下のようになる。

正規順序

$$(\lambda z. y \ (\lambda x. (x \ x) \ \lambda x. (x \ x)))$$
$$\rightarrow \ y\{z \mapsto (\lambda x. (x \ x) \ \lambda x. (x \ x))\}$$
$$\rightarrow \ y$$

作用的順序

$$(\lambda z.y \quad (\lambda x. (x \; x) \quad \lambda x. (x \; x)))$$
$$\rightarrow (\lambda z.y \quad (x \; x)\{x \mapsto \lambda x. (x \; x)\})$$
$$\rightarrow (\lambda z.y \quad (\lambda x. (x \; x) \quad \lambda x. (x \; x)))$$
$$\rightarrow \cdots$$

　正規順序ではこの式は停止するが、作用的順序では停止せずに無限ループに陥ってしまう。このように、正規順序の評価では必要のない式は評価されないが、作用的順序の評価では必要ない式が評価されてしまうというような違いもある。しかし、ある式に正規順序と作用的順序で評価したとき、両方ともが停止する場合は結果は同じとなることが知られており、これは**チャーチ・ロッサーの定理**（Church-Rosser theorem）として知られている。

　Haskellなどの言語では、正規順序の評価の性質を利用して、無限リストなどを容易に扱えるようになっている。ただし、正規順序の評価は、途中式を保存するためメモリを多く必要とし、実行順がわかりにくいという批判もある。正規順序と作用的順序の評価戦略の是非などについて興味があれば、参考文献［haskellcunc］（Haskellによる関数プログラミングの思考法）も参考されたい。

8.2.9　不動点コンビネータ

　自由変数を持たないλ抽象、すなわちコンビネータ、を用いると、いくつか有用な操作を記述できる。なお、コンビネータの定義は以下のようになる。

> **定義：コンビネータ**
> Eが自由変数を持たないλ抽象である$\Leftrightarrow E$はコンビネータ

　例えば、$\lambda x. (x + x)$はコンビネータだが、$\lambda x. (x + c)$は自由変数cを含むためコンビネータではない。

　一般的なプログラミング言語の場合、関数には名前が付いているため再帰関数は容易に書ける。例えば、Pythonで再帰を用いた階乗を計算するプログラムは以下のようになる。

Python

```python
def fact(n):
    if n == 0:
        return 1
    else:
        return n * fact(n - 1)
```

　ところが、λ計算の場合は関数に名前がないため、このコードのように単純に記述することはできない。そこで、λ計算では、**不動点コンビネータ**（fixed point combinator）と呼ばれる関数を用いて再帰を行う。

　λ計算で再帰を行うための不動点コンビネータは、正規順序と作用順序の評価では別々の関数となり、それぞれ、Yコンビネータ、Zコンビネータと呼ばれている。YコンビネータとZコンビネータはそれぞれ以下のような式となる。

Yコンビネータ

$$Y \overset{\text{def}}{=} \lambda f. \, (\lambda x. \, (f \ \ (x \ \ x)) \ \ \lambda x. \, (f \ \ (x \ \ x)))$$

Zコンビネータ

$$Z \overset{\text{def}}{=} \lambda f. \, (\lambda x. \, (f \ \ \lambda y. \, ((x \ \ x) \ \ y)) \ \ \lambda x. \, (f \ \ \lambda y. \, ((x \ \ x) \ \ y)))$$

8.2.9.1　Yコンビネータで無限に再帰する例

　実際に、不動点コンビネータを使って計算する例を見てみる。はじめに、Yコンビネータで無限に再帰する例を示す。いま、$g = \lambda f. \lambda n. \, (f \ \ (n+1))$ とすると、$(Y \ \ g)$ は以下のように簡約できる。ここでは、引数 f が自分自身を表す関数を示しており、引数 n が実際の引数を表している。

$$
\begin{aligned}
(Y \ \ g) &= (\lambda f. \, (\lambda x. \, (f \ \ (x \ \ x) \ \ \lambda x. \, (f \ \ (x \ \ x))) \ \ g) \\
&\to (\lambda x. \, (g \ \ (x \ \ x)) \ \ \lambda x. \, (g \ \ (x \ \ x))) = x' \\
&\to (g \ \ x') \\
&= (\lambda f. \lambda n. \, (f \ \ (n+1)) \ \ x') \\
&\to \lambda n. \, (x' \ \ (n+1))
\end{aligned}
$$

　さらに、定数 a に $(Y \ \ g)$ を適用すると、以下のように簡約される。

$$
\begin{aligned}
((Y \ \ g) \ \ a) &\to (\lambda n. \, (x' \ \ (n+1)) \ \ a) \\
&\to (x' \ \ (a+1)) \\
&\to (\lambda n. \, (x' \ \ (n+1)) \ \ (a+1)) \\
&\to (x' \ \ (a+2)) \\
&\cdots
\end{aligned}
$$

　このように、無限に再帰が行われていき、引数の値が a を初期値としてインクリメントされ続けている様子がわかる。

8.2.9.2　Yコンビネータで再帰しない例

　次に、再帰しない例を考えてみる。いま、$g = \lambda f. \lambda n. n$ とすると、Yコンビネータの式より

$(Y\ g)$ は以下のようになる。

$$(Y\ g) = (\lambda f.\lambda n.n\ x') \to \lambda n.n$$

よって、$((Y\ g)\ a)$ は a と計算される。

8.2.9.3　Y コンビネータで階乗計算する例

次に、階乗計算を行う例を考えてみる。なお、階乗計算を行うために条件分岐が必要なため、if 式を λ 計算で使えるものとして例を示す。いま、階乗計算する λ 式 g を、$g = \lambda f.\lambda n.\ (if\ n = 1\ then\ 1\ else\ (n \times (f\ (n-1))))$ として、4 に適用すると、Y コンビネータの式より、

$$
\begin{aligned}
((Y\ g)\ 4) &\to ((g\ x')\ 4) \\
&\to (4 \times ((g\ x')\ 3)) \\
&\to (4 \times (3 \times ((g\ x')\ 2))) \\
&\to (4 \times (3 \times (2 \times ((g\ x')\ 1)))) \\
&\to (4 \times (3 \times (2 \times 1))) \\
&\to 24
\end{aligned}
$$

となる。

8.2.9.4　Z コンビネータで無限に再帰する例

次に、Z コンビネータを用いて、作用的順序の評価戦略で無限に再帰する例を示す。いま、$g = \lambda f.\lambda n.\ (f\ (n+1))$ とすると、$(Z\ g)$ は以下のように簡約できる。

$$
\begin{aligned}
(Z\ g) &= (\lambda f.\ (\lambda x.\ (f\ \lambda y.\ ((x\ x)\ y))\ \lambda x.\ (f\ \lambda y.\ ((x\ x)\ y)))\ g) \\
&\to (\lambda x.\ (g\ \lambda y.\ ((x\ x)\ y))\ \lambda x.\ (g\ \lambda y.\ ((x\ x)\ y))) \\
&= (x''\ x'')
\end{aligned}
$$

ただし、$x'' = \lambda x.\ (g\ \lambda y.\ ((x\ x)\ y))$ である。上式をさらに簡約すると以下のようになる。

簡約された Z コンビネータ

$$
\begin{aligned}
&\to (g\ \lambda y.\ ((x''\ x'')\ y))) \\
&\to (\lambda f.\lambda n.\ (f\ (n+1))\ \lambda y.\ ((x''\ x'')\ y)) \\
&\to \lambda n.\ (\lambda y.\ ((x''\ x'')\ y)\ (n+1))
\end{aligned}
$$

上式を定数 a に適用してみると（すなわち、$((Z\ g)\ a)$ という意味）、以下のようになる。

$$(\lambda n.\,(\lambda y.\,((x''\ x'')\ y)\ (n+1))\quad a)$$
$$\to\ (\lambda y.\,((x''\ x'')\ y)\ (a+1))$$
$$\to\ ((x''\ x'')\ (a+1))$$

つまり、

$$((Z\ g)\ a) \to\ ((x''\ x'')\ (a+1))$$
$$\to\ ((x''\ x'')\ (a+2))$$
$$\to\ ((x''\ x'')\ (a+3))$$
$$\cdots$$

となり、再帰的に計算できていることがわかる。

8.2.9.5　Z コンビネータで再帰しない例

いま、$g = \lambda f.\lambda n.n$ とすると、簡約された Z コンビネータの式より、

$$(g\ \lambda y.\,((x''\ x'')\ y))) = (\lambda f.\lambda n.n\ \lambda y.\ ((x''\ x'')\ y)))$$
$$\to\ \lambda n.n$$

となるので、$((Z\ g)\ a)$ は a と計算される。

8.2.9.6　Z コンビネータで階乗計算する例

階乗計算を行う場合は、g を以下のように設定する。

$$g = \lambda f.\lambda n.\ (\text{if } n=1 \text{ then } 1 \text{ else } (\ n\times(f\ (n-1))))$$

すると、簡約された Z コンビネータの式より、

$$(g\ \lambda y.\,((x''\ x'')\ y))) = (\lambda f.\lambda n.\ (n\times(f\ (n-1)))\ \lambda y.\,((x''\ x'')\ y)))$$
$$\to\ \lambda n.\,(n\times(\lambda y.\,(x''\ x'')\ y)\ (n-1))$$

となる。これより、例えば、4の階乗計算、すなわち $((Z\ g)\ 4)$ の計算は、以下のように簡約される。

$$
\begin{aligned}
((Z\ g)\ 4) &\to 4 \times ((x''\ x'')\ 3)\\
&\to 4 \times (3 \times ((x''\ x'')\ 2))\\
&\to 4 \times (3 \times (2 \times ((x''\ x'')\ 1)))\\
&\to 4 \times (3 \times (2 \times 1))\\
&\to 24
\end{aligned}
$$

8.3　アクターモデル

　本節では、並行計算モデルの1つであるアクターモデルについて説明する。アクターモデルとは、Carl Hewitt らが1973年に提唱した並行計算モデル［HewittBS73］であり、Gul Agha らによって λ 計算をもとにしてアクターモデルが形式化されている［AghaMST97］。本節では、λ 計算をもとにしたアクター言語の解説を行うが、その形式化手法は参考文献［pdcs］の方法に従う。アクターモデルは、プログラミング言語の Erlang や Scala などに適用されており、堅牢な分散システムを実現するために用いられるモデルでもある。

8.3.1　データの送受信

　アクターモデルでは、本書で言うところのプロセスのことを**アクター**（actor）と呼んでいるため、本節でもその慣例に従いアクターと呼ぶことにする。アクターモデルではアクター同士で直接通信を行い、データの送受信は**非同期**（asynchronous）に行われるのが特徴的である。

　次の図は、アクターモデルにおけるデータのやり取り例を示したものである。

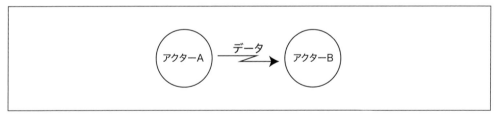

図8-2　アクターモデル

　この図では、2つのアクター A と B があり、アクター A からアクター B にデータを送信している。アクターモデルではチャネルのようなデータの送信路は定義されていない。Carl Hewitt の説明によると、アクターモデルは音や光の伝達といった物理現象をモデル化したものであるため、データはエーテルを通して送信されるとしている［hewitt］。しかし、実際には Erlang などの言語ではアクター内にメッセージを保存するキューを保持しており、そのキューに対する操作でメッ

セージの送受信を実現している。

 エーテルとは宇宙空間に偏在する光を媒介する物質と考えられていたが、現代物理学ではエーテルの存在は否定されている。ここで述べているエーテルとは、何かしらのメッセージを媒介するモデル上の物質と考えるとよいだろう。

　次の図は、アクター（プロセス）が非同期的送受信と同期的送受信でデータを送信している様子を示している。

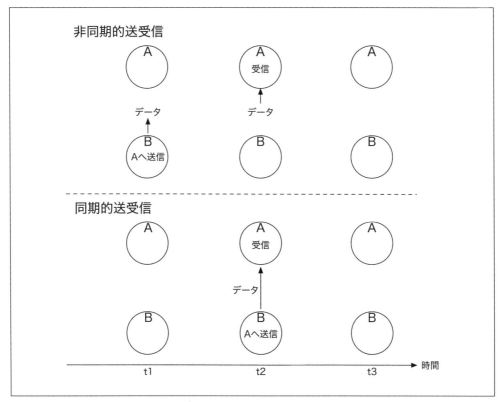

図8-3　非同期的送受信と同期的送受信

　ここでは、アクターBがアクターAへとデータを送信しているが、非同期的送受信では、送信と受信処理はお互いに独立した処理として実行される。したがって、非同期的送受信では、時刻t1でアクターBが送信処理を行った後は、アクターAが受信したかどうかには関係なく処理が進む。一方、同期的送受信では、送信と受信処理を行うタイミングが一致して行われる。この図で

は、時刻 t2 でアクター A と B で受信と送信処理を同時に行い、その後に処理が進んでいる。アクターモデルでは、基本的に非同期的にデータのやり取りを行うが、後に説明する π 計算では、同期的にデータの送受信が行われる。

8.3.1.1　送信

図 8-2 では、アクター A からアクター B へとデータを送信していたが、これを形式的に記述してみよう。まず、あるアクターへデータを送信するためのプリミティブ関数の send 関数を定義してみよう。send 関数の使い方と簡約は以下のようになる。

$$\mathrm{send}(x, b) \to \ \texttt{null}$$

send 関数は、第 1 引数に送信するデータをとり、第 2 引数に送信先のアクターを指定する。また、アクターモデルは非同期的に送受信を行うため、send 関数が呼び出された後は、即座にヌルが返ってくる。この式では、値 x がアクター b に送信されており、その後、send 関数がヌルへと簡約されている。

8.3.1.2　送信中メッセージの集合

アクターモデルでは、send 関数によってデータが送信された後、そのデータはエーテルのような何かしらの環境を通して、宛先のアクターへ届く。ここで、data を宛先 dst へ送信中であるという状態を次のように記述する。

$$\langle \mathrm{dst} \Leftarrow \mathrm{data} \rangle$$

すると、send 関数でデータ x がアクター b に送信されると、環境 E は以下のように遷移する。

$$E \to \ E \uplus \{\langle b \Leftarrow x \rangle\}$$

ここで、環境 E は多重集合で、同じ値の要素を複数持つことが許される。

ここでは、式を簡約するというよりも、環境の状態が移り変わっていくと捉えた方が適切なため、簡約ではなく遷移という言葉を使っている。

8.3.1.3　受信

次に、データを受信するためのプリミティブ関数 recv を定義する。アクター b が recv 関数を

呼び出しており、環境中にアクター b 宛のデータがあった場合、以下のように簡約される。

$$\text{recv}(\lambda y.M) \to (\lambda y.M \quad x)$$

8.3.1.4 アクターコンフィグレーション

　アクターモデルにおける計算は、各アクターの状態、環境を変更していくことで、実行されていく。これは、以下で定義する、**アクターコンフィグレーション**（actor configurations）で記述し、アクターコンフィグレーションの操作で計算が実行される。

定義：アクターコンフィグレーション

　アクターコンフィグレーションとは、アクターモデルでの、あるステップ時刻における状態を表したものであり、

$$\alpha \parallel E$$

と表記される。ここで、α は、アクター名から式への写像であり、n 個のアクターがある場合以下のようになる。

$$\alpha = [A_0]_{v_0}, [A_1]_{v_1}, \ldots, [A_{n-1}]_{v_{n-1}}$$

　ここで、$A_i \mid i \in \{0,\ldots,n-1\}$ は各アクターの式を、$v_i \mid i \in \{0,\ldots,n-1\}$ はアクター名を表している。また、E は送信中データの多重集合であり、m 個のデータが送信中の場合、E は以下のようになる。

$$E = \{\langle d_0 \Leftarrow e_0 \rangle, \langle d_1 \Leftarrow e_1 \rangle, \ldots, \langle d_{m-1} \Leftarrow e_{m-1} \rangle\}$$

　ここで、$d_i \mid i \in \{0,\ldots,m-1\}$ は宛先アクター名を、$e_i \mid i \in \{0,\ldots,m-1\}$ は送信データを表している。

　例えば、**図8-2** で示したデータの送受信は、以下のようなアクターコンフィグレーションの遷移で表現できる。

$$[\text{send}(x,b)]_a, [\text{recv}(\lambda y.M)]_b \parallel \{\} \to [\text{null}]_a, [\text{recv}(\lambda y.M)]_b \parallel \{\langle b \Leftarrow x \rangle\}$$
$$\to [\text{null}]_a, [(\lambda y.M \quad x)]_b \parallel \{\}$$

8.3.2　アクターの生成

アクターモデルではアクターを動的に生成できる。ここで、アクターを生成するプリミティブ関数を new とすると、new 関数が実行されたときのアクターコンフィグレーションの遷移は以下のようになる。

$$[\mathsf{new}(M)]_a \parallel E \ \rightarrow \ [a']_a, [\mathsf{recv}(M)]_{a'} \parallel E$$

このように、new 関数は、アクター名 a' というアクターを新規に作成し、新規アクター名をリターンする関数として定義できる。ただし、new 関数の実行時点のアクターコンフィグレーションを $\alpha \parallel E$ とすると、$a' \notin \mathsf{dom}(\alpha)$ である。例えば、この式の場合、$a \neq a'$ となる。新しく生成されたアクターは、new 関数の引数である式 M を用いて、即座に受信状態へと移行する。

アクターモデルを形式的に表現したアクター言語の構文を次に示す。

アクター言語の構文

$\mathcal{A}$	=	$\{\mathsf{true}, \mathsf{false}, \mathsf{null}, \dots\}$	アトム
$\mathcal{N}$	=	$\{0, 1, 2, \dots\}$	自然数
$\mathcal{X}$	=	$\{x, y, z, \dots\}$	変数
$\mathcal{F}$	=	$\{+, *, =, \mathsf{is\_pair?}, 1^{\mathsf{st}}, 2^{\mathsf{nd}}, \dots\}$	プリミティブ演算

$$
\begin{array}{lll}
\mathcal{V} & ::= & \text{値} \\
& \mathcal{A} \mid \mathcal{N} \mid \mathcal{X} & \\
& \mid \ \lambda\mathcal{X}.\mathcal{E} & \lambda\text{抽象} \\
& \mid \ \mathsf{pair}(\mathcal{V}, \mathcal{V}) & \text{ペア生成} \\
\end{array}
$$

$$
\begin{array}{lll}
\mathcal{E} & ::= & \text{式} \\
& \mathcal{V} & \\
& \mid \ \mathsf{pair}(\mathcal{E}, \mathcal{E}) & \text{ペア生成} \\
& \mid \ \mathcal{E}(\mathcal{E}) & \text{関数適用} \\
& \mid \ \mathcal{F}(\mathcal{E}, \dots, \mathcal{E}) & \text{プリミティブ演算適用} \\
& \mid \ \mathsf{if}(\mathcal{E}, \mathcal{E}, \mathcal{E}) & \text{条件分岐} \\
& \mid \ \mathsf{letrec}\ \mathcal{X} = \mathcal{E}\ \mathsf{in}\ \mathcal{E} & \text{再帰定義} \\
& \mid \ \mathsf{send}(\mathcal{E}, \mathcal{E}) & \text{データ送信} \\
& \mid \ \mathsf{recv}(\mathcal{E}) & \text{データ受信} \\
& \mid \ \mathsf{new}(\mathcal{E}) & \text{アクター生成} \\
\end{array}
$$

このアクター言語は、作用的順序の評価の λ 計算を拡張して定義され、アクター言語は、**アトム**（atom）、自然数、ペアという型を持つ。アトムとは、一種の定数であり識別に用いる記号のようなものである。例えば、true とは真を示す記号のことであり、他の何ものでもない。ペアは、

2つの値を保持することのできる型のことであり、C言語の構造体や、Python のタプルに相当する。ペアの生成は、ペア生成のプリミティブ関数 pair で行い、例えば

$$\text{pair}(\text{true}, 200)$$

とすると、true というアトムと、200 という自然数を保持したペアを生成する。ペアは入れ子にすることができ、例えば、

$$\text{pair}(\text{true}, \text{pair}(100, 200))$$

とすることもできる。

　アクター言語では、プリミティブ演算として +、*、-、/、= などの加減乗除や比較のためのプリミティブ関数を定義している。is_pair? 関数はペア型かを判定する関数であり、例えば、

$$\text{is\_pair?}(\text{pair}(100, 200)) \;\rightarrow\; \text{true}$$

となり、

$$\text{is\_pair?}(10) \;\rightarrow\; \text{false}$$

となる。また、1st、2nd 関数は、それぞれ、ペア型の値の第1要素と第2要素をリターンする関数である。例えば、

$$1^{\text{st}}(\text{pair}(100, 200)) \;\rightarrow\; 100$$

となり、

$$2^{\text{nd}}(\text{pair}(100, 200)) \;\rightarrow\; 200$$

となる。

　λ 計算では、関数適用は

$$(\lambda x.M \quad y)$$

と書かれたが、アクター言語では、関数適用を

$$\lambda x.M(y)$$

と書くことにする。こうすることで、プリミティブ関数の適用方法と同じ記述となる。

　アクター言語では条件分岐を行うプリミティブ関数 if も定義している。if 関数は、第 1 引数が true のときに第 2 引数が、第 1 引数が false のときに第 3 引数が評価される。つまり、

$$\mathrm{if}(\mathrm{true}, M, N) \to M$$

となり、

$$\mathrm{if}(\mathrm{false}, M, N) \to N$$

となる。

　letrec 式は再帰定義の式である。例えば、letrec 式を使うと 4 の階乗計算は以下のように記述できる。

$$\mathrm{letrec}\ \mathrm{fact} = \lambda x.\ \mathrm{if}(= (x, 1),$$
$$1,$$
$$* (x, \mathrm{fact}(- (x, 1)))) \ \mathrm{in}\ \mathrm{fact}(4)$$

　アクター言語の基本的な構文は先に示したとおりであるが、記述性を向上させるために以下に示す**糖衣構文**（syntax sugar）を導入する。

アクター言語の糖衣構文

let $x = e_0$ in e_1	$\overset{\mathrm{def}}{=}$	$\lambda x.e_1(e_0)$
seq(e_0, e_1)	$\overset{\mathrm{def}}{=}$	let $z = e_0$ in e_1 ただし z は新規
seq($e_0, \ldots, e_{n-1}$)	$\overset{\mathrm{def}}{=}$	seq(e_0, seq($e_1, \ldots,$ seq($e_{n-2}, e_{n-1})) \ldots$)) ただし $n \geqq 3$
rec(f)	$\overset{\mathrm{def}}{=}$	$\lambda x.f\ (\lambda y.x\ (x)(y))(\lambda x.f\ (\lambda y.x\ (x)(y)))$ Z コンビネータ

　なおここで、z は新規変数、$n \geqq 3$ である。let 式は変数定義を行うための式であり、letrec 式と違って再帰定義はできない。seq 関数はシーケンスコンビネータであり、順番に式を実行するために用いる。ここで、seq 関数の変数 z は、既存の式に出現しない新規変数である。rec 関数は、Z コンビネータのことであり再帰を行うために用いる。

8.3.3 変数束縛と制約

アクター言語の変数束縛は、λ 抽象と letrec 式によって行われる。すなわち、アクター言語における変数束縛と自由変数は以下のように定義できる。

定義：アクター言語の変数束縛

アクター言語では、$\lambda x.M$ という式があった場合、M 中の自由変数 x を束縛し、letrec $x = M$ in N という式があった場合、M と N 中の自由変数 x が束縛される。

定義：アクター言語の自由変数

アクター言語では、λ 抽象と letrec 式で束縛されない変数は、自由変数となる。

いま、ある時刻でのアクターコンフィグレーションを $\alpha \parallel E$ としたとき、以下の条件が成り立つ。

1. すべての $a \in \mathrm{dom}(\alpha)$ に対して、$\mathrm{fv}(\alpha(a)) \subseteq \mathrm{dom}(\alpha)$
2. すべての $\langle a \Leftarrow v \rangle \in E$ に対して、$\{a\} \cup \mathrm{fv}(v) \subseteq \mathrm{dom}(\alpha)$

条件 1 は、式中の自由変数は有効なアクター名であることを示しており、条件 2 は、送信中メッセージの宛先が、有効なアクター名であることを示している。これら条件が成り立たない場合、自由変数が存在しないアクターを指していたり、存在しないアクターにデータを送信していることになる。

8.3.4 操作的意味論

アクター言語の操作的な意味は、アクターコンフィグレーションの遷移規則で与えることができる。アクター言語の操作的意味論を説明する前に、ホール表記について定義する。

定義：ホール表記

式 M 中の次に評価される簡約可能式（redex）を $\mathcal{E}_r$ とする。このとき、M 中の $\mathcal{E}_r$ を □（ホール、hole）で置き換えた式を R としたとき、

$$\mathcal{R} \blacktriangleright \mathcal{E}_r \blacktriangleleft$$

と表す記述をホール表記と呼ぶ。また、R を簡約コンテキストと呼ぶ。

例えば、

$$\lambda x.M \; (\text{new}(N))$$

は、ホール表記では、

$$\lambda x.M(\Box) \blacktriangleright \text{new}(N) \blacktriangleleft$$

と記述される。以下にホール表記の構文を示す。

ホール表記の構文

$\mathcal{E}_r$	::=	簡約可能式
	$\mathcal{V}(\mathcal{V})$	関数適用
	$\mid \quad \mathcal{F}(\mathcal{V},\dots,\mathcal{V})$	プリミティブ関数適用
	$\mid \quad \text{if}(\mathcal{V},\mathcal{E},\mathcal{E})$	条件分岐
	$\mid \quad \text{letrec } \mathcal{X} = \mathcal{V} \text{ in } \mathcal{E}$	再帰定義
	$\mid \quad \text{send}(\mathcal{V},\mathcal{V})$	データ送信
	$\mid \quad \text{recv}(\mathcal{V})$	データ受信
	$\mid \quad \text{new}(\mathcal{V})$	アクター生成
$\mathcal{R}$	::=	簡約コンテキスト
	$\Box$	ホール
	$\mid \quad \text{pair}(\mathcal{V},\mathcal{R})$	ペア生成
	$\mid \quad \text{pair}(\mathcal{R},\mathcal{E})$	ペア生成
	$\mid \quad \mathcal{V}(\mathcal{R})$	関数適用
	$\mid \quad \mathcal{R}(\mathcal{E})$	関数適用
	$\mid \quad \mathcal{F}(\mathcal{V},\dots,\mathcal{V},\mathcal{R},\mathcal{E},\dots,\mathcal{E})$	プリミティブ関数適用
	$\mid \quad \text{if}(\mathcal{R},\mathcal{E},\mathcal{E})$	条件分岐
	$\mid \quad \text{letrec } \mathcal{X} = \mathcal{R} \text{ in } \mathcal{E}$	再帰定義
	$\mid \quad \text{send}(\mathcal{V},\mathcal{R})$	データ送信
	$\mid \quad \text{send}(\mathcal{R},\mathcal{E})$	データ送信
	$\mid \quad \text{recv}(\mathcal{R})$	データ受信
	$\mid \quad \text{new}(\mathcal{R})$	アクター生成

　次にアクター言語における、拡張 λ 計算の簡約規則を示す。

アクター言語における拡張λ計算の簡約

$$\lambda x.e\,(v) \to_\lambda e\{x \mapsto v\}$$
$$f(v_0,\ldots,v_{n-1}) \to_\lambda v$$
$$\text{if}(\text{true}, e, \_) \to_\lambda e$$
$$\text{if}(\text{false}, \_, e) \to_\lambda e$$
$$1^{\text{st}}(\text{pair}(v, \_)) \to_\lambda v$$
$$2^{\text{nd}}(\text{pair}(\_, v)) \to_\lambda v$$
$$\text{letrec}\ x = v\ \text{in}\ e \to_\lambda e\{x \mapsto v\{x \mapsto \text{letrec}\ x = v\ \text{in}\ v\}\}$$

アクター言語は、λ計算を拡張して定義されているため、関数適用などはλ計算と同じように簡約される。再帰定義を行う letrec 式は、ここに示すとおり、再帰的に展開されていく。ここで、関数適用と letrec 式における簡約をλ計算における簡約とみなして $\to_\lambda$ と表記している。例えば、

$$M \to_\lambda N$$

と記述された場合、この規則を用いて M から N に簡約されることを表している。
　次にアクター言語の操作的意味論を示す。

アクター言語の操作的意味論

$$\frac{e \to_\lambda e'}{\alpha,\ [R \blacktriangleright e \blacktriangleleft]_a\ \|\ E \xrightarrow{[\lambda:a]} \alpha,\ [R \blacktriangleright e' \blacktriangleleft]_a\ \|\ E}$$

$$\alpha,\ [R \blacktriangleright \text{new}(b) \blacktriangleleft]_a\ \|\ E \xrightarrow{[\text{new}:a,a']} \alpha,\ [R\{\Box \mapsto a'\}]_a,\ [\text{recv}(b)]_{a'}\ \|\ E \qquad \text{ただし } a' \text{は新規}$$

$$\alpha,\ [R \blacktriangleright \text{send}(v, a') \blacktriangleleft]_a\ \|\ E \xrightarrow{[\text{snd}:a]} \alpha,\ [R\{\Box \mapsto \text{null}\}]_a\ \|\ E \uplus \{\langle a' \Leftarrow v \rangle\}$$

$$\alpha,\ [R \blacktriangleright \text{recv}(b) \blacktriangleleft]_a\ \|\ \{\langle a \Leftarrow v \rangle\} \uplus E \xrightarrow{[\text{rcv}:a,v]} \alpha,\ [b(v)]_a\ \|\ E$$

　一番上の規則は、アクターモデルのλ計算をもとにした簡約が行える場合の推論規則となる。アクター言語では、状態の遷移をラベル付き遷移で表し、ラベル付き遷移は矢印の上にラベルを表記した記述で表す。ここでは、λ計算の簡約が行える場合の遷移を $\xrightarrow{[\lambda:a]}$ と表記している。これは、アクター a がλ計算の規則に基づいて簡約され、アクターコンフィグレーションの状態が遷移していることを表している。
　2つ目の規則は、アクター生成に関する規則である。あるアクターが new 関数を呼び出した場

合、新たなアクター名を持つアクターが生成され、new 関数の引数を用いて recv 関数が実行されるようになる。例えば、アクター生成におけるアクターコンフィグレーションの遷移は

$$\alpha \parallel E \xrightarrow{[\,\text{new}:a,a'\,]} \alpha' \parallel E$$

と表記される。これは、$a' \notin \text{dom}(\alpha)$ かつ、$a' \in \text{dom}(\alpha')$ となり、新たなアクター名 a' というアクターがアクターコンフィグレーションに追加されたことを示している。

　3つ目の規則は、データ送信に関する規則となる。あるアクター a が send(v, a') としてアクター a' へデータ v を送信した場合、アクター a' への送信メッセージ $\langle a' \Leftarrow v \rangle$ が環境 E へと追加される。

　最後の規則は、データ受信に関する規則となる。あるアクター a の次に評価される式が recv 関数であり、そのアクターコンフィグレーションの環境にアクター a への送信中メッセージ $\langle a \Leftarrow v \rangle$ が含まれていた場合、recv 関数が評価されてアクターコンフィグレーションが遷移する。アクター a によって受信されたメッセージは、環境から削除され、recv 関数の引数である式 b が、メッセージ中のデータ x を引数として、$b(x)$ と適用される。

8.3.5　バリア同期

　本節では、例としてアクター言語を用いたバリア同期を実装する。本節で実装するバリア同期は、3プロセスで同期を行うとする。まずはじめに、バリア同期用のプロセスを以下のように定義する。

$$\begin{aligned}
\text{barrier} \overset{\text{def}}{=}\ &\text{let } x = \text{seq}(\text{recv}(\lambda x.x))\text{ in}\\
&\text{let } y = \text{seq}(\text{recv}(\lambda x.x))\text{ in}\\
&\text{let } z = \text{seq}(\text{recv}(\lambda x.x))\text{ in}\\
&\quad \text{seq}(\text{send}(\_, x), \text{send}(\_, y), \text{send}(\_, z))
\end{aligned}$$

　このプロセスは、3回送信元のアクター名を受信し、3回そのアクターに送信しているだけの単純なものとなる。ここで、式中の _ は何のデータでもよいということを示している。次に、バリア同期を行うためのプロセスを以下のように定義する。

$$\text{node} \overset{\text{def}}{=} \text{seq}(\text{send}(\text{node\_name}, \text{barrier}), \text{recv}(\lambda x.x))$$

　このプロセスも単純で、バリア同期用のプロセスに自身のアクター名を示す node_name を送信し、受信を待っているだけとなる。すると、これらのアクターコンフィグレーションは以下のようになる。

$$[\text{barrier}]_b, [\text{node}]_{n1}, [\text{node}]_{n2}, [\text{node}]_{n3} \parallel \{\}$$

このアクターコンフィグレーションを操作的意味論で示した規則に従って計算を進めていくと以下のようになる。ただし、長くなるためいくつかの計算ステップを簡略化している。計算の前半は以下のとおりである。

$$[\text{barrier}]_b, [\text{node}]_{n1}, [\text{node}]_{n2}, [\text{node}]_{n3} \parallel \{\}$$

$= [\,\text{let } x = \square \text{ in}$
$\quad \text{let } y = \text{recv}(\lambda x.x) \text{ in}$
$\quad \text{let } z = \text{recv}(\lambda x.x) \text{ in}$
$\quad\quad \text{seq}(\text{send}(\_, x), \text{send}(\_, y), \text{send}(\_, z)) \blacktriangleright \text{recv}(\lambda x.x) \blacktriangleleft\,]_b,$
$\quad [\text{seq}(\square, \text{recv}(\lambda x.x)) \blacktriangleright \text{send}(\text{n1}, b) \blacktriangleleft]_{n1},$
$\quad [\text{seq}(\square, \text{recv}(\lambda x.x)) \blacktriangleright \text{send}(\text{n2}, b) \blacktriangleleft]_{n2},$
$\quad [\text{seq}(\square, \text{recv}(\lambda x.x)) \blacktriangleright \text{send}(\text{n2}, b) \blacktriangleleft]_{n3} \parallel \{\}$

$\xrightarrow{[\text{snd}:b]} [\,\text{let } x = \square \text{ in}$
$\quad \text{let } y = \text{recv}(\lambda x.x) \text{ in}$
$\quad \text{let } z = \text{recv}(\lambda x.x) \text{ in}$
$\quad\quad \text{seq}(\text{send}(\_, x), \text{send}(\_, y), \text{send}(\_, z)) \blacktriangleright \text{recv}(\lambda x.x) \blacktriangleleft\,]_b,$
$\quad [\text{seq}(\square, \text{recv}(\lambda x.x)) \blacktriangleright \text{send}(\text{n1}, b) \blacktriangleleft]_{n1},$
$\quad [\text{seq}(\square) \blacktriangleright \text{recv}(\lambda x.x) \blacktriangleleft]_{n2},$
$\quad [\text{seq}(\square, \text{recv}(\lambda x.x)) \blacktriangleright \text{send}(\text{n3}, b) \blacktriangleleft]_{n3} \parallel \{\langle b \Leftarrow \text{n2}\rangle\}$

$\xrightarrow{[\text{snd}:b]} [\,\text{let } x = \square \text{ in}$
$\quad \text{let } y = \text{recv}(\lambda x.x) \text{ in}$
$\quad \text{let } z = \text{recv}(\lambda x.x) \text{ in}$
$\quad\quad \text{seq}(\text{send}(\_, x), \text{send}(\_, y), \text{send}(\_, z)) \blacktriangleright \text{recv}(\lambda x.x) \blacktriangleleft\,]_b,$
$\quad [\text{seq}(\square, \text{recv}(\lambda x.x)) \blacktriangleright \text{send}(\text{n1}, b) \blacktriangleleft]_{n1},$
$\quad [\text{seq}(\square) \blacktriangleright \text{recv}(\lambda x.x) \blacktriangleleft]_{n2},$
$\quad [\text{seq}(\square) \blacktriangleright \text{recv}(\lambda x.x) \blacktriangleleft]_{n3} \parallel \{\langle b \Leftarrow \text{n2}\rangle, \langle b \Leftarrow \text{n3}\rangle\}$

$\xrightarrow{[\text{rcv}:b, \text{n3}]} [\,\text{let } y = \square \text{ in}$
$\quad \text{let } z = \text{recv}(\lambda x.x) \text{ in}$
$\quad\quad \text{seq}(\text{send}(\_, \text{n3}), \text{send}(\_, y), \text{send}(\_, z)) \blacktriangleright \text{recv}(\lambda x.x) \blacktriangleleft\,]_b,$
$\quad [\text{seq}(\square, \text{recv}(\lambda x.x)) \blacktriangleright \text{send}(\text{n1}, b) \blacktriangleleft]_{n1},$
$\quad [\text{seq}(\square) \blacktriangleright \text{recv}(\lambda x.x) \blacktriangleleft]_{n2},$
$\quad [\text{seq}(\square) \blacktriangleright \text{recv}(\lambda x.x) \blacktriangleleft]_{n3} \parallel \{\langle b \Leftarrow \text{n2}\rangle\}$

　このように、各 node がバリア同期用のアクターにデータを送信し、バリア同期用のアクターは非同期にデータを受信する。この計算を引き続き行うと以下のようになる。

$$\xrightarrow{[\text{snd}:b]} [\text{let } y = \square \text{ in}$$

$$\qquad \text{let } z = \text{recv}(\lambda x.x) \text{ in}$$

$$\qquad\qquad \text{seq}(\text{send}(\_, \text{n3}), \text{send}(\_, y), \text{send}(\_, z)) \blacktriangleright \text{recv}(\lambda x.x) \blacktriangleleft]_b,$$

$$[\text{seq}(\square) \blacktriangleright \text{recv}(\lambda x.x) \blacktriangleleft]_{n1},$$

$$[\text{seq}(\square) \blacktriangleright \text{recv}(\lambda x.x) \blacktriangleleft]_{n2},$$

$$[\text{seq}(\square) \blacktriangleright \text{recv}(\lambda x.x) \blacktriangleleft]_{n3} \parallel \{\langle b \Leftarrow \text{n2}\rangle, \langle b \Leftarrow \text{n1}\rangle\}$$

$$\xrightarrow{[\text{rcv}:b,\text{n2}]} [\text{let } z = \square \text{ in}$$

$$\qquad \text{seq}(\text{send}(\_, \text{n3}), \text{send}(\_, \text{n2}), \text{send}(\_, z)) \blacktriangleright \text{recv}(\lambda x.x) \blacktriangleleft]_b,$$

$$[\text{seq}(\square) \blacktriangleright \text{recv}(\lambda x.x) \blacktriangleleft]_{n1},$$

$$[\text{seq}(\square) \blacktriangleright \text{recv}(\lambda x.x) \blacktriangleleft]_{n2},$$

$$[\text{seq}(\square) \blacktriangleright \text{recv}(\lambda x.x) \blacktriangleleft]_{n3} \parallel \{\langle b \Leftarrow \text{n1}\rangle\}$$

$$\xrightarrow{[\text{rcv}:b,\text{n1}]} [\text{seq}(\square, \text{send}(\_, \text{n2}), \text{send}(\_, \text{n1})) \blacktriangleright \text{send}(\text{n3}, \_) \blacktriangleleft]_b,$$

$$[\text{seq}(\square) \blacktriangleright \text{recv}(\lambda x.x) \blacktriangleleft]_{n1},$$

$$[\text{seq}(\square) \blacktriangleright \text{recv}(\lambda x.x) \blacktriangleleft]_{n2},$$

$$[\text{seq}(\square) \blacktriangleright \text{recv}(\lambda x.x) \blacktriangleleft]_{n3} \parallel \{\}$$

　このように、すべての node がデータを送信し終えた状態が必ず存在する。この時点でバリア同期が完了したため、次は、バリア同期用のアクターから各 node へとデータが送信される。これは、以下のように計算が進む。

$$\xrightarrow{[\text{snd}:\text{n3}]} [\text{seq}(\square, \text{send}(\_, \text{n1})) \blacktriangleright \text{send}(\_, \text{n2}) \blacktriangleleft]_b,$$

$$[\text{seq}(\square) \blacktriangleright \text{recv}(\lambda x.x) \blacktriangleleft]_{n1}, [\text{seq}(\square) \blacktriangleright \text{recv}(\lambda x.x) \blacktriangleleft]_{n2}, [\text{seq}(\square) \blacktriangleright \text{recv}(\lambda x.x) \blacktriangleleft]_{n3} \parallel \{\langle \text{n3} \Leftarrow \_\rangle\}$$

$$\xrightarrow{[\text{snd}:\text{n2}]} [\text{seq}(\square) \blacktriangleright \text{send}(\_, \text{n1}) \blacktriangleleft]_b,$$

$$[\text{seq}(\square) \blacktriangleright \text{recv}(\lambda x.x) \blacktriangleleft]_{n1}, [\text{seq}(\square) \blacktriangleright \text{recv}(\lambda x.x) \blacktriangleleft]_{n2}, [\text{seq}(\square) \blacktriangleright \text{recv}(\lambda x.x) \blacktriangleleft]_{n3} \parallel \{\langle \text{n3} \Leftarrow \_\rangle, \langle \text{n2} \Leftarrow \_\rangle\}$$

$$\xrightarrow{[\text{rcv}:\text{n3},\_]} [\text{seq}(\square) \blacktriangleright \text{send}(\_, \text{n1}) \blacktriangleleft]_b,$$

$$[\text{seq}(\square) \blacktriangleright \text{recv}(\lambda x.x) \blacktriangleleft]_{n1}, [\text{seq}(\square) \blacktriangleright \text{recv}(\lambda x.x) \blacktriangleleft]_{n2}, [\_]_{n3} \parallel \{\langle \text{n2} \Leftarrow \_\rangle\}$$

$$\xrightarrow{[\text{snd}:\text{n1}]} [\text{null}]_b,$$

$$[\text{seq}(\square) \blacktriangleright \text{recv}(\lambda x.x) \blacktriangleleft]_{n1}, [\text{seq}(\square) \blacktriangleright \text{recv}(\lambda x.x) \blacktriangleleft]_{n2}, [\_]_{n3} \parallel \{\langle \text{n2} \Leftarrow \_\rangle \langle \text{n1} \Leftarrow \_\rangle\}$$

$$\xrightarrow{[\text{rcv}:\text{n2},\_]} [\text{null}]_b,$$

$$[\text{seq}(\square) \blacktriangleright \text{recv}(\lambda x.x) \blacktriangleleft]_{n1}, [\_]_{n2}, [\_]_{n3} \parallel \{\langle \text{n1} \Leftarrow \_\rangle\}$$

$$\xrightarrow{[\text{rcv}:\text{n1},\_]} [\text{null}]_b,$$

$$[\_]_{n1}, [\_]_{n2}, [\_]_{n3} \parallel \{\}$$

最終的に、すべての送受信、つまりバリア同期が完了する。この例からもわかるように、アクターモデルは非同期的な通信を行うため、送信と受信は時間的に異なっていてもよい。また、送信されたデータの順番と受信するデータの順番は必ずしも同じにはならない。

8.3.6 同期的通信

バリア同期の例を示したが、アクターモデルのバリア同期には微妙な問題をはらんでいる。それを示すために、アクターモデルの同期的な通信を考えてみよう。

アクターモデルでは非同期的に送受信を行うが、同期的な通信も定義可能である。同期的な送受信関数を、それぞれ、send' と recv' 関数とすると、同期的な送受信の遷移は以下のように定義できる。

$$\alpha, [R_a \blacktriangleright \text{send}'(x, b) \blacktriangleleft]_a, [R_b \blacktriangleright \text{recv}'(M) \blacktriangleleft]_b \parallel E$$

$$\xrightarrow{[\text{sync}:\, a,b,x]} \alpha, [R_a\{\square \mapsto \text{null}\}]_a, [R_b \blacktriangleright M(x) \blacktriangleleft]_b \parallel E$$

これは、アクター a がアクター b に対してデータを送信しており、アクター b が受信しているときに、同時に、つまり同期的に送受信の処理が行われることを示している。

もし、アクター b へ送信しているアクターが他にもあった場合は、そのうちの 1 つのみについて送信処理が行われる。例えば、アクター a1 と a2 が、アクター b にデータを送信していた場合は、以下のような遷移となる。

$$[R_{a1} \blacktriangleright \text{send}'(x, b) \blacktriangleleft]_{a1}, [R_{a2} \blacktriangleright \text{send}'(y, b) \blacktriangleleft]_{a2}, [R_b \blacktriangleright \text{recv}'(M) \blacktriangleleft]_b \parallel E$$

$$\xrightarrow{[\text{sync}:\, a2,b,y]} [R_{a1} \blacktriangleright \text{send}'(x, b) \blacktriangleleft]_{a1}, [R_{a2}\{\square \mapsto \text{null}\}]_{a2}, [R_b \blacktriangleright M(y) \blacktriangleleft]_b \parallel E$$

この例だと、アクター a2 の送信処理が行われているが、アクター a1 の処理が行われる場合もある。このように、予測ができないような処理のことを**非決定的**（nondeterministic）な処理と言う。

同期的通信では同時に送受信が行われるが、その特徴に、送信と受信処理における暗黙的なバリア同期処理がある。そこで、非同期的通信の送受信処理でバリア同期を行う方法を考察してみよう。非同期的アクター言語での単純な送受信のバリア同期は、以下の定義で行える。

$$
\begin{aligned}
\text{rnd} &\overset{\text{def}}{=} \text{乱数生成器} \\
\text{recvAck}(r) &\overset{\text{def}}{=} \text{recv}(\text{rec}(\lambda f.\lambda x.\ (\text{if } = (r, x), \text{null}, \text{recv}(f)))) \\
\text{syncSend}(d, s, v) &\overset{\text{def}}{=} \text{let } r = \text{rnd in} \\
&\qquad \text{seq}(\text{send}(\text{pair}(\text{pair}(s, r), v), d), \text{recvAck}(r)) \\
\text{syncRecv}(f) &\overset{\text{def}}{=} \text{recv}(\lambda x.\ (\\
&\qquad \text{let } m = 1^{\text{st}}(x) \text{ in} \\
&\qquad\quad \text{seq}(\text{send}(1^{\text{st}}(m), 2^{\text{nd}}(m)), f(2^{\text{nd}}(x)))))
\end{aligned}
$$

　　ここで、syncSend 関数は同期送信用の関数であり、引数 d に宛先アクターを、引数 s に送信元アクターを、引数 v に送信データを指定する。syncSend 関数では、まずはじめに、宛先アクター d へ送信元アクター s、rnd 関数を用いて生成した乱数、およびデータ v を送信している。その後、応答の受信関数 recvAck 関数を用いて、送信の応答を受信している。recvAck 関数では、送信した乱数と同じ乱数を受信するまで無限ループする。recvSync 関数は、メッセージを受信したら、送信元アクターへと乱数を送り返し、その後実際の処理を行う。これは、例えば、以下のようにして用いる。

$$\alpha, \ [\text{seq}(\text{syncSend}\,(b, a, x), M\,)]_a, \ [\text{syncRecv}\,(N)]_b \ || \ E$$

　　しかし、このバリア同期方法には 1 つ問題がある。それは、recvAck 中に応答以外のメッセージを受信した場合、そのメッセージは破棄されてしまう。これは、この式中の式 M で必要だったかもしれないデータが破棄されることを意味しており、さらに、通信に損失があることを意味している。これを対策するためには、recvAck 中に受信した応答以外のメッセージを保存しておき、後で利用できるようにしなければならないが、この処理は比較的複雑なものになってしまう。実際には、そのような処理を行うよりも、アクターモデルを基礎とした言語を用いる際は、非同期であることを意識した設計を行った方が現実的である。

　　アクターモデルが非同期的通信を用いる理由は、その分散性に由来すると考えられる。一般的に、地理的に分散配置されているコンピュータ同士では状態の同期をとることが難しく、同期的に送受信を行うコストが大きくなってしまう。一方、非同期的通信は、送信側と受信側で状態の依存性がないため、分散コンピューティングに適していると言える。

8.4　π 計算

　　π 計算［MilnerPW92a］、［MilnerPW92b］とは、Robin Milner らによって提案された並行計算モデルの 1 つである。アクターモデルでは、アクターと呼ばれるプロセス同士が直接データのやり取りを行っていたが、π 計算ではデータの送受信はチャネルと呼ばれる通信路を用いて行われる。一般的に π 計算と言うと同期的通信を行う並行計算モデルのことを指し、非同期的の π 計算は**非同期 π 計算**（asynchronous pi-calculus）と呼ばれている。ちなみに、π 計算の計算能力は λ 計算と等価であることが Milner によって示されている［Milner92］。π 計算、λ 計算、チューリングマシンと見た目が大きく異なる計算モデルが、計算能力という観点から見ると等価であると言うのは興味深い事実である。

　　本節では、まず、同期的な π 計算を形式的に定義したのち、π 計算を用いてバリア同期を実装する例を示す。本節では π 計算に加えてセッション型についても説明する。セッション型とは通信チャネルの型を定義可能な型システムのことであり、理論的には π 計算をベースとして議論されることが多い。セッション型の節では、Rust 用に設計されたセッション型ライブラリを用いて、実際に動作するコードでも解説する。

8.4.1　データの送受信

　次の図は、2つのプロセスがチャネルcを通してデータの送受信を行っているπ計算のプログラムを示している。

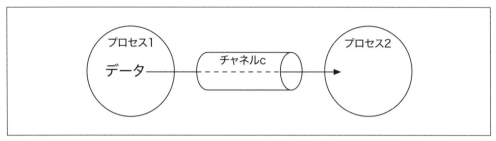

図8-4　π計算

　ここでは、2つのプロセスがあり、それぞれのプロセスをプロセス1とプロセス2と呼んでいる。アクターモデルと違い、π計算はプロセスに固有の名前を付けないが、説明のためにプロセスに名前を付けている。この図では、プロセス1があるデータをチャネルcに送信し、プロセス2はチャネルcよりデータを受信している。

8.4.1.1　送信

　図8-4では、プロセス1があるデータをチャネルcを通して送信していたが、このデータ送信を形式的に表現してみよう。あるチャネルcがあり、そのチャネルcに対してあるデータxを送信する、といった記述はπ計算では以下のように表す。

$$\bar{c}x$$

　このように、$\bar{c}$と書かれたときは、チャネルcに対して何かしらのデータを送信するということを示している。

8.4.1.2　受信

　次に、データの受信を形式的に表現してみよう。あるチャネルcがあり、そのチャネルcよりデータを受信し変数yに代入する、といった記述はπ計算では以下のように表す。

$$c\langle y\rangle$$

　チャネルcより受信したデータは変数yに保存される。この動作は、λ計算のように、続く式中の自由変数yを受信したデータで置換することで表現される。例えば、チャネルcからxという

データを変数 y に受信した場合、

$$c\langle y\rangle.P \;\rightarrow\; P\{y \mapsto x\}$$

とプロセスは遷移する。ここで、$c\langle y\rangle.P$ は、チャネル c からデータを受信した後、何らかの処理 P を実行するという意味であり、変数 y にデータ x を受信すると P 中の自由変数 y が x に置換されるということを示している。

8.4.1.3　並行合成

あるプロセス P と Q が並行に実行してる状態は、π 計算では | 記号を用いて以下のように記述される。

$$P \mid Q \equiv Q \mid P$$

このように複数のプロセスが並行に実行されるさまを表したものは、一般的に**並列合成**（parallel composition）や**並行合成**（concurrent composition）と呼ばれる。賢明な読者ならすでに気が付いていると思うが、並行プログラミングという文脈からは、並列合成よりも並行合成の方がより正確に意味を表しているため、本書では並列合成ではなく並行合成という用語を用いる。ちなみに、先に述べた、P を実行した後に Q を逐次実行するという記述の P.Q は、**逐次合成**（sequential composition）と呼ばれる。

図 8-4 で示されるデータ送受信の並行合成による表現と、その遷移は以下のようになる。

$$\bar{c}x.P \;\mid\; c\langle y\rangle.Q \;\rightarrow\; P \;\mid\; Q\{y \mapsto x\}$$

ここでは、チャネル c にデータ x を送信した後に処理 P を実行するプロセスと、チャネル c からデータを変数 y に受信した後に処理 Q を実行するプロセスがあり、データ送受信が同期的に実行された後は

$$P \mid Q \equiv Q \mid P$$

という並行合成に遷移する。

8.4.2　構文

以下に π 計算の構文を示す。

π計算の構文

$$
\begin{array}{lllll}
\alpha & ::= & \bar{c}x & & x をチャネル c に送信\\
 & & c\langle x\rangle & & チャネル c から x へデータを受信\\
P, Q & ::= & 0 & & プロセス終端\\
 & & \alpha.P & & \alpha と P の逐次合成\\
 & & P \mid Q & & P と Q の並行合成\\
 & & !P & & P の無限個の並行合成\\
 & & P + Q & & P と Q の非決定的実行\\
 & & (\nu c)P & & P 中で束縛された新規チャネル c\\
 & & A(y_1,\ldots,y_n) & & プロセス呼び出し\\
\Delta & ::= & A(x_i,\ldots,x_n) \stackrel{\mathrm{def}}{=} P & & プロセス定義
\end{array}
$$

π計算では、慣習的に0をプロセスの終端におき、0となったプロセスは停止状態となりそれ以上の遷移はしないことを示す。

!PはプロセスPの無限個の並行合成である。すなわち!Pは、

$$!P := P \mid !P$$

と定義される。これは、並行サーバを表現するのに利用できる。例えば、WebサーバのプロセスをWとすると、!Wと記述することでWebサーバが多数のクライアントを並行に処理することを表現できる。

$P + Q$という記述は、プロセスPとQの非決定的な実行を意味する。すなわち、$P \to P'$かつ$Q \to Q'$と、PとQの両方ともが遷移可能になった場合、$P + Q \to P'$または$P + Q \to Q'$のどちらかに遷移する。

$(\nu c)P$は、cがプロセスP中の新規チャネルであることを示す記述となる。これは、一般的なプログラミング言語でいうところのローカル変数宣言に相当する。あくまで著者の想像だが、ギリシア文字のν（ニュー）を用いる理由は、英語のnewをかけたダジャレだと思われる。

プロセス定義とプロセス呼び出しは、一般的なプログラミング言語での関数定義と関数呼び出しに相当する。例えば、

$$\mathrm{ping}(c) \stackrel{\mathrm{def}}{=} (\nu w)\bar{c}w.c\langle x\rangle$$

としたとき、pingはあるチャネルを引数として変数cに受け取り、そのチャネルに対してローカルチャネルwを送信して、何かしらのデータを引数で受け取ったチャネルから受信するという定

義となる。これは、

$$(vc)(\text{ping}(c).0 \mid c\langle x\rangle.\bar{c}x.0)$$

というように呼び出すことができる。

　vc および二項演算子の `.`、`+`、`|` は、結合の強い順に並べると以下のようになる。

1	.
2	vc
3	+
4	|

　例えば、

$$(vc)P_0.P_1 + P_2.P_3 \mid P_4$$

と書かれた場合、これは、

$$(((vc)(P_0.P_1)) + (P_2.P.3)) \mid (P_4)$$

と等価になる。また、$+$ もしくは $\mid$ 演算子に vc を分配したい場合は、以下のように記述すればよい。

$$(vc)(P + Q)$$
$$(vc)(P \mid Q)$$

8.4.3　変数束縛

　π 計算での変数束縛は vc と $c\langle x\rangle$ によって行われる。すなわち、$(vc)P$ は P 中の自由変数 c を束縛し、$c\langle x\rangle.P$ は P 中の自由変数 x を束縛する。例えば、

$$(vx)c\langle x\rangle.P$$

という式があったとき、1 番目の x と 2 番目の x は異なる変数である。これは、

$$\lambda x.\lambda x.P$$

というλ式があったときに、1番目の x と2番目の x が異なるのと同じである。これは Rust では、以下のような変数のシャドーイングに相当する。

```rust
let x = 10;
let x = 20;
P;
```

π計算の式 E 中の自由変数の集合を $\mathsf{fv}(E)$、束縛変数の集合を $\mathsf{bv}(E)$ で表すと、π計算の自由変数と束縛変数は以下のように定義できる。

定義：π計算の自由変数

π計算の自由変数の集合は、以下の式より再帰的に得られる変数の集合である。

$$\mathsf{fv}(a\langle x \rangle) = \{a\}$$
$$\mathsf{fv}(a\langle x \rangle.P) = \{a\} \cup (\mathsf{fv}(P) - \{x\})$$
$$\mathsf{fv}((vx)) = \emptyset$$
$$\mathsf{fv}((vx)P) = \mathsf{fv}(P) - \{x\}$$
$$\mathsf{fv}(\bar{a}x) = \{a, x\}$$
$$\mathsf{fv}(\bar{a}x.P) = \{a, x\} \cup \mathsf{fv}(P)$$
$$\mathsf{fv}(P \mid Q) = \mathsf{fv}(P) \cup \mathsf{fv}(Q)$$
$$\mathsf{fv}(P + Q) = \mathsf{fv}(P) \cup \mathsf{fv}(Q)$$
$$\mathsf{fv}(!P) = \mathsf{fv}(P)$$
$$\mathsf{fv}(0) = \emptyset$$

定義：π計算の束縛変数

π計算の束縛変数の集合は、すべての変数の集合から、自由変数の集合に出現する変数を除いた集合となる。すなわち、

$$\mathsf{bv}(E) = \mathsf{all}(E) - \mathsf{fv}(E)$$

である。ただし、$\mathsf{all}(E)$ は E 中のすべての変数の集合となる。

8.4.4　α変換

本節では π 計算における α 変換について説明する。「**8.2.6　α変換**」の節で述べたように、α 変換を用いると束縛変数の変数名を変更して同じ意味の式を導出できる。この α 変換は π 計算でも全く同じように適用できる。すなわち、π 計算の α 変換は以下のように定義できる。

> **定義：π計算におけるα変換**
>
> $(vx)P$ または、$c\langle x \rangle.P$ という式において、$x \notin \mathrm{fv}(P)$ かつ、$P\{x \mapsto y\}$ としたときに P 中の式が新たに y を束縛しないときに限り、$(vx)P$ を $(vy)P\{x \mapsto y\}$ と、$c\langle x \rangle.P$ を $c\langle y \rangle.P\{x \mapsto y\}$ と変換でき、この操作を α 変換と呼ぶ。

ここで、α 変換の例を示す。

$$(vx)c\langle y \rangle.\bar{y}x.\,0$$

という式があったとき、束縛変数 x の置換を考えてみよう。例えば、束縛変数 x を変数 z に置き換える α 変換は以下のようになる。

$$(vx)c\langle y \rangle.\bar{y}x.\,0 \;\to_\alpha\; (vz)c\langle y \rangle.\bar{y}z.\,0$$

しかし、束縛変数 x を変数 c に置き換えることはできない。すなわち、

$$(vc)c\langle y \rangle.\bar{y}c.\,0$$

という式と、例の式は等価ではない。同様に、例の式中の束縛変数 x を変数 y に置き換えることもできない。これは、

$$(vy)c\langle y \rangle.\bar{y}y.\,0$$

という式は、例の式と意味が異なるためである。

8.4.5　操作的意味論

本節では π 計算の操作的意味論を説明する。以下に π 計算の操作的意味論を示す。

π計算の操作的意味論

INTR $\quad (\bar{a}x.P\ +\ M)\ |\ (a\langle y\rangle.Q\ +\ N) \to\ P\ |\ Q\{y \mapsto x\}$

PAR $\quad \dfrac{P \to P'}{P\ |\ Q \to P'\ |\ Q}$ $\qquad\qquad$ SUM $\quad \dfrac{P \to P'}{P + Q \to P'}$

STRUCT $\quad \dfrac{P' \equiv P \quad P \to Q \quad Q \equiv Q'}{P' \to Q'}$ $\qquad$ RES $\quad \dfrac{P \to P'}{(vc)P \to (vc)P'}$

INTR 規則は、チャネルを通したデータ送受信の規則である。例えば、

$$\bar{c}x.\,0 + 0\ |\ c\langle y\rangle.\bar{y}z.\,0 + 0$$

は INTR 規則により、以下のように遷移する。

$$\bar{c}x.\,0 + 0\ |\ c\langle y\rangle.\bar{y}z.\,0 + 0\ \to\ 0\ |\ \bar{x}z.\,0$$

ここで、$P + 0$ というように、P に $+\,0$ が追加されている。実は、$P + 0$ は P と同じであるため本質的には意味はないが、INTR 規則中にある M と N に合わせるために導入している。したがって、この遷移は $\bar{c}x.\,0\ |\ c\langle y\rangle$ の遷移である、

$$\bar{c}x.\,0\ |\ c\langle y\rangle.\bar{y}z.\,0 \to\ \bar{x}z.\,0$$

と同じ意味である。ただし、これは INTR 規則と STRUCT 規則を利用して導く必要がある。

この証明を行う前に、π計算における式の等価性について説明しよう。π計算の $+$ と $|$ 演算子には以下が成り立つ。

- 演算の順番を入れ替えてもよい（可換）
- 2つ以上の同一演算子が並んでいるとき、どの順番で計算してもよい（結合則）
- 単位元を持つ

これら条件を満たす演算の構造を可換モノイドであるという。単位元とは、任意の値に演算を行っても変化しないような値のことである。例えば、掛け算なら 1 で、足し算なら 0 が単位元となる。この性質をまとめると以下のようになる。

π計算における等価性

$$
\begin{array}{llll}
P \mid Q & \equiv Q \mid P & P + Q & \equiv Q + P \\
(P \mid Q) & \equiv P \mid (Q \mid P) & (P + Q) + R & \equiv P + (Q + R) \\
P \mid 0 & \equiv P & P + 0 & \equiv P
\end{array}
$$

　ただし、ここで、$P \equiv Q$ は P と Q が意味的に等価な式であるということを意味している。π 計算の等価性について示したところで、

$$
\bar{c}x.\, 0 \mid c\langle y \rangle.\, \bar{y}z.\, 0 \to \bar{x}z.\, 0
$$

となることを以下に示そう。

1. $\bar{c}x.\, 0 \mid c\langle y \rangle.\, \bar{y}z.\, 0 \equiv \bar{c}x.\, 0 + 0 \mid c\langle y \rangle.\, \bar{y}z.\, 0 + 0$（等価性より）
2. $c\langle y \rangle.\, \bar{y}z.\, 0 \to_\alpha c\langle x \rangle.\, \bar{x}z.\, 0$（束縛変数 y から x への α 変換）
3. $\bar{c}x + 0 \mid c\langle y \rangle.\, \bar{y}z.\, 0 + 0 \to 0 \mid \bar{x}z.\, 0$（2 行目と INTR 規則より）
4. $0 \mid \bar{x}z.\, 0 \equiv \bar{x}z.\, 0$（等価性より）
5. $\bar{c}x.\, 0 \mid c\langle y \rangle.\, \bar{y}z.\, 0 \to \bar{x}z.\, 0$（1、3、4 行目と STRUCT 規則より）
6. Q.E.D.

　PAR 規則と SUM 規則は、並行合成と非決定的実行に関する規則となる。本規則はすでに説明したとおりなので、詳細は説明しない。
ただし補足として、

サブ規則 1

$$
\frac{Q \to Q'}{P \mid Q \to P \mid Q'}
$$

と、

サブ規則 2

$$
\frac{Q \to Q'}{P + Q \to Q'}
$$

という規則について説明しよう。これら規則は、PAR 規則と SUM 規則の条件が $P \to P'$ から $Q \to Q'$ に変わったものであるが、これら規則は STRUCT 規則を用いると導くことができるため操作的意味論の推論規則に含んでいない。実際に、これら規則は以下のように導出できる。

サブ規則1の証明

1. $Q \rightarrow Q'$（前提）
2. $P \mid Q \equiv Q \mid P$（等価性より）
3. $Q \mid P \rightarrow Q' \mid P$（1行目とPAR規則より）
4. $Q' \mid P \equiv P \mid Q'$（等価性より）
5. $P \mid Q \rightarrow P \mid Q'$（2、3、4行目とSTRUCT規則より）
6. Q.E.D.

サブ規則2の証明

1. $Q \rightarrow Q'$（前提）
2. $P + Q \equiv Q + P$（等価性より）
3. $Q + P \rightarrow Q'$（1行目とSUM規則より）
4. $Q' \equiv Q'$（自明）
5. $P + Q \rightarrow Q'$（2、3、4行目とSTRUCT規則より）
6. Q.E.D.

次に、INTR規則を適用する際に注意すべき点について説明する。例えば、以下の式があったとする。

$$(\nu x)\bar{c}x.\, 0 \mid c\langle y \rangle.\bar{y}x.\, 0$$

この式に対してINTR規則を単純に適用させると、束縛変数 x が自由変数 x と衝突してしまう。つまり、

$$(\nu x).0 \mid \bar{x}x.\, 0$$

となり、x に x を送信する式となってしまう。したがって、束縛変数を送信するときは既存の自由変数と衝突しない変数名に α 変換してからINTR規則を適用する必要がある。すなわち、

$$(\nu x)\bar{c}x.\, 0 \mid c\langle y \rangle.\bar{y}x.\, 0 \rightarrow_{\alpha} (\nu z)\bar{c}z.\, 0 \mid c\langle y \rangle.\bar{y}x.\, 0 \rightarrow 0 \mid \bar{z}x.\, 0$$

とする必要がある。また、以下のような式

$$\bar{c}x.\, 0 \mid c\langle y \rangle.(\nu x)\bar{y}x.\, 0$$

に対して単純に INTR 規則を適用すると、自由変数 x が束縛変数 x として新たに束縛されてしまう。つまり、

$$0 \mid (vx)\bar{x}x.\, 0$$

となり、x に x を送信する式となってしまう。したがって、束縛変数 x を α 変換してから INTR 規則を適用する必要がある。

$$\bar{c}x.\, 0 \mid c\langle y\rangle.(vx)\bar{y}x.\, 0 \rightarrow_\alpha \bar{c}x.\, 0 \mid c\langle y\rangle.(vz)\bar{y}z.\, 0 \rightarrow 0 \mid (vz)\bar{x}z.\, 0$$

MATCH 規則、MISMATCH 規則、RES 規則は表記そのままの意味であるため説明は割愛する。

8.4.6 多項π計算

　一般的に、単一の引数のみとる関数を**単項関数**（monadic functions）と呼び、複数の引数をとる関数を**多項関数**（polyadic functions）と呼ぶ。これまでは、チャネルに単一の値のみ同時に送信できるような、いわゆる単項π計算を説明してきたが、本節ではチャネルへ同時に複数の値を送信可能な多項π計算について解説する。多項π計算は、以下のような構文を新たに追加することで表現できる。

$$\bar{c}[x_1,\ldots,x_n]$$
$$c\langle[x_1,\ldots,x_n]\rangle$$

　これはそれぞれ、x_1 から x_n の同時送信と受信を表す。この操作的意味論は下記の PolyINTR 規則で与えられる。

$$
\begin{aligned}
\text{PolyINTR} \quad & (\bar{a}[x_1,\ldots,x_n].P + M) \mid (a\langle[y_1,\ldots,y_n]\rangle.Q + N) \\
& \rightarrow\ P \mid Q\{y_1 \mapsto x_1,\ldots,y_n \mapsto x_n\}
\end{aligned}
$$

　PolyINTR 規則では、n 個の値 $x_1,\ldots,x_n$ をチャネル a を通して送信し、受信側では $y_1,\cdots,y_n$ に値を受け取る。この多項π計算は、単項π計算でエミュレートできるが、その説明の前に、単純にエミュレートすると失敗することを示そう。単項π計算で、単純に多値を送信するような式は次のように考えられる。

$$\bar{a}x_1.\cdots.\bar{a}x_n.P \mid a\langle y_1\rangle.\cdots.a\langle y_n\rangle.Q$$

一見うまくいくようだが、これは失敗する可能性がある。例えば、

$$\bar{a}x_1.\cdots.\bar{a}x_n.P \mid \bar{a}z_1.\cdots.\bar{a}z_n.R \mid a\langle x_1\rangle.\cdots.a\langle x_n\rangle.Q$$

と、2つのプロセスが多値をチャネルaに送信する場合、受信側では、どのプロセスから送信されたかを判別できない。

これを防ぐために、多値を送信するためのチャネルを別に用意し、その別に用意したチャネルを通して送受信する。具体的には、以下のようにすることで、単項π計算で多値をうまく送信することができる。

$$(\nu s)\bar{a}s.\bar{s}x_1.\cdots.\bar{s}x_n.P \mid a\langle t\rangle.t\langle y_1\rangle.\cdots.t\langle y_n\rangle.Q$$

ここでは、送信側が (νs) で新たにチャネルsを生成して、チャネルaに対してsを送信し、受信側では生成されたsを通して多値を受信している。このようにすることで、2つ以上のプロセスが送信する場合でも問題なくなる。例えば、送信プロセスが2つの場合は以下のような式になる。

$$(\nu s)\bar{a}s.\bar{s}x_1.\cdots.\bar{s}x_n.P \mid (\nu u)\bar{a}u.\bar{u}z_1.\cdots.\bar{u}z_n.R \mid a\langle t\rangle.t\langle y_1\rangle.\cdots.t\langle y_n\rangle.Q$$

この事実からわかることは、本質的には単項と多項π計算の計算能力が同じであるということである。ただし、多項π計算の場合、送信側と受信側でいくつの値を送るかを同意しておかなければならないが、これは、型システムで解決できる。すなわち、3個の値を同時に送受信するチャネルと、4個の値を同時に送受信するチャネルでは、型が異なっていると考えて型付けを行う方法である。型システムについて興味がある読者は参考文献［thepi］（The Pi-calculus）を参照してほしい。

8.4.7　バリア同期

本節では、π計算でバリア同期を実装する例を示す。なお、バリア同期を行うノードの数を3とする。まずはじめに、バリア同期用のプロセスを以下のように定義する。

$$\text{barrier} \overset{\text{def}}{=} c\langle x\rangle.c\langle y\rangle.c\langle z\rangle.(\nu d)\bar{x}d.\bar{y}d.\bar{z}d.0$$

このプロセスはまずチャネルcから、別のチャネルを3回受け取る。その後、受け取ったチャネルに対して、新たにチャネルdを生成して送信する。

次に、バリア同期を行うノードを次のように定義する。

$$node \stackrel{\text{def}}{=} (\nu a)\bar{c}a.a\langle d\rangle.0$$

このノードはチャネル c に対して、新たなチャネル a を送信する。その後、チャネル a から応答が返ってくるまで待機する。よって、3 プロセスでバリア同期を行う計算は以下のように記述できる。

$$(\nu c)(\text{barrier} \mid \text{node} \mid \text{node} \mid \text{node})$$

これを展開して計算を進めると以下のようになる。

$(\nu c)(\text{barrier} \mid \text{node} \mid \text{node} \mid \text{node})$
$= (\nu c)(c\langle x\rangle.c\langle y\rangle.c\langle z\rangle.(\nu d)\bar{x}d.\bar{y}d.\bar{z}d.0 \mid (\nu a_1)\bar{c}a_1.a_1\langle d\rangle.0 \mid (\nu a_2)\bar{c}a_2.a_2\langle d\rangle.0 \mid (\nu a_3)\bar{c}a_3.a_3\langle d\rangle.0)$
$\rightarrow (\nu c)(c\langle y\rangle.c\langle z\rangle.(\nu d)\bar{a}_2 d.\bar{y}d.\bar{z}d.0 \mid (\nu a_1)\bar{c}a_1.a_1\langle d\rangle.0 \mid (\nu a_2)a_2\langle d\rangle.0 \mid (\nu a_3)\bar{c}a_3.a_3\langle d\rangle.0)$
$\rightarrow (\nu c)(c\langle z\rangle.(\nu d)\bar{a}_2 d.\bar{a}_3 d.\bar{z}d.0 \mid (\nu a_1)\bar{c}a_1.a_1\langle d\rangle.0 \mid (\nu a_2)a_2\langle d\rangle.0 \mid (\nu a_3)a_3\langle d\rangle.0)$
$\rightarrow (\nu c)((\nu d)\bar{a}_2 d.\bar{a}_3 d.\bar{a}_1 d.0 \mid (\nu a_1)a_1\langle d\rangle.0 \mid (\nu a_2)a_2\langle d\rangle.0 \mid (\nu a_3)a_3\langle d\rangle.0)$
$\rightarrow (\nu c)((\nu d)\bar{a}_3 d.\bar{a}_1 d.0 \mid (\nu a_1)a_1\langle d\rangle.0 \mid (\nu a_2)0 \mid (\nu a_3)a_3\langle d\rangle.0)$
$\rightarrow (\nu c)((\nu d)\bar{a}_1 d.0 \mid (\nu a_1)a_1\langle d\rangle.0 \mid (\nu a_2)0 \mid (\nu a_3)0)$
$\rightarrow (\nu c)((\nu d)0 \mid (\nu a_1)0 \mid (\nu a_2)0 \mid (\nu a_3)0)$

ここでは、はじめに α 変換で各ノードプロセス内の束縛変数 a を別の変数に置き換えている。その後、バリア同期用プロセスとデータを送受信して計算を進めていく。このように、バリア同期は共有変数を用いずにチャネルのみで実現することが可能である。バリア同期の他にも Mutex やセマフォなどもチャネルを用いて実装することができる。

次のソースコードは、Rust 言語でチャネルを用いたバリア同期を実装した例となる。

Rust

```rust
use std::sync::mpsc::{channel, Sender}; // ❶

fn main() {
    let mut v = Vec::new();

    // チャネルを作成 ❷
    let (tx, rx) = channel::<Sender<()>>();

    // バリア同期用スレッド ❸
    let barrier = move || {
        let x = rx.recv().unwrap();
        let y = rx.recv().unwrap();
        let z = rx.recv().unwrap();
```

```
        println!("send!");
        x.send(()).unwrap();
        y.send(()).unwrap();
        z.send(()).unwrap();
    };
    let t = std::thread::spawn(barrier);
    v.push(t);

    // クライアントスレッド ❹
    for _ in 0..3 {
        let tx_c = tx.clone(); // ❺
        let node = move || {
            // バリア同期 ❻
            let (tx0, rx0) = channel();
            tx_c.send(tx0).unwrap();
            rx0.recv().unwrap();
            println!("received!");
        };
        let t = std::thread::spawn(node);
        v.push(t);
    }

    for t in v {
        t.join().unwrap();
    }
}
```

❶ チャネル用関数と型をインポート。

❷ channel 関数でチャネルを生成。tx が送信用、rx が受信用のチャネルとなる。

❸ バリア同期用のスレッド。チャネルの送信端を受信し、その送信端を用いて値を送信。

❹ バリア同期を行うクライアントスレッド。

❺ 送信端は clone 可能。つまり、別々の送信端から単一の受信端へ送信可能。

❻ バリア同期用のチャネルを新たに生成して、その送信端である tx0 を送信し、rx0 で待機。

このコードでは、先に示した π 計算の例と同じくチャネルを使ってチャネルを送信している。Rust ではチャネルは一般的に送信用と受信用に分かれており、これは送信端、受信端と呼ばれる。したがって、ここでは、tx_c という送信端に対して、tx0 という送信端自体を送信している。これは、言葉にすると複雑なのでコードを読んだ方がよい。

また、Rust は静的型付け言語であるため、チャネルで送信するデータの型はコンパイル時に決定されている必要がある。例えば、このコードでは、

Rust
```
let (tx, rx) = channel::<Sender<()>>()
```

としているが、これは、Sender<()> 型というデータを送受信するためのチャネルを生成する。具体的には、送信端である tx の型は Sender<Sender<()>> 型であり、受信端である rx の型は Receiver<Sender<()>> 型である。なお、Sender<()> 型は送信端の型であり、これは () 型を送信するための送信端である。つまり、tx と rx は別のチャネルの送信端を送受信するために用いる。

　もう一例を挙げると、u64 型のデータを送信するチャネルの生成と送受信は以下のようになる。

例 8-1　u64 型のデータ送受信　　　　　　　　　　　　　　　　　　　　　　　Rust

```rust
let (tx, rx) = channel::<u64>();
tx.send(10).unwrap();
let n = rx.recv().unwrap();
```

---

tx と rx の型はそれぞれ Sender<u64> と Receiver<u64> となる。このように、channel 関数を用いるとチャネルを生成することが可能だが、このチャネルは非同期的な通信を行うチャネルとなる。mpsc では同期的な通信を行うチャネルも用いることができる。同期的な送受信を行うチャネルは以下のように sync_channel 関数を用いて作成する。

例 8-2　同期的なチャネル　　　　　　　　　　　　　　　　　　　　　　　　　Rust

```rust
use std::sync::mpsc::sync_channel;
let (tx, rx) = sync_channel::<u64>(0); // (SyncSender, Receiver) ❶

thread::spawn(move|| {
    tx.send(2).unwrap(); // ❷
});

let n = rx.recv().unwrap(); // ❸
```

---

❶ sync_channel 関数で非同期チャネルを生成。引数はバッファの数で、送信端が SyncSender 型となる。

❷ データ送信。recv が呼び出されるまでブロック。

❸ データ受信。

sync_channel 関数でチャネルを作成する際には、引数にバッファの数を指定する。もしバッファが満杯の場合は、送信端の send 関数呼び出しがブロックする。したがって、バッファの数を 0 にすると、同期的な通信となる。このようなバッファを持たないブロックチャネルのことは、**ランデブーチャネル**（rendezvous channel）とも呼ばれる。ランデブーとはフランス語で待ち合わせという意味であり、チャネルを介して待ち合わせることができるため、このように呼ばれている。

　このように、Rust ではチャネルの生成と送受信も容易に行うことができる。

8.4.8 セッション型

Rust ではチャネルも静的に型付けされるため、チャネルを介して送受信可能なデータはチャネル作成時に推論された型となる。つまり、u64 型のチャネルは u64 型の値しか送受信できない。しかし、一般的な通信を考えてみると、u64 型の値を送信してから、bool 型の値を受信するといった有り様が考えられる。つまり、この通信をシーケンス図で表すと以下のようになる。

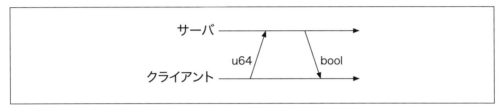

図8-5　u64を送信してboolを受信するシーケンス図

このような、通信に関する約束事は一般的にプロトコル、あるいは通信規約と呼ばれる。ここで、先のプロトコルの型を考えると、u64 を送信して、bool を受信するチャネルの型と考えることができる。いま、型 T の値の送信を !T、受信を ?T と表記すると、このチャネルの型は

!u64.?bool.0

と π 計算と似たように記述できる。ところで、Rust のチャネルの例や**図 8-4** からも明らかのように、チャネルには少なくとも 2 つの端点がある。よって、このチャネルの逆側の端点は送受信が逆さまになった、次のような型になるだろう。

?u64.!bool.0

つまり、一方の端点で u64 型の値を送信するなら、逆の端点では u64 型の値を受信するはずである。このような、裏返しになっているような関係は、**双対性**（duality）があると呼ばれる。

また、通信では値の送信のみではなく、何かしらの条件も送受信すると考えられる。例えば、客がお金を支払う際に何か注文を行うが、お金を受け取った側はその注文内容に応じて商品を選択する。これは、**選択**（select）と**提示**（offer）と形式化できる。例えば、u64 型の値を送信した後に、その値を 2 乗（square）するか、あるいは偶数判定（even）するかをお願いできるとしよう。すると、選択を ⊕ で表すとすると、この通信の型は以下のようになる。

!u64. ⊕{square: ?u64, even: ?bool}.0

これはつまり

1.　u64 型の値を送信。
2.　square を選択した場合、u64 型の値を受信。
3.　even を選択した場合、bool 型の値を受信。

とプロトコルの型を決めることができる。提示は & で表すとすると、これと双対な型は次のようになる。

```
?u64.&{square: !u64, even: !bool}.0
```

つまり以下のようになる。

1.　u64 型の値を受信。
2.　square が選択された場合、u64 型の値を送信。
3.　even が選択された場合、bool 型の値を送信。

　このようなプロトコルの形式化方法、あるいはチャネルに対する型付けはセッション型と呼ばれている。セッション型は理論的には線形型システムを適用した π 計算の上で形式化されることが多いが [DardhaGS17]、Jespersen らによって Rust による実装も提案されている [JespersenML15]。ここでは、Jespersen らの実装を用いて説明を行う。

　セッション型のクレートは crates.io にもアップロードされているが、GitHub にあるバージョンの方が新しいため、そちらを利用する。したがって、Cargo.toml は以下のようになる。

例 8-3　Cargo.toml　　　　　　　　　　　　　　　　　　　　　　　　　　　　　　　　　　　TOML
```toml
[dependencies]
session_types = { git = "https://github.com/Munksgaard/session-types.git" }
```

次に、チャネルの型付けについて以下のソースコードをもとに説明する。

例 8-4　チャネルの型　　　　　　　　　　　　　　　　　　　　　　　　　　　　　　　　　　Rust
```rust
#[macro_use]
extern crate session_types;
use session_types as S; // ❶
use std::thread;

type Client = S::Send<u64, S::Choose<S::Recv<u64, S::Eps>, S::Recv<bool, S::Eps>>>; // クライアントの
端点の型 ❷
type Server = <Client as S::HasDual>::Dual; // サーバの端点の型 ❸

enum Op {
    Square, // 2乗命令
```

```
    Even,    // 偶数判定命令
}
```

❶セッション型のライブラリを S としてインポート。
❷クライアントの端点の型。!u64. ⊕{square: ?u64, even: ?bool}.0 に相当。
❸サーバの端点の型。クライアントの端点と双対な型となる。

Jespersen らの実装ではセッション型はジェネリクス型を用いて実装される。つまり Send<V, T> としたときには、V 型の値を送信して、T というセッション型の値（チャネルの端点）をリターンする。例えば、

```
Send<u64, Send<bool, T>>
```

と記述したときには、u64 と bool 型の値を送信して、T というセッション型の値をリターンする。ここで、セッション型とは Send などで構築される型のことである。つまり、この型自体もセッション型である。
　受信は Recv で記述できる。つまり、

```
Recv<u64, Recv<bool, T>>
```

という型は、u64 と bool 型の値を受信して T というセッション型の値をリターンするような型となる。
　チャネルの終端は Eps 型で表される。例えば、

```
Recv<u64, Recv<bool, Eps>>
```

という型は、u64 と bool 型の値を受信してそのセッションを終了するような型である。
　選択は Choose という型で記述する。オリジナルのセッション型では、選択と提示には任意のラベルを用いることができたが、Jespersen らの実装では Choose 型に実装された Left と Right のみが利用可能となる。例えば、以下のようなセッション型を考えてみよう。

```
Choose<Recv<u64, Eps>, Recv<bool, Eps>>
```

　この型は、Left か Right かを選択することを示しており、Left が選択されたら u64 の値を受信して終了、Right が選択されたら bool の値を受信して終了する。提示は Offer 型を用いて記述できる。よって、上記の双対な型は以下のようになる。

```
Offer<Send<u64, Eps>, Send<bool, Eps>>
```

このように、Jespersen らの実装ではセッション型を 2 組の型によって入れ子で表すことで実現している。

> select という関数名は伝統的に IO 多重化用の関数に用いられてきた。そのため、IO 多重化との混同を避けるために Choose となっていると思われる。本書では説明しないが、Jespersen らの実装でもチャネルの IO 多重化を行うために select! マクロが用意されている。

次のソースコードは、サーバのスレッド用関数となる。

```rust
fn server(c: S::Chan<(), Server>) {
    let (c, n) = c.recv(); // データ受信 ❶
    match c.offer() {
        S::Branch::Left(c) => { // 2乗命令 ❷
            c.send(n * n).close(); // ❸
        }
        S::Branch::Right(c) => { // 偶数判定命令 ❹
            c.send(n & 1 == 0).close(); // ❺
        }
    }
}
```

❶データ受信。新たな端点を変数 c に、受信した値を変数 n に割り当て。新たな端点 c の型は、Offer<Send<u64, Eps>, Send<bool, Eps>> となる。

❷Left（2乗命令）が選択された。新たな端点 c の型は、Send<u64, Eps> となる。

❸2乗した値を送信し、セッションを終了。

❹Right（偶数判定）が選択された。新たな端点 c の型は、Send<bool, Eps> となる。

❺真偽値を送信し、セッションを終了。

このように、セッション型を用いた実装では、端点を消費して送受信を行い新たな端点を得る。比喩的に言うならば、タマネギの皮を一枚ずつむいていくようなものである。セッション型では端点の型が Send 型の場合は受信しかできず、Recv 型の場合は受信しかできないため、プロトコル違反となる実装でコンパイルエラーとなる。

クライアントのスレッドは以下のようになる。

```rust
fn client(c: S::Chan<(), Client>, n: u64, op: Op) {
    let c = c.send(n); // ❶
    match op {
        Op::Square => {
            let c = c.sel1();          // 1番目の選択肢を選択 ❷
```

```rust
        let (c, val) = c.recv(); // データ受信 ❸
        c.close();               // セッション終了 ❹
        println!("{}^2 = {}", n, val);
    }
    Op::Even => {
        let c = c.sel2();        // 2番目の選択肢を選択 ❺
        let (c, val) = c.recv(); // データ受信 ❻
        c.close();               // セッション終了 ❼
        if val {
            println!("{} is even", n);
        } else {
            println!("{} is odd", n);
        }
    }
};
}
```

❶ u64 のデータ送信。新たな端点 c の型は、Choose<Recv<u64, Eps>, Recv<bool, Eps>> となる。

❷ 1 番目の選択肢、つまり Left（2乗）を選択。端点 c の型は、Recv<u64, Eps> となる。

❸ u64 型のデータ受信。新たな端点 c の型は Eps となる。

❹ Eps であるためセッションを終了。

❺ 2 番目の選択肢、つまり Right（偶数判定）を選択。新たな端点 c の型は、Recv<bool, Eps> となる。

❻ bool 型のデータ受信。新たな端点 c の型は Eps となる。

❼ Eps であるためセッションを終了。

クライアントもサーバとほとんど同じであり、送受信と、選択および提示が逆になっているだけである。端点からの送受信を行うとタマネギのような型がむかれてゆき、Eps に近づいていくのがわかるだろう。

次のソースコードは、セッション型を用いたサーバとクライアントの実行例となる。

Rust

```rust
fn main() {
    // Even の例
    let (server_chan, client_chan) = S::session_channel();
    let srv_t = thread::spawn(move || server(server_chan));
    let cli_t = thread::spawn(move || client(client_chan, 11, Op::Even));
    srv_t.join().unwrap();
    cli_t.join().unwrap();

    // Square の例
    let (server_chan, client_chan) = S::session_channel();
    let srv_t = thread::spawn(move || server(server_chan));
    let cli_t = thread::spawn(move || client(client_chan, 11, Op::Square));
```

```
    srv_t.join().unwrap();
    cli_t.join().unwrap();
}
```

これを実行すると、Even の場合は真偽値が、Square の場合は 2 乗された u64 型の値が表示される。

次に、繰り返しについて説明しよう。多くの通信プロトコルでは、同じ動作を繰り返すことがある。例えば、単純な Key-Value 型のデータベースを考えてみよう。このようなデータベースサーバへコネクションを接続した後は、put や get などのいくつかの操作ができると考えられる。つまり、サーバの端点は以下のような型の繰り返しとなる。

&{put: ?u64.?u64, get: ?u64.!u64}

つまり、put が選択された場合は、u64 型のキーと u64 型の値を受信する。get が選択された場合は、u64 型のキーを受信し、それに対応する u64 型の値を送信する。セッション型では繰り返しは μ で記述できる。

μ a(&{put: ?u64.?u64.a, get: ?u64.!u64.a})

これは直感的には、a が出現したら μ a ヘジャンプすると解釈できる。理論的には、μ a(S) と書いたときには、S 中の自由変数 a を、μ a(S) で置き換えるという意味になる。したがって、a は単なる変数なので、b でも c でも何でもよい。

これに終了命令の quit を追加すると以下のような型となる。

μ a(&{put: ?u64.?u64.a, get: ?u64.!u64.a, quit: 0})

また、双対なクライアントの型は次のようになる。

μ a($\oplus${put: !u64.!u64.a, get: !u64.?u64.a, quit: 0})

Jespersen らの Rust 実装では、繰り返しは Rec と Var<Z> で行う。例えば、

Rec<Send<u64, Var<Z>>>

とした場合には、Var<Z> は Rec のある位置へジャンプすると読める。Z はゼロを表し、S<Z> は 1 を、S<S<Z>> は 2 を表す。S は Successor の略で、引数の次の値（インクリメントした値）を表す。Rec はスタックで管理され、Rec が出現するごとにスタックにつまれる。すると、Var<Z> がスタックの最も上の Rec を表し、Var<S<Z>> がスタックの上から 1 つ下の Rec を表す。例えば、

```
Rec<Recv<u64, Rec<Send<bool, Offer<Var<Z>, Var<S<Z>>>>>>>
```

としたときには、Var<Z> は Rec<Send<bool まで、Var<S<Z>> は Rec<Recv<u64 までのジャンプを表す。

 整数を Z、S(Z)、S(S(Z)) と表現するのはペアノの公理という、自然数の公理で使われる表現方法である。

以下に、このデータベースサーバとクライアントを Rust で実装した例を示す。次のソースコードは、サーバとクライアントのセッション型となる。

Rust

```
type Put = S::Recv<u64, S::Recv<u64, S::Var<S::Z>>>;
type Get = S::Recv<u64, S::Send<Option<u64>, S::Var<S::Z>>>;

type DBServer = S::Rec<S::Offer<Put, S::Offer<Get, S::Eps>>>;
type DBClient = <DBServer as S::HasDual>::Dual;
```

DBServer がサーバの型である。この型は、Put か Get か終了かを提示して、それぞれに応じた型に移行する。Put 型は u64 型の値を 2 つ受信して、再び DBServer の先頭にある Rec へジャンプする。Get 型は u64 型の値を受信し、u64 型の値を送信し、同じく Rec へジャンプする。終了が選択された場合は Eps でセッションをクローズする。DBClient 型はサーバ型の双対な型となる。

次のソースコードに、サーバスレッド用の関数を示す。

Rust

```
fn db_server(c: S::Chan<(), DBServer>) {
    let mut c_enter = c.enter(); // ❶
    let mut db = HashMap::new(); // DB データ

    loop {
        match c_enter.offer() { // Put が選択された ❷
            S::Branch::Left(c) => {
                let (c, key) = c.recv();
                let (c, val) = c.recv();
                db.insert(key, val); // DB へデータ挿入
                c_enter = c.zero();   // Rec へジャンプ ❸
            }
            S::Branch::Right(c) => match c.offer() { // Get or 終了 ❹
            S::Branch::Left(c) => { // Get が選択された ❺
                let (c, key) = c.recv();
                let c = if let Some(val) = db.get(&key) {
                    c.send(Some(*val))
                } else {
```

```
                        c.send(None)
                    };
                    c_enter = c.zero(); // Rec へジャンプ ❻
                }
                S::Branch::Right(c) => { // 終了が選択 ❼
                    c.close(); // セッションクローズ ❽
                    return;
                }
            },
        }
    }
}
```

❶ enter 関数で、Rec 中に定義された型へ移行。

❷ Left が選択された場合は Put 処理へ移行。

❸ Var<Z> は zero 関数で該当する Rec へジャンプ。

❹ Right が選択された場合は Get か終了処理。

❺ Right、Left と選択された場合は Get 処理へ移行。

❻ zero 関数で Rec へジャンプ。

❼ Right、Right と選択された場合は終了処理。

❽ close 関数でコネクションクローズ。close 関数を呼び出していない場合、実行時エラーとなる。

　このように、Rec 型の場合には enter 関数で処理を続行し、Var<Z> 型の場合には zero 関数を呼び出して Rec までジャンプする。ちなみに、Var<S<Z>> の場合は、succ 関数を呼び出したのちに zero 関数を呼び出す必要がある。

　次のソースコードは、クライアント用関数となる。

Rust

```
fn db_client(c: S::Chan<(), DBClient>) {
    let c = c.enter(); // Rec の中へ処理を移行
    // Put を 2 回実施
    let c = c.sel1().send(10).send(4).zero();
    let c = c.sel1().send(50).send(7).zero();

    // Get
    let (c, val) = c.sel2().sel1().send(10).recv();
    println!("val = {:?}", val); // Some(4)

    let c = c.zero(); // Rec へジャンプ

    // Get
    let (c, val) = c.sel2().sel1().send(20).recv();
```

```rust
    println!("val = {:?}", val); // None

    // 終了
    let _ = c.zero().sel2().sel2().close();
}
```

このコードでは、Key-Value ペアを 2 回 Put して、2 回 Get している。1 回目の Get では Key が 10 の値を取得してるため Some(4) を受信するが、2 回目の Get では存在しない Key である 20 の値を取得しているため None を受信する。終了処理は Branch の右、右と選択する必要があるため、sel2 関数を 2 回呼び出して close を呼び出している。

次のソースコードは、Key-Value 型 DB の実行例となる。

Rust

```rust
fn main() {
    let (server_chan, client_chan) = S::session_channel();
    let srv_t = thread::spawn(move || db_server(server_chan));
    let cli_t = thread::spawn(move || db_client(client_chan));
    srv_t.join().unwrap();
    cli_t.join().unwrap();
}
```

このように、まずはじめに session_channel 関数でサーバとクライアント用の端点を作成してからスレッドを生成している。

Offer による分岐を容易に記述するために、offer! マクロが用意されている。次のソースコードは、offer! マクロを利用した分岐の利用例となる。

Rust

```rust
fn db_server_macro(c: S::Chan<(), DBServer>) {
    let mut c_enter = c.enter();
    let mut db = HashMap::new();

    loop {
        let c = c_enter;
        offer! {c, // ❶
            Put => { // ❷
                let (c, key) = c.recv();
                let (c, val) = c.recv();
                db.insert(key, val);
                c_enter = c.zero();
            },
            Get => {
                let (c, key) = c.recv();
                let c = if let Some(val) = db.get(&key) {
                    c.send(Some(*val))
                } else {
```

```
                    c.send(None)
                };
                c_enter = c.zero();
            },
            Quit => {
                c.close();
                return;
            }
        }
    }
}
```

❶ offer! マクロで場合分け可能。c は Offer 型である必要あり。
❷ Put の処理。実は、この名前は無視されるので何でもよい。

このように、Offer 型がネストしている場合は offer! マクロで場合分けができる。
セッション型ではチャネルを介してチャネルの端点を送受信することもできる。

Rust
```rust
type SChan = S::Chan<(), S::Send<(), S::Eps>>; // ❶
type ChanRecv = S::Recv<SChan, S::Eps>; // ❷
type ChanSend = <ChanRecv as S::HasDual>::Dual;

fn chan_recv(c: S::Chan<(), ChanRecv>) {
    let (c, cr) = c.recv(); // チャネルの端点を受信 ❸
    c.close();
    let cr = cr.send(()); // 受信した端点に対して送信 ❹
    cr.close();
}

fn chan_send(c: S::Chan<(), ChanSend>) {
    let (c1, c2) = S::session_channel(); // チャネルの生成
    let c = c.send(c1); // チャネルの端点を送信 ❺
    c.close();
    let (c2, _) = c2.recv(); // 送信した端点の反対側より受信 ❻
    c2.close();
}
```

❶チャネルを介して送受信するチャネルの端点の型。
❷SChan 型の端点を受信するチャネルの型。
❸チャネルを介して別のチャネルの端点を受信。
❹先ほど受信した端点に対してデータ送信。
❺チャネルの端点を、チャネルを介して送信。
❻先ほど送信した端点の反対側より受信。

　複雑だが、このようにするとチャネルの端点自体を送受信することができる。これはプロクシ的な動作をするプロトコルの形式化を可能とする。例えば、電話受付と専用業務を行う人が別人であるとき、ある程度までの処理は電話受付の人が処理を行い、会話が進んだところまで専用業務の人にスムーズに処理を託すことができるようになる。

　Rust は先進的で強力な型システムを備えてはいるものの、現状、Rust の型システムではセッション型を完璧に扱うことはできず、若干不格好な見た目となってしまっている。セッション型は Rust 以外の言語で研究、実装が進んでいる。例えば、OCaml 言語での実装だと、岐阜大学の今井先生らによって提案された OCaml-MPST［ImaiNYY20］、［mpst_ocaml］がある。本節で紹介したセッション型は 1 対 1 の通信限定だが、こちらの実装では多対多の通信を扱うことができる。このようなセッション型は**マルチパーティセッション型**（Multiparty Session Types）と呼ばれる。

　以上、本節ではセッション型について説明した。このように、セッション型を用いるとプロトコルの形式化と、プロトコルに従った実装であるかをコンパイル時に検査することができるようになる。現在、RFC などの多くのプロトコル標準化文書は自然言語で記述されている。そのため、どうしても曖昧性が生じてしまい、標準化文書の内容と実装にずれが生じる。しかし、セッション型を用いると、誰が読んでも同一内容に解釈可能な標準化文書の作成と、仕様と実装の差違の大幅な縮小を達成できる。将来的にはセッション型を用いてプロトコル標準化を行うのが望ましいだろう。

付録A
AArch64アーキテクチャ

Arm とはイギリスの Arm ホールディングス傘下にある事業会社 Arm Ltd. によって設計、開発された CPU アーキテクチャであり、本書執筆中の現在では、その低消費電力の特徴からスマートフォンなどのモバイル端末で支配的に利用される CPU となっている。Arm のバージョン 7 である Armv7 までは 32 ビット仕様のアーキテクチャであったが、Armv8 からは 64 ビット仕様でも利用可能（32 ビットと 64 ビットの両方に対応しており、利用時に選択可能）となったため、それらを区別するために前者を AArch32、後者を AArch64 と表記されるようになった。また、AArch32 まではビッグエンディアンとリトルエンディアンの両方をサポートしていたが、AArch64 からはリトルエンディアンのみをサポートしている。本書では特に AArch64 を用いて解説を行うため、AArch64 について本章で簡単に説明する。解説は本書を読み進めるために必要な箇所のみに絞って行うため、詳細を知りたい場合は Arm Architecture Reference Manual［armv8］か、Arm 64-Bit Assembly Language［wlarm64］を参照してほしい。

2016 年にソフトバンクが Arm ホールディングスを買収したため、一時期はソフトバンクグループ傘下の企業となっていたが、その後 NVIDIA がソフトバンクグループより買収した。

アセンブリ言語の学習は、自身で実装した C のプログラムを最適化なしでコンパイルし、逆アセンブリすることからはじめるのが良い。最適化なしでのコンパイルは clang -O0 というように -O0 オプションを付けると行え（gcc も同様）、逆アセンブリは出力されたファイルに objdump -d とすると行える。例えば、以下のようにすると、hello.c のアセンブリを得られる。

```
$ clang -O0 -c hello.c
$ objdump -d hello.o
```

A.1　レジスタ

　本節では AArch64 のレジスタについて簡単に解説する。次の表は AArch64 の備える全レジスタとその意味の一覧である。

表A-1　AArch64のレジスタ

レジスタ	意味
x0 ～ x30	汎用 64 ビットレジスタ
w0 ～ w30	汎用 32 ビットレジスタ（wn レジスタは xn レジスタの下位 32 ビット、$0 \leqq n \leqq 30$）
xzr	64 ビットゼロレジスタ
wzr	32 ビットゼロレジスタ
v0 ～ v31	浮動小数点レジスタ
sp	64 ビットスタックポインタ
wsp	sp レジスタの下位 32 ビット
pc	プログラムカウンタ

　AArch64 は、x0 から x30 までの 64 ビット汎用レジスタを 31 個、w0 から w30 までの 32 ビット汎用レジスタを 31 個備えている。ただし、xn レジスタの下位 32 ビット部分が wn レジスタ（ここで、$0 \leqq n \leqq 30$）となっており物理的に記憶領域を共有している。これらを総称的に rn レジスタと書く。この様子を図で示したのが、次の図にある rn の図となる。したがって、例えば、w0 レジスタに値を読み込んだ場合は x0 レジスタの値は破壊される。

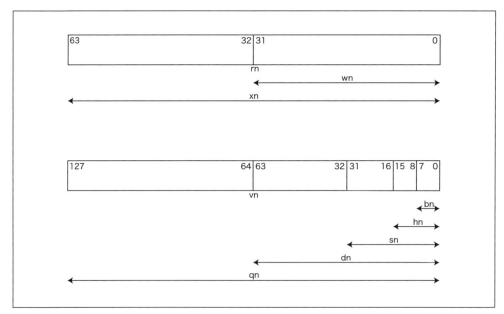

図A-1　AArch64のレジスタ

xzr と wzr レジスタはゼロレジスタと呼ばれるレジスタであり、これらレジスタから値を読み込むと必ずゼロが読み込まれる。また、これらレジスタに値を書き込んだ場合、単純にその書き込んだ値は破棄される。

v0 から v31 までの 32 個のレジスタは、浮動小数点数レジスタであり、浮動小数点演算、もしくはベクトル演算を行うために利用される。これも**図 A-1** にある vn の図で表すようにビットサイズに応じて名前が変わり、128、64、32、16、8 ビットサイズの浮動小数点レジスタを、それぞれ qn、dn、sn、hn、bn と表記する。例えば、3 番目の 128 ビット浮動小数点レジスタは q3 と書く。これらレジスタは浮動小数値のみではなく、ベクトル計算にも利用されるため SIMD レジスタとも呼ばれる。

sp レジスタはスタックポインタのためのレジスタであり、wsp レジスタは sp レジスタの下位 32 ビット部分に相当する。なお、スタックポインタは 16 バイトにアラインメントされる必要がある（つまり、下位 4 ビットが 0 でなければならない）。Arm には例外レベルという概念があり、EL0 から EL3 までの 4 つのレベルが定義されている。また、それぞれの例外レベルは、EL0 がアプリケーション、EL1 がカーネル、EL2 がハイパーバイザ、EL3 がセキュアモニタと定義されており、例外レベルごとに別々のスタックポインタ用のレジスタが存在し、SP_EL0 のように表記される（Armv8 では例外レベルの切り替え時に AArch64 と AArch32 も同時に切り替えることができるため、wsp レジスタが存在すると考えられる）。ただし、単に SP と書いた場合は現在動作中である例外レベルのスタックポインタを指す。例外レベルの詳細についても、同様に Arm のマニュアルを参照してほしい。

pc レジスタはプログラムカウンタを表すレジスタであり、これは CPU が内部的に利用するレジスタである。したがって、直接 pc レジスタを読み書きすることはできない。

次に、AArch64 の条件フラグについて説明する。条件フラグとは、ある演算を行った後に特定の条件を満たすかどうかを判別するためのフラグ（1 ビットの値）のことであり、この値を元に条件分岐などを行う。次の表は AArch64 の条件フラグを表しており、ここで示されるように N、Z、C、V という 4 つのフラグがある。

表A-2　AArch64の条件フラグ

フラグ	1	0
N	負の値	0 か正の値
Z	ゼロ	それ以外
C	キャリー発生 or ボローなし	それ以外
V	オーバーフロー発生	それ以外

つまり、それぞれのフラグは以下の条件を満たすときに変化する。

N フラグ

演算結果が負の値の場合に 1、0 か正の値の場合に 0 となる。

Z フラグ

演算結果が 0 の場合に 1、それ以外の場合に 0 となる。

C フラグ

加算時にキャリーが発生した場合に 1、そうでない場合は 0 となり、減算時にボローが発生した場合に 0、そうでない場合に 1 となる。

V フラグ

演算時にオーバーフローが発生した場合に 1、それ以外の場合に 0 となる。

A.2　基本演算命令

CPU は機械語と呼ばれるバイナリプログラムを読み込み何かしらの処理を行うが、バイナリ列のままでは人間には読みにくい。そのため、人間でも比較的解釈可能なアセンブリ言語と呼ばれるプログラミング言語を用いて記述される。本節では AArch64 のアセンブリ言語について解説する。

次のソースコードは x0 と x1 レジスタの値をスワップするアセンブリコードの例である。

ASM AArch64

```
mov    x2, x0 ; x2 = x0
mov    x0, x1 ; x0 = x1
mov    x1, x2 ; x1 = x2
```

mov と表記されるのがニーモニック、x0、x1、x2 がオペランドとなり、; 以降がコメントとなる。mov 命令は、第 2 オペランドの値を第 1 オペランドへ代入する命令である。ここでは、1 行目で x0 レジスタの値を x2 レジスタにコピーし、2 行目で x1 レジスタの値を x0 レジスタにコピー、最後に 3 行目で x2 レジスタの値を x1 レジスタにコピーしている。ちなみに、アセンブリコードではニーモニックとレジスタには大文字小文字の区別はなく、どちらで書いても同じ意味となる。

本書では GNU Assembler（GAS）スタイルの記法を採用する。GAS では、C 言語風のコメントである /* ブロックコメント */ や // 1 行コメント、シェル風の 1 行コメントである # 1 行コメントも利用可能である。

次の表はレジスタ間データ転送を行う mov 命令の一覧である。mov と movs 命令は単純なデータ転送命令で、mvn と mvns 命令はビット反転してからデータを転送する命令である。

表A-3　AArch64のレジスタ間データ転送命令

命令フォーマット	意味	フラグ
mov dst, src	dst = src	
movs dst, src	dst = src	✓
mvn dst, src	dst = src のビット反転	
mvns dst, src	dst = src のビット反転	✓

　命令の末尾に s が付いている movs と mvns 命令は、命令実行と同時に条件フラグの値も更新する命令である。データ転送命令に限らず、条件フラグを更新する命令はすべて末尾に s が付いている。

　次の表は、AArch64 の基本的な演算命令を列挙したものである。なお、これら命令はすべて、

```
opcode dst, src1, src2
```

という形式の、3つのオペランドをとる命令となる。

表A-4　AArch64の基本演算命令（3オペランド）

命令	意味	フラグ	シフト	即値	拡張
add	dst = src1 + src2		✓	✓	✓
adds	dst = src1 + src2	✓	✓	✓	✓
sub	dst = src1 - src2		✓	✓	✓
subs	dst = src1 - src2	✓	✓	✓	✓
and	dst = src1 & src2		✓	✓	
ands	dst = src1 & src2	✓	✓	✓	
orr	dst = src1 | src2		✓	✓	
orn	dst = src1 のビット反転 | src2 のビット反転		✓		
eor	dst = src1 ⊕ src2		✓	✓	
eon	dst = src1 のビット反転 ⊕ src2 のビット反転		✓		
bic	ビットクリア		✓		
bics	ビットクリア	✓	✓		
adc	キャリー込み加算				
adcs	キャリー込み加算	✓			
sbc	キャリー込み減算				
sbcs	キャリー込み減算	✓			

　レジスタ間データ転送命令と同じく、オペランドの末尾に s が付く命令は条件フラグを更新する命令となる。この表では、フラグの列が条件フラグを更新するかどうかを示している。また、シフト、即値、拡張の列は第3オペランド（src2）のとることのできる形式を示しており、それぞれ、シフト済みレジスタ、即値、拡張レジスタの略である。ただし、キャリー込み加算と減算は第3オペランドには単純なレジスタ指定のみが可能となる。

　次の表は基本演算命令の第3オペランドである src2 が取りうる表記を一覧にしたものとなり、この表ではこれら表記と意味について説明する。

表A-5　AArch64の基本演算命令（第3オペランド、src2）

表記	意味
reg	単純レジスタ指定、またはシフト済みレジスタ
reg, shift #amount	シフト済みレジスタ
#num	即値
#num, LSL #amount	即値
reg, extend	拡張レジスタ
reg, extend #amount	拡張レジスタ

　　ここで、reg はレジスタを、num、amount は整数値を表す。また、shift はビットシフト量とシフトの方法を、extend はビット拡張の方法を示し、バッカス・ナウア記法で示すと以下のような記述となる。

```
shift  := LSL | LSR | ASR | ROR
extend := {U|S}TAIL | LSL
TAIL   := XTB | XTH | XTW | XTX
```

　　シフト済みレジスタでは、レジスタに加えて、シフトの方法とシフト量を数値で指定可能であり、例えば、

```
x0, LSL #3
```

と表記する。これは、x0 レジスタの値を 3 ビットだけ論理左シフトした値、という意味になる。

　　この #amount のシャープ以降の部分に数値を指定するが、アセンブリ言語の用語ではこのような表記を即値と呼ぶ。ただし、シフト量が 0 の場合はシフト方法とシフト量は省略可能である。次の表は shift に指定可能なタイプを示しているが、加減算の場合は LSL、LSR、ASR を利用でき、論理演算の場合はそれらに加えて ROR が利用できる。

表A-6　シフトタイプ一覧

シフトタイプ	意味	加減算	論理演算
LSL	論理左シフト	✓	✓
LSR	論理右シフト	✓	✓
ASR	算術右シフト	✓	✓
ROR	右巡回シフト		✓

　　拡張レジスタとは、符号付き、あるいは符号なし整数を符号拡張するために用いられ、例えば

```
x0, SXTB, #1
```

と記述する。これは、x0 を 8 ビット符号付き整数とみなして符号拡張した後、左に 1 ビットシフトした値、という意味になる。

　　extend にはどのように拡張するかを指定し、#amount には符号拡張後に左シフトする量を 0 から 4 の範囲で指定する（#amount は省略可能）。符号拡張とは、例えば、0xFF という 8 ビットの整数値があり、これを符号付き整数とみなして 32、あるいは 64 ビットレジスタへ符号拡張した場合、上位ビットが 1 として符号拡張され、符号なし整数とみなすと上位ビットが 0 として符号拡張される。先に示したように、extend には、UXTB や SXTH などと記述するが、先頭文字の U または S は、符号なし、または符号ありからを意味し、末尾文字の B、H、W、X は、8、16、32、64 ビット数値からの拡張を行うことを意味する。また、LSL を指定した場合は無符号拡張となる（転

送先と第 3 レジスタが同一ビット幅の場合のみに利用可能)。

　即値はその名前のとおり数値で指定する方法であり、加減算の場合は 12 ビット整数値（0 から 4095 まで）が指定可能であり、0 ビットか 12 ビットの論理左シフトのみ指定ができる。例えば、

```
#4095, LSL #12
```

というように、12 ビット左シフト（4096 倍）とできる。また、シフト指定を省略した場合は、0 ビットシフトとして扱われる。

 AArch64 では、仮想メモリのページサイズは 4096 の倍数であるため、4096 倍というのはページングの計算を行うのに最適な値である。

　論理演算の場合の即値は、ある特定のビットパターンに従う定数のみが指定できる。これはビットマスク即値と呼ばれる即値だが、実のところ、このビットパターンについて Arm のマニュアルから理解するのは難しい。下記は、Arm のドキュメントからの引用である。

　　The Logical (immediate) instructions accept a bitmask immediate value that is a 32-bit pattern or a 64-bit pattern viewed as a vector of identical elements of size e = 2, 4, 8, 16, 32 or, 64 bits. Each element contains the same sub-pattern, that is a single run of 1 to (e - 1) nonzero bits from bit 0 followed by zero bits, then rotated by 0 to (e - 1) bits. This mechanism can generate 5,334 unique 64-bit patterns as 2,667 pairs of pattern and their bitwise inverse.

（訳：論理（即値）命令は、サイズが e = 2, 4, 8, 16, 32, 64 ビットの同一要素としてみられる 32 か 64 ビットパターンのビットマスク即値を受け取る。それぞれの要素は同一のサブパターンを含んでいる。すなわち、単一の 1 から e-1 の連続した非ゼロビットと、0 から e-1 の巡回である。このメカニズムは 2,667 のパターンとそれらをビット反転した、5,334 のユニークな 64 ビットのパターンを生成可能である。）

　おそらく、上記の説明を読んでも何を意味しているか理解できないだろう。そこで、上の説明は忘れて、まずはじめに 0+1+ という正規表現にマッチする N 文字の文字列を考える。ここで、0+ は 0 の 1 回以上の繰り返しで、$N \in \{2, 4, 8, 16, 32, 64\}$ である。すると、例えば、$N = 4$ の場合、この正規表現にマッチする文字列は以下の 3 つになる。

- 0001
- 0011
- 0111

この文字列がサブパターンとなり、長さが 32 の文字列を得たい場合は、これを 8 回繰り返すと得られる。すなわち、上記サブパターンから、長さが 32 の以下のような文字列が得られる。

- 0001 → 0001 0001 0001 0001 0001 0001 0001 0001
- 0011 → 0011 0011 0011 0011 0011 0011 0011 0011
- 0111 → 0111 0111 0111 0111 0111 0111 0111 0111

この値を 0 から 31 の範囲で巡回シフトして得られる文字列が、最終的に生成可能な文字列となる。以上は文字列で説明したが、これをビット列で考えた値が論理演算で利用可能な即値となる。おわかりだろうが、64 ビットの場合は、サブパターンの繰り返しの数が 32 ビットの倍になり、巡回シフト可能な範囲が 0 から 63 となる。

次に 2 オペランドをとる基本演算命令について説明する。次の表は 2 オペランドをとる基本演算命令を示している。

表A-7　AArch64の基本演算命令（2オペランド）

命令フォーマット	意味	フラグ	シフト	即値	拡張
neg dst, src	dst = src のビット反転		✓		
negs dst, src	dst = src のビット反転	✓	✓		
tst op1, op2	ands zero, op1, op2	✓	✓	✓	
cmp op1, op2	subs zero, op1, op2	✓	✓	✓	✓
cmn op1, op2	adds zero, op1, op2	✓	✓	✓	✓

neg と negs 命令はビット反転の命令であり、negs が条件フラグを更新する。tst、cmp、cmn 命令は、それぞれ ands、subs、adds へのエイリアスとなり、これらは、テスト命令、比較命令、比較否定命令と呼ばれ条件分岐などを行う際に利用される。なお、表中の zero はゼロレジスタを示している。

ここで例として、符号なしの比較命令を考えてみると、比較命令実行後はオペランドの値により、ゼロフラグ（Z）とキャリーフラグ（C）は次の表のように変化する。したがって、これら条件フラグをチェックすることで、$a > b$ や $a \leq b$ などを検査できることがわかる。

	Z	C
a < b	0	1
a > b	0	0
a = b	1	0

続いて、即値をレジスタに読み込む命令について説明する。次の表は、オペランドに即値を指定するレジスタへのデータ転送命令を示している。

表A-8　AArch64の即値読み込み命令

命令	意味
movz dst src	dst = src
movn dst src	dst = src のビット反転
movk dst src	dst = src、ただし対象ビットのみ値が変化

これら命令は、

opcode dst, #imm, LSL #shift

と記述され、表中の src は、

#imm, LSL #shift

を示している。ただし、後半の

LSL #shift

は省略可能である。#imm には 16 ビットの整数値が指定可能である。#shift に指定可能な値は dst
レジスタによって異なり、32 ビットレジスタの場合 0 か 16 が指定可能で、64 ビットの場合は 0、
16、32、48 が指定可能である。
　実は、mov 命令も第 2 オペランドで即値を指定することは可能だが、mov 命令の即値読み込み
は movz、movn、movk、orr 命令のエイリアスであり、指定した値に基づいてアセンブラが適切な
命令に変換する。もし 1 命令で読み込めないような即値が渡された場合はエラーとなるため、そ
の場合は複数命令で読み込みしなければならない。以下のアセンブリコードは複数命令を用いて
0x0123456789ABCDEF という値を x0 レジスタに転送している。

ASM AArch64

```
movz    x0, #0xCDEF
movk    x0, #0x89AB, LSL #16
movk    x0, #0x4567, LSL #32
movk    x0, #0x0123, LSL #48 ; x0 = 0x0123456789ABCDEF
```

　AArch64 ではこのように複数の命令で転送することになるが、これは Reduced Instruction Set
Computer（RISC）CPU ではどれも同じである。その理由は、RISC はすべての命令が固定長で
あるからである。例えば、AArch64 は 1 命令につき必ず 32 ビットのバイナリコードに変換され
るが、こうすると 32 ビットより大きい即値は原理的に 1 命令で表現することができなくなる。一
方、次節で紹介する x86-64 に代表される Complex Instruction Set Computer（CISC）CPU で
は命令長が可変であるため、1 命令で 64 ビット即値を扱うことができる。
　以下のソースコードは、基本演算命令の利用例を示している。

```
mov    x0, x1              ; x0 = x1
adds   x0, x1, x2          ; x0 = x1 + x2
add    x0, x1, x2, LSR #4  ; x0 = x1 + (x2 >> 4)
sub    x0, x1, #0xFF, LSL #12 ; x0 = x1 + (0xFF << 12)
mov    x0, #0xFFFF         ; x0 = 0xFFFF
```

基本的にはこれまで説明したとおりの内容である。16 進数の表記は C 言語と同じで、0x の後に続けて 16 進数表記で数値を書けばよい。

A.3　メモリ読み書き

次に、本節ではメモリ読み書きについて簡単に説明する。最も基本的なメモリ読み書き命令は ldr と ldur 命令となり、その意味は次の表で示すとおりである。ただし、意味の列にある memory[base] は、base 番地のメモリの値を意味する。

表A-9　ldrとldur命令

命令フォーマット	意味
ldr dst, [base], #sn	dst = memory[base], base += #sn
ldr dst, [base, #sn]!	base += #sn, dst = memory[base]
ldr dst, [base]	dst = memory[base]
ldr dst, [base, #un]	dst = memory[base + #un]
ldur dst, [base, #sn]	dst = memory[base + #sn]

これら命令はすべて、base レジスタとオフセット（#sn または #un）の指すメモリ位置から、dst で指定されたレジスタに値を読み込む命令である。読み込むバイト数は dst が wn レジスタの場合は 4 バイト、xn レジスタの場合は 8 バイトとなる。

ldr 命令はオフセットの指定の仕方や、エクスクラメーションマークの有無といった微妙な表記の違いによって意味が異なってくるため注意が必要である。**表 A-9** の表の 1 番上の表記の場合、データ読み込み後に base レジスタの値も更新され、2 つ目の表記の場合は、データ読み込み前に base レジスタの値が更新される。上から 4 つ目の表記にした場合は base レジスタの値は更新されず、オフセットの値もより広い範囲で指定可能だが、このときオフセット値に負の値は指定できず、さらに dst が wn の場合は 4、xn の場合は 8 の倍数でなければならない。

一方、ldur 命令を用いると、オフセット値に負の値や、4 または 8 の倍数以外の値も指定可能だが、指定可能な値は -256 から 255 の範囲に限られる。実は、**表 A-9** の表の上から 4 つ目の表記でオフセットに負の値や、4 または 8 の倍数以外の値を指定すると、アセンブラが自動的に ldur 命令に変換する。このとき、オフセット値が大きすぎる場合はコンパイルエラーとなる。

ldr 命令は 4 または 8 バイト単位でのメモリ読み込み命令だが、メモリ読み込みをする際にはそれ以外のバイト単位で読み込みたい場合がある。次の表は、ldr 命令以外のメモリ読み込み命令を示しており、これら命令は、この表で示した単位でメモリ読み込みを行う。

表A-10 AArch64の各種メモリ読み込み命令

命令	意味
ldrb	8 ビット符号なし
ldrsb	8 ビット符号付き
ldrh	16 ビット符号なし
ldrsh	16 ビット符号付き
ldrsw	32 ビット符号付き
ldr	32 or 64 ビット

　符号なしと符号付きで命令が異なっているのは、転送先レジスタよりも小さいメモリサイズの読み込みを行う場合に符号拡張する必要があるためである。第 2 オペランドやオフセット値の指定方法は、先に示した**表 A-9** と同じなので詳細は割愛する。また、**表 A-9** で示したオフセット値は即値で指定しているが、これはレジスタで指定することもできる。しかし、レジスタでのオフセット方法についても説明は割愛するので、詳細はマニュアルを参考してほしい。

　次に書き込み命令だが、こちらは読み込み命令とほとんど同じであり、ビット拡張の必要がないため読み込み命令よりも命令数は少なくなっている。次の表に、メモリ読み込み命令を示す。オペランドの指定方法は読み込みのときと同じで、第 1 オペランドで示したレジスタの値を指定したメモリ位置に書き込むという動作になる。

表A-11 AArch64のメモリ書き込み命令

命令	意味
strb	8 ビット
strh	16 ビット
str	32 or 64 ビット

　次のソースコードに、メモリ読み書き命令の利用例を示す。

ASM AArch64

```
ldr     x0, [x1], #16    ; x0 = memory[x1], x1 += 16
ldr     x0, [sp, #-8]!   ; sp -= 8, x0 = memory[sp]
ldr     x0, [x1, #4096]  ; x0 = memory[x1 + 4096]
ldr     x0, [x1, #3]     ; ldur x0, [x1, #3]
ldr     x0, [x1, #301]   ; コンパイルエラー
ldrsw   w0, [x1, #20]    ; w0 = memory[x1 + 20]
                         ; (32 ビット符号付き読み込み)
ldrb    w0, [sp, #-4]    ; w0 = memory[sp - 4]
                         ; (8 ビット符号なし読み込み)
str     x0, [sp]         ; memory[sp] = x0
strh    w0, [sp, #-2]!   ; sp -= 2, memory[sp] = w0
                         ; (16 ビット書き込み)
```

　このように、同じ命令でもオペランドの指定方法によって意味が異なってくるため、注意が必要である。

　最後にレジスタペアの読み書きを行う ldp、stp 命令について簡単に紹介する。これは、2 つの
レジスタの値を、指定したメモリから読み込む、または書き込む命令であり、そのため一度に最大
で 128 ビットの値を読み書きできる。これら命令では、第 1 と第 2 オペランドに読み書きするレ
ジスタを指定し、第 3 オペランドにメモリ上のアドレスを指定し、メモリのアドレス指定方法は
ldr 命令とほぼ同じである。レジスタペア読み書き命令はスタックへのデータ書き込みに利用され
ることが多い。

A.4　条件付き命令実行とジャンプ

　次に本節では、条件付き命令実行と、ジャンプについて説明する。「**A.1　レジスタ**」の節で説
明したように、AArch64 には、N、Z、C、V の条件フラグがあり、これらフラグに条件を決定す
る。また、「**A.2　基本演算命令**」の節でも簡単に解説したが、これらフラグは cmp 命令などで更
新される。次の表は、AArch64 で利用可能な条件命令と、その意味および条件フラグについて示
したものである。この表では整数値のみについて記載しているが、これら条件命令は浮動小数にも
利用される。浮動小数の場合も基本的には同じ意味だが、若干意味が異なっている場合もあるた
め、詳細はマニュアルを参照してほしい。

　次の表は条件付き実行命令を示している。ただし、これら命令のフォーマットは

```
opcode dst, src1, src2, cond
```

となる。

表A-12　AArch64の条件付き実行命令

命令	意味
csel	if cond then dst = src1 else dst = src2
csinc	if cond then dst = src1 else dst = src2 + 1
csinv	if cond then dst = src1 else dst = src2 のビット反転
csneg	if cond then dst = src1 else dst = -src2

　cond 部分にこの表で示した条件を指定する。指定した条件が真ならば単純に dst レジスタに
src1 レジスタの値がコピーされ、偽の場合は src2 レジスタの値に命令に応じた演算がされた後
dst レジスタに値がコピーされる。

　次の表に cond に指定可能な命令を示す。この表では整数値のみについて記載しているが、これ
ら条件命令は浮動小数にも利用される。

表A-13　AArch64の条件命令

命令	意味	条件フラグ
eq	等しい	Z == 1
ne	等しくない	Z == 0
cs	キャリーセット	C == 1
hs	大なり、または等しい（符号なし）	C == 1
cc	キャリークリア	C == 0
lo	小なり（符号なし）	C == 0
mi	負の値	N == 1
pl	負の値かゼロ	N == 0
vs	オーバーフロー（符号付き）	V == 1
vc	非オーバーフロー（符号付き）	V == 0
hi	大なり（符号なし）	(C == 1) && (Z == 0)
ls	小なり、または等しい（符号なし）	(C == 0) || (Z == 1)
ge	大なり、または等しい（符号付き）	N == V
lt	小なり（符号付き）	N != V
gt	大なり（符号付き）	(N == 0) && (N == V)
le	小なり、または等しい（符号付き）	(Z == 1) || (N != V)
al	常に実行	

次の表は、

```
opcode reg, cond
```

という命令フォーマットの条件付き命令である。これら命令も同様に cond に**表 A-13** の表で示した条件を指定する。

表A-14　AArch64の条件セット命令

命令	意味
cset	if cond then reg = 1 else reg = 0
csetm	if cond then reg = -1 else reg = 0

次のソースコードは、条件付き命令の利用例を示している。

```
; ❶
cmp  x1, x2
csel x0, x1, x2, hi ; if x1 > x2 then x0 = x1 else x0 = x2

; ❷
cmp  x1, x2
cset x0, eq ; if x1 == x2 then x0 = 1 else x0 = 0
```

❶ x1 と x2 レジスタを比較し、その大きい方を x0 レジスタに保存。
❷ x1 と x2 レジスタを比較し、等しい場合に x0 レジスタに 1 を、そうでない場合に 0 をセット。

　次にラベルとジャンプ命令について説明する。ラベルとは、人間にわかりやすいように行番号をアルファベットと数字で表したものであり、行番号の別名とも言える。また、ジャンプとは、命令の処理を指定したアドレスへ変更することである。ラベルはコロンで終わる文字列で表され、最後のコロンを除いた文字列がラベル名となり、ニーモニックやレジスタと違い、ラベル名は大文字小文字が区別される。実行ファイルのフォーマットの1つである Executable and Linkable Format（ELF）では、.L で始まるラベルはローカルラベルとされ、関数内のジャンプはローカルラベルを用いて表現される。

　ラベルあるいは指定したアドレスへのジャンプは、無条件分岐命令、または条件分岐命令で行うことができる。次の表は無条件ジャンプ命令の一覧を示しており、ジャンプ先にはラベルかレジスタを指定する。

表A-15　AArch64の無条件ジャンプ命令

命令フォーマット	意味
b label	label へジャンプ
br reg	reg の指すアドレスへジャンプ
bl label	label へジャンプ、かつ x30 = pc + 4
blr reg	reg の指すアドレスへジャンプ、かつ x30 = pc + 4
ret	x30 の指すアドレスへジャンプ
ret reg	reg の指すアドレスへジャンプ

　bl と blr 命令は関数呼び出しに利用され、これら命令を用いてジャンプした場合、関数からの戻りアドレスが x30 レジスタに自動的に保存される。ret 命令は関数からの復帰に用いられる。

　次の表は条件付きジャンプ命令を示しており、これら命令は条件が満たされた場合のみ指定されたアドレスへジャンプする。

表A-16　AArch64の無条件ジャンプ命令

命令フォーマット	意味
b.cond label	cond が真ならばラベル label へジャンプ
cbnz reg, label	レジスタ reg が非ゼロならば、ラベル label へジャンプ
cbz reg, label	レジスタ reg がゼロならば、ラベル label へジャンプ
tbnz reg, #un, label	レジスタ reg の #un 番目のビットが非ゼロならば、ラベル label へジャンプ
tbz reg, #un, label	レジスタ reg の #un 番目のビットがゼロならば、ラベル label へジャンプ

　なお、b.cond 命令の cond 部分には、**表 A-13** の表で示した条件を指定する。また、#un には 0 〜 63 までの即値を指定し、この値で判定するビットの位置を決定する。

　ジャンプの簡単な例として、ループを考えてみよう。具体的には、以下の C 言語のソースコードのアセンブリコードを考える。

C

```
for (i = 0; i < 10; i++) {
    // 何らかの処理
}
```

　上記ソースコードは、次の AArch64 アセンブリコードのように変換できる。なお、.Lloop と
.Lend はラベルとなる。

ASM AArch64

```
    mov  x0, xzr  ; x0 = 0 ❶
.Lloop:
    cmp  x0, #10  ; ❷
    b.hs .Lend    ; if x0 >= 10 then go to .Lend
    ; 何らかの処理

    add  x0, x0, #1 ; x0 += 1 ❸
    b    .Lloop    ; go to .Lloop
.Lend:
```

❶ x0 レジスタの値を 0 に設定しており、これは C 言語の i = 0 に相当。

❷ 比較命令であり、C 言語の i < 10 に相当し、x0 レジスタの値が 10 以上であればループを抜
　けるために、.Lend ラベルへジャンプ。C 言語では < という条件で、アセンブリでは >= とい
　う条件であるが意味的には同じ。

❸ ループ内の処理が終わったら、x0 レジスタの値を 1 加算し、.Lloop ラベルへジャンプ。

A.5　呼び出し規約

　本 節 で は AArch64 の 呼 び 出 し 規 約 で あ る Procedure Call Standard for the Arm 64-bit
Architecture（AAPCS64）[aapcs64] について簡単に説明する。呼び出し規約とは、関数呼び出
しの際に守るべき約束事であり、レジスタの用途などが定められている。AAPCS64 は Linux な
どでも採用されている標準的な呼び出し規約であるが、Windows や Apple の iOS では独自の呼
び出し規約を採用している。

　次の表は AAPCS64 で定義されているレジスタの用途を示している。ここで rn は汎用レジス
タ、vn は浮動小数点レジスタである。

表A-17　AAPCS64定義のレジスタ用途

レジスタ	用途
sp	スタックポインタ
r30	リンクレジスタ
r29	フレームポインタ
r19 ～ r28	callee 保存レジスタ
r18	プラットフォームレジスタ、もしくは一時レジスタ
r17	第 2 プロシージャ呼び出し間一時レジスタ、もしくは通常の一時レジスタ
r16	第 1 プロシージャ呼び出し間一時レジスタ、もしくは通常の一時レジスタ
r9 ～ r15	一時レジスタ
r8	返り値用レジスタ（アドレス渡し）
r0 ～ r7	引数または返り値用のレジスタ
v16 ～ v31	一時レジスタ
v8 ～ v15	callee 保存レジスタ（下位 64 ビットのみ）
v0 ～ v7	引数または返り値用のレジスタ

sp、および r19 〜 r28 と、v8 〜 v15 は、callee、すなわち呼び出された側で保存すべきレジスタであり、関数実行中にこれらレジスタを利用した場合は、関数からリターンする前に関数呼び出し時の値に復帰しておかなければならない。それ以外のレジスタは、関数実行時に破壊される可能性があるため、必要に応じて関数呼び出し側が関数呼び出し前に保存しておく必要がある。

関数への引数は r0 〜 r7 か、v0 〜 v7 レジスタ、もしくはスタックを介して行われる。また、返り値もこれらレジスタを用いて行われるが、大きなデータをリターンしたい場合は r8 レジスタを用いてアドレス渡しでリターンされる。

r16 と r17 レジスタはリンカによって利用されるレジスタであり、一度でジャンプできないような遠くのアドレスにジャンプする際などに利用されるが、それ以外の場合は一般的な一時レジスタとして利用される。また、r18 は OS などに依存して利用されるレジスタであり、AArch64 でアセンブリコードを書く際には、このレジスタを利用することは推奨されない。

r30 レジスタはリンクレジスタと呼ばれる。これは、**表 A-15** の表で説明したとおり、関数リターン時の戻りアドレスを保存するレジスタであり、ret 命令で引数を省略すると、このレジスタに保存されたアドレスにリターンする。また、bl、blr 命令で関数を呼び出すと自動的に戻りアドレスがこのレジスタに保存される。

r29 レジスタはフレームポインタであり、関数内でスタック領域の好きな場所を指すことができる。多くの実装では関数が呼び出された際に sp レジスタの指していた値を、フレームポインタとして利用することが多い。sp レジスタはスタックポインタであるため、必ずスタックのトップを指している必要があるが、フレームポインタはその限りではない。スタックポインタはスタックへ push/pop すると値が変わってしまうが、フレームポインタを関数呼び出し時のスタックポインタの値にすると関数内では常に同じ値となるため、アドレッシングが簡単になるという利点がある。

A.6 例

本節では、実際の AArch64 アセンブリのソースコードを用いて説明を行う。その前に、これまで説明しなかった命令をいくつか次の表に示す。

表A-18 AArch64のその他の命令

命令フォーマット	意味
adr dst, label	label 位置のアドレスを dst に読み込む
udiv dst, src1, src2	dst = src1 / src2 (符号なし)
msub dst, src1, src2, src3	dst = src1 - src2 × src3
svc #imm	スーパバイザーコール

svc 命令はスーパバイザーコールであり、これはユーザランドから OS のコード、つまりシステムコールを呼び出すために利用される。#imm には 16 ビット符号なし整数を指定するが、Linux のシステムコール呼び出しはこの値に 0 を指定して、x8 レジスタにシステムコール番号、x0 〜 x5 レジスタに引数を指定する。システムコール番号は Intel x86-64 アーキテクチャと基本的に同じであり、その値は Linux の include ファイルで定義されている（典型的には /usr/include/asmgeneric/unistd.h)。例えば、write システムコールが 64 番で、exit システムコールが 93 番である。svc 以外の命令はこの表を見ればわかると思うので説明は割愛する。

 システムコールの呼び出し規約については、Linux マニュアルの syscall セクションを参照するとよい。ここでは、返り値は x0 と x1 レジスタに格納されると定義されている。

次のソースコードは、実際に AArch64 Linux 上で動作するアセンブリコードとなる。このソースコードは FizzBuzz と呼ばれる有名なゲームを実装したものである。FizzBuzz とは 1 から 100 まで順番に数えていき、3 で割り切れるときは Fizz を、5 で割り切れるときは Buzz を、3 と 5 の両方で割り切れるときは FizzBuzz を出力するゲームである

例 A-1 fizzbuzz.S ASM AArch64

```
    .text
    .global _start // ❶

    .align 4 // ❷
_start: // ❸
    mov    x19, #1 // ❹
.Lloop:
    cmp    x19, #100
    b.hi   .Lend0
    mov    x0, x19
    bl     FizzBuzz // ❺
    add    x19, x19, 1
    b      .Lloop
.Lend0:
    mov    x0, xzr // ❻
    mov    x8, #93 // exit
    svc    #0

FizzBuzz: // ❼
    stp    x19, x20, [sp, #-16]!

    // if x0 % 15 == 0 then go to .LFB ❽
    mov    x20, #15
    udiv   x19, x0, x20
    msub   x19, x19, x20, x0
    cmp    x19, xzr // x0 % 15 == 0
    b.eq   .LFB

    // if x0 % 3 == 0 then go to .LF
    mov    x20, #3
```

```
    udiv   x19, x0, x20
    msub   x19, x19, x20, x0
    cmp    x19, xzr // x0 % 3 == 0
    b.eq   .LF

    // if x0 % 5 != 0 then go to .Lend1
    mov    x20, #5
    udiv   x19, x0, x20
    msub   x19, x19, x20, x0
    cmp    x19, xzr // x0 % 5 == 0
    b.ne   .Lend1
    adr    x1, buzzStr ; ❾
    mov    x2, #5    // legth of "Buzz\n"
    b      .LWrite
.LF:
    adr    x1, fizzStr
    mov    x2, #5    // legth of "Fizz\n"
    b      .LWrite
.LFB:
    adr    x1, fizzBuzzStr
    mov    x2, #9    // legth of "FizzBuzz\n"
.LWrite:
    mov    x0, xzr
    mov    x8, #64   // write
    svc    #0
.Lend1:
    ldp    x19, x20, [sp], #-16 // ❿
    ret


.data // ⓫
fizzBuzzStr:
    .string "FizzBuzz\n"

fizzStr:
    .string "Fizz\n"

buzzStr:
    .string "Buzz\n"
```

 .text と .data はセクションの始まりを表している。ELF ファイルにはいくつかのセクションがあり、text セクションは実行可能なコードを、data セクションには初期化済みデータが保存される。他にも、未初期化データを格納するための bss セクションや、デバッグ情報を埋め込むセクションなどがある。

❶ _start ラベルはグローバル（外部オブジェクトから参照可能）であることを指定。

❷ これに続く命令は 4 バイトに整列していることを指定。このソースコードでは指定する必要はないが、データなどを埋め込むと 4 バイト整列しない場合があるため必要。

❸ 基本的に何も外部リンクがないアセンブリコードは _start ラベルがプログラムの起点となるのが決まり。C 言語のプログラムでは crt.o と呼ばれるオブジェクト中に _start が定義されており、そこからいくつかのステップを経て main 関数が呼ばれる。このアセンブリコードは外部ライブラリを全く利用しないため、自分で _start を定義。

❹ x19 レジスタに 1 を設定し、x19 レジスタの値が 100 より大きいかを検査して、大きい場合に .Lend0 ラベルへジャンプ。

❺ FizzBuzz 関数を呼び出し、その後 x19 レジスタの値をインクリメントして、.Lloop ラベルへジャンプ。

❻ exit システムコールの呼び出し。exit システムコールに渡す引数を 0 に、exit システムコール番号の 93 を x8 レジスタに設定。その後、svc 命令を用いてシステムコール呼び出し。

❼ FizzBuzz 関数の定義。この関数内では x19 と x20 レジスタを利用しているが、この 2 つのレジスタは AAPCS64 によると callee 保存のレジスタであるためスタックに退避。

❽ 引数である x0 レジスタ値の 15 による剰余を求めている。AArch64 では直接剰余を求める命令がないため、商を求めてから剰余を計算しなければならない。その後、剰余が 0 か（15 で割り切れるかを）チェックして、0 であれば .LFB ラベルへジャンプする。続く行も基本的に同じ。

❾ x1 レジスタに Buzz\n という文字列のアドレスを設定しており、x2 レジスタに FizzBuzz\n の文字列長を設定している。その後、標準出力を表す 0 を x0 レジスタに、write システムコール番号の 64 を x8 レジスタに設定し、システムコール呼び出し。

❿ 関数からリターンする前に、以前保存した x19 と x20 レジスタの値をスタックから復帰させ、その後、関数からリターン。

⓫ 静的データの文字列を表しており、この文字列を write システムコールを用いて出力。

ここで示した例は非常に単純だが、これさえわかれば本書で説明するコードを読むのに苦労はしないだろう。アセンブリ命令すべてを覚える必要はなく、わからなければその都度調べればよい。上記アセンブリコードをコンパイルするためには、次に示すような Makefile を用意するか、これと同じことをコマンドラインから実行すればよい。

make

```
all: fizzbuzz

fizzbuzz: fizzbuzz.o
    ld fizzbuzz.o -o fizzbuzz

fizzbuzz.o: fizzbuzz.S
    as fizzbuzz.S -o fizzbuzz.o
```

```
clean:
    rm -f *.o fizzbuzz
```

付録B
x86-64アーキテクチャ

1971 年に Intel は 4004 という 4 ビットのマイクロプロセッサを発売した。その後、1974 年に 8 ビットマイクロプロセッサの 8080 を発売し、1978 年に 16 ビットプロセッサの 8086 を発売した。x86 アーキテクチャは 8086 から拡張され続きてきたアーキテクチャである。8086 発表の後、Intel は 1985 年に 32 ビット CPU の 80386 を発表した。しかし、続く 64 ビット版 CPU は、Intel ではなく AMD が、x86 互換の 64 ビット CPU アーキテクチャである AMD64 を発表した。

AMD64 が登場するまでは、Intel の x86 アーキテクチャを AMD が互換 CPU として販売していたが、AMD64 登場後は、AMD の AMD64 アーキテクチャを Intel が互換 CPU として販売している。x86-64 はそれらアーキテクチャを総称した名称であり、x64 などとも呼ばれる。x86-64 は 2020 年の現在では、PC、サーバ用途で主流の CPU アーキテクチャであるが、x86 から互換性を保ちつつ拡張が続けられてきたため 8086 の実行バイナリも再コンパイルなしで動作する。実際には OS やライブラリなどの制約があるため難しい面もあるが、それでも、40 年以上も前のコードが動作するというのは凄いことである。本章では、この x86-64 アーキテクチャについて簡単に解説する。

B.1 レジスタ

x86-64 では次の表で示す、合計 16 個の整数値を格納可能なレジスタが用意されている。

表B-1　x86-64の整数値レジスタ

レジスタ	用途
rax	汎用レジスタ、アキュムレータ
rbx	汎用レジスタ、（ベースレジスタ）
rcx	汎用レジスタ、カウンタレジスタ
rdx	汎用レジスタ、データレジスタ
rsi	汎用レジスタ、ソースインデックスレジスタ
rdi	汎用レジスタ、デスティネーションインデックスレジスタ
rbp	汎用レジスタ、ベースポインタ
rsp	スタックポインタ
r8 ～ r15	汎用レジスタ

　このうち、rax から rdx へのアクセスの仕方のみ特徴的で、下位 8 〜 15 ビット目の 1 バイトへとアクセスするためのレジスタが用意されている。この様子は、次の図の一番上に示しているとおりとなる。

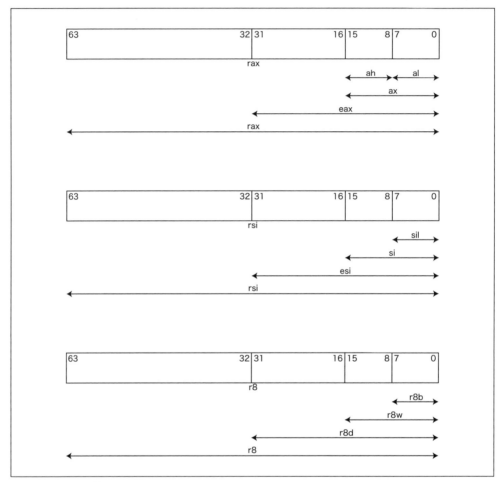

図B-1　x86-64のレジスタ

　つまり、rax レジスタの場合、下位 8 ビットの al、下位 8 〜 15 ビット目の ah、下位 16 ビットの ax、下位 32 ビットの eax レジスタとしてアクセスすることができる。rbx などのレジスタも rax と同じようにアクセス可能だが、rax の a の部分が b や c に変わる。

　rsi から rsp レジスタは**図 B-1** の中央のように、アクセス可能である。rsi レジスタを例に取ると、下位 8 ビットの sil、下位 16 ビットの si、下位 32 ビットの esi レジスタとしてアクセス可能となっている。他のレジスタの場合は、rsi の si の部分が di や bp などに変わる。また、r8 か

ら r15 レジスタのアクセス方法は、**図 B-1** の下に示すとおりであり、これは、rsi などとほぼ同じである。

rax から rsp の 16 ビット以下のレジスタは 8086 から利用可能なレジスタであり、その名残が続いている。一方、r8 から r15 は 64 ビット化に伴って新たに追加されたレジスタとなる。**表 B-1** の表で示されるように、rsp 以外のレジスタは汎用レジスタとして利用可能であるが、rax から rbp レジスタは特定用途で利用される場合もある。

rax レジスタはアキュムレータとしても利用される。すなわち、演算した結果が rax レジスタに保存される。rbx は現在ではただの汎用レジスタとして利用されるのみである。リアルモードと呼ばれる 16 ビット CPU モードでは、1 つのレジスタでは 64 KiB までのメモリ空間しか扱えなかったが、2 つのレジスタを組み合わせてアドレッシングすることで、1 MiB までのメモリ空間を扱えるようにしていた。そのときのベースアドレスとして bx レジスタが利用されたが、64 ビット CPU モードではこのアドレッシング方式は利用されない。rcx レジスタはループカウンタなどに利用されるが、現在では汎用レジスタとしての利用がほとんどである。rdx はデータを保存するレジスタで、64 ビットレジスタ同士の乗算結果 128 ビットのうち上位 64 ビットを保存する目的などでも利用されるが、汎用レジスタとしても利用される。rbp はベースポインタもしくは、汎用レジスタとして利用される。関数呼び出し時にはスタックに必要なデータが push されるためスタックポインタが変更されるが、ベースポインタとは関数呼び出し時のデータが push される前のスタックポインタの指していたアドレスを示す。rsp はスタックポインタとして、r8 から r15 は汎用レジスタとして利用される。

B.2 AT&T記法

x86-64 アセンブリ言語の記法には 2 つの流派があるが、本書では GNU Assembler などで採用されている AT&T 記法と呼ばれる記述を用いる。AT&T 記法の他には Intel 記法もあるが、AT&T 記法を採用する理由は、gcc や clang といったコンパイラを利用する際には、こちらの方が接する機会が多いと考えるからである。AT&T 記法にはいくつかの約束事があるため、まずはじめにそれらについて説明する。

B.2.1 オペレーションサフィックス

ニーモニックとは命令の種類を表すもので、例えば、レジスタ間データコピーの mov 命令や、加算の add 命令がある。AT&T 記法では、このニーモニックの後ろに、引数であるオペランドのサイズを示すためのサフィックスが必要となる。サフィックスの種類は 6 つあり、それぞれ、b（byte の略）が 8 ビット、s（short の略）が 16 ビット、w（word の略）が 16 ビット、l（long の略）が 32 ビット、q（quad の略）が 64 ビット、t が 80 ビット浮動小数点数を表す。例えば、64 ビットレジスタに対する mov 命令は、

ASM x86-64

```
movq %rbx, %rcx ; rbx の値を rcx にコピー
```

と、32 ビットレジスタに対する add 命令は、

```
addl %ebx, %ecx ; ebx と ecx を足して結果を ecx に保存
```

と記述する。

B.2.2　ソースとデスティネーションの位置

　AArch64 の記法と AT&T 記法では、ソースとデスティネーションレジスタの位置が逆になる。つまり、movl %eax, %ebx と記述した場合、eax がソースレジスタで、ebx がデスティネーションレジスタとなる。AArch64 の記法はこの逆で、mov x0, x1 と記述すると、x1 がソースレジスタで、x0 がデスティネーションレジスタとなる。ちなみに、Intel 記法も AT&T 記法の逆で、AArch64 の記法と同じとなる。

B.2.3　メモリアドレッシング

　メモリアドレッシングは、ディスプレイスメント（ベースレジスタ, オフセットレジスタ, スケーラ）という最大 4 つのパラメータを指定して行う。次のソースコードは、完全なアドレッシングの例となる。

```
; rbp - 8 + (rdx * 8) のメモリ上のデータを rax に転送
movq -8(%rbp, %rdx, 8), %rax ; ❶

movq -8(%rsp), %rax ; rsp - 8 のメモリ上のデータを rax に転送 ❷
movq (%rbx), %rax    ; rbx のメモリ上のデータを rax に転送 ❸
```

❶ 4 つのパラメータすべてを指定した例。
❷ 典型的にはパラメータ 2 つのみで、-8(%rsp) と記述されたり、
❸ 1 つのみで (%rbx) と記述されることがほとんど。

B.3　基本演算命令

　本節では、本節で利用する記法について説明したのち、x86-64 の基本演算命令について解説する。AArch64 などの RISC CPU では、メモリアクセスと演算命令は完全に分離されていたが、x86-64 では、基本命令のオペランドにもメモリアドレスを指定できる。そこで、本節では、以下のようなオペランド表記を用いる。

表B-2　オペランドの表記

表記	意味
imm	即値
r	レジスタ
m	メモリ
r/m	レジスタかメモリ
r/imm	レジスタか即値
S	即値かレジスタかメモリアドレス

　実際には、オペランドの組み合わせによってできないパターンもあるが、これらを網羅すると膨大になるため、本書ではすべてを記述しない。実際にアセンブリを書くときには、アーキテクチャマニュアルを参考してほしい［AMD64］、［Intel64］。

B.3.1　データコピー

　次の表が基本的なデータコピー命令となる。

表B-3　データコピー命令

命令とオペランド	意味	説明
mov S, r/m	r/m = S	データコピー
movabsq imm, r	r = imm	8バイトの即値読み込み
movs S, r	r = S	符号付き整数の符号拡張読み込み
movz S, r	r = S	符号なし整数の符号拡張読み込み
pushq S	%rsp = %rsp - 8; (%rsp) = S	スタックへの push
popq r/m	r/m = (%rsp); %rsp = %rsp + 8	スタックからの pop

　mov 系の命令が、レジスタ、メモリ、即値をレジスタかメモリに読み込む命令となる。pushq と popq 命令はスタック操作の命令であり、スタックポインタを保存する rsp レジスタの値も変更される。ここでは、サフィックスに q が付いているため 8 バイト単位で読み出すスタック操作命令となっているが、他のバイトでも行える。ただし、x86-64 では、関数呼び出し時にはスタックポインタは必ず 16 バイト境界にアライメントされていなければならないため注意が必要である。

B.3.2　算術とビット演算命令

　次の表は、加減算とビット演算命令となる。左算術シフトと左論理シフトは結果が同じになるため、どちらを使ってもよい。

表B-4　加減算とビット演算命令

命令とオペランド	意味	説明
inc r/m	r/m = r/m + 1	インクリメント
dec r/m	r/m = r/m - 1	デクリメント
add S, r/m	r/m = S + r/m	加算
sub S, r/m	r/m = r/m - S	減算
neg r/m	r/m = -r/m	符号反転
not r/m	r/m = ~r/m	ビット反転
xor S, r/m	r/m = S ^ r/m	排他的論理和
or S, r/m	r/m = S | r/m	論理和
and S, r/m	r/m = S & r/m	論理積
sal r/imm, r/m	r/m = r/imm << r/m	左算術シフト
shl r/imm, r/m	r/m = r/imm << r/m	左論理シフト
sar r/imm, r/m	r/m = r/imm >> r/m	右算術シフト
shr r/imm, r/m	r/m = r/imm >> r/m	右論理シフト

また、次の表は、8 バイトの乗算と除算命令となる。

表B-5　乗算と除算命令

命令とオペランド	意味	説明
imulq S	%rdx:%rax = S × %rax	符号付き乗算
mulq S	%rdx:%rax = S × %rax	符号なし乗算
idivq S	%rdx = %rdx:%rax mod S; %rax = %rdx:%rax / S	符号付き除算
divq S	%rdx = %rdx:%rax mod S; %rax = %rdx:%rax / S	符号なし除算

　乗算命令の場合、乗算結果 16 バイトのうち、上位 8 バイトが rdx レジスタに、下位 8 バイトが rax レジスタに保存される。除算命令は、16 バイトの除算として行われ商と剰余が同時に計算される。割られる数 16 バイトのうち、上位 8 バイトを rdx レジスタに、下位 8 バイトを rax レジスタに設定すると、rdx レジスタに剰余が、rax レジスタに商が保存される。

B.3.3　比較とジャンプ命令

　次の表は比較とジャンプ命令の一部を示している。

表B-6　比較とジャンプ命令

命令とオペランド	説明
cmp S, r/m	比較命令（減算）
jmp label	無条件ジャンプ
je label	等しいならジャンプ
jne label	等しくないならジャンプ
jl label	小さいならジャンプ
jle label	小さいか等しいならジャンプ
jg label	大きいならジャンプ
jge label	大きいか等しいならジャンプ
call label	関数呼び出し
ret	リターン

　AArch64 と同じく、x86-64 にもフラグレジスタがあり、ゼロフラグ、キャリーとボローフラグ
などのフラグが演算結果によって設定される。cmp 命令の実態は減算命令であり、cmp S, r/m とい
う命令の場合、r/m − S の結果によってフラグが変更される。その後のジャンプ命令では、それら
フラグによってジャンプを行うかを決定できる。決定方法は AArch64 の場合とほぼ同じであるた
め詳細については割愛する。call 命令は関数呼び出しであり、ret 命令は関数からリターンするた
めの命令である。call 命令は、call 命令の次のアドレスをスタックに push してジャンプし、ret
命令は、スタックから戻りアドレスを pop してジャンプする。
　次のソースコードは、x86-64 で階乗を計算する fact 関数を実装したものとなる。

例 B-1　fact.S　　　　　　　　　　　　　　　　　　　　　　　　　　　　　　　ASM x86-64

```
.global fact ; ❶

fact: ; ❷
    movq $1, %rax ; ❸
L1:
    cmpq $0, %rdi ; ❹
    je   L2
    mulq %rdi ; ❺
    decq %rdi
    jmp  L1
L2:
    ret ; ❻
```

❶ fact というラベルがグローバルであることを指示。
❷ fact 関数の定義となる。
❸ 1 を rax レジスタに設定。
❹ rdi レジスタが 0 であるかを検査して、0 ならば L2 へジャンプ。
❺ rdi と rax レジスタの値が乗算され、その結果が rax レジスタに保存。その後、rdi レジスタ
　 の値がデクリメントされ、L1 へジャンプ。
❻ 呼び出しもとの関数へリターン。

　ここで、Linux や BSD の場合は関数名は fact でよいが、macOS の場合は _fact とする必要が
ある。x86-64 の呼び出し規約はいくつか種類があるが、ここでは System V Appication Binary
Interface（ABI）[systemv] に基づいた記述を行う。System V ABI は Linux などでも利用される
呼び出し規約となる。System V ABI では、rdi、rsi、rdx、rcx、r8、r9 のレジスタが整数値の先
頭からの 6 引数を渡すために利用され、返り値は rax レジスタに保存される。
　次のソースコードは、fact 関数を C 言語から呼び出す例となる。

例 B-2　main.c C

```c
#include <stdio.h>

extern unsigned int fact(unsigned int); // ❶

int main(int argc, char *argv[]) {
    unsigned int n = fact(10); // ❷
    printf("%d\n", n);
    return 0;
}
```

❶正の整数型の値を受け取り、正の整数型の値をリターンする関数を fact 関数として定義。
❷単純に C 言語の関数と同じように fact 関数呼び出し。

なお、コンパイルは、

```
$ clang fact.S main.c
```

とすると行える（clang の代わりに gcc を利用しても同じ）。

　以上が x86-64 アーキテクチャと AT&T 記法によるアセンブリの簡単な説明である。x86-64 についてすべてを記述すると本が一冊書けてしまうほどの分量になるため、ここでは非常に簡単に説明した。興味のある読者は他の書籍など［x86_64assembly］で、深掘りするとよいだろう。

参考文献

1 章　並行性と並列性

- ［pathene］D. A. Patterson and J. L. Hennessy. コンピュータの構成と設計 第 5 版. 日経 BP 社，2014.

2 章　プログラミングの基本

- ［rust］The Rust Programming Language, https://doc.rust-jp.rs/book-ja/index.html
- ［c_oreilly］S. Oualline. C 実践プログラミング 第 3 版. オライリー・ジャパン，1998.
- ［kuruc］MMGames. 苦しんで覚える C 言語. https://9cguide.appspot.com/
- ［kuruc_book］MMGames. 苦しんで覚える C 言語. 秀和システム，2011.
- ［meikaic］林 晴比古. 明快入門 C. SB クリエイティブ，2013.
- ［x86_64assembly］Ed Jorgensen. x86-64 Assembly Language Programming with Ubuntu. http://www.egr.unlv.edu/~ed/assembly64.pdf
- ［pointer_oreilly］R. Reese. 詳説 C ポインタ. オライリー・ジャパン，2013.
- ［Turner12］D. A. Turner. Some History of Functional Programming Languages. Trends in Functional Programming (Invited Talk). 13th International Symposium, Lecture Notes in Computer Science, Vol. 7829, pp. 1-20, Springer, 2012.
- ［cyclone］T. Jim, J. G. Morrisett, D. Grossman, M. W. Hicks, J. Cheney, and Y. Wang. Cyclone: A Safe Dialect of C. USENIX Annual Technical Conference 2002, pp. 275-288, USENIX, 2002.
- ［rust_oreilly］J. Blandy and J. Orendorff. プログラミング Rust. オライリー・ジャパン，2018

4 章　並行プログラミング特有のバグと問題点

- ［QinCYSZ20］B. Qin, Y. Chen, Z. Yu, L. Song, and Y. Zhang. Understanding memory and thread safety practices and issues in real-world Rust programs. 41st ACM SIGPLAN International Conference on Programming Language Design and Implementation, PLDI 2020, pp. 763-779, ACM, 2020.

- ［OSConcepts］A. Silberschatz, P. B. Galvin, and G. Gagne. Operating System Concepts Tenth Edition, John Wiley & Sons, Inc., 2018.
- ［unixprog］W. R. Stevens and S. A. Rago. 詳解 UNIX プログラミング 第3版. 翔泳社, 2014
- ［rust_signal］Command Line Applications in Rust - Signal handling, https://rust-cli. github.io/book/in-depth/signals.html

5章　非同期プログラミング

- ［tokio］Tokio, https://tokio.rs/
- ［libevent］libevent - an event notification library, https://libevent.org/
- ［libev］libev, http://software.schmorp.de/pkg/libev.html
- ［Conway63］M. E. Conway. Design of a separable transition-diagram compiler. Commun. ACM, Vol. 6, No. 7, pp. 396-408, 1963.
- ［n_lambda］遠藤 侑介.「コルーチン」とは何だったのか？. n 月刊ラムダノート, Vol. 1, No. 1, pp. 37-53, 2019.
- ［BakerH77］H. G. Baker and C. Hewitt. The incremental garbage collection of processes. SIGART Newsl., Vol. 64, pp. 55-59, 1977.
- ［Halstead85］R. H. Halstead Jr. Multilisp: A Language for Concurrent Symbolic Computation. ACM Trans. Program. Lang. Syst., Vol. 7, No. 4, pp. 501-538, 1985.
- ［LiskovS88］B. Liskov and L. Shrira. Promises: Linguistic Support for Efficient Asynchronous Procedure Calls in Distributed Systems. ACM SIGPLAN'88 Conference on Programming Language Design and Implementation, pp. 260-267, ACM, 1988.
- ［haskellconc］S. Marlow. Haskell による並列・並行プログラミング. オライリー・ジャパン, 2014.
- ［async-std］async-std, https://github.com/async-rs/async-std
- ［smol］smol, https://github.com/smol-rs/smol
- ［glommio］glommio, https://github.com/DataDog/glommio

6章　マルチタスク

- ［DobrikovLP16］I. Dobrikov, M. Leuschel, and D. Plagge. LTL Model Checking under Fairness in ProB. Software Engineering and Formal Methods - 14th International Conference, Lecture Notes in Computer Science, Vol. 9763, pp. 204-211, Springer, 2016.
- ［WongTKW08］C. S. Wong, Ian K. T. Tan, R. D. Kumari, and F. Wey. Towards achieving fairness in the Linux scheduler. ACM SIGOPS Oper. Syst. Rev., Vol. 42, No. 5, pp. 34-43, 2008.
- ［WongTKLF08］C. S. Wong, I. K. T. Tan, R. D. Kumari, J. W. Lam, and W. Fun. Fairness and interactive performance of O(1) and CFS Linux kernel schedulers. International Symposium on Information Technology 2008, Vol. 4, pp. 1-8, 2008.

7 章　同期処理 2

- 〔synccon〕G. Taubenfeld. Synchronization Algorithms and Concurrent Programming, Prentice Hall, 2006

- 〔linux-ticketlock〕Ticket spinlocks [LWN.net], https://lwn.net/Articles/267968/

- 〔Mellor-CrummeyS91〕J. M. Mellor-Crummey, and M. L. Scott. Algorithms for Scalable Synchronization on Shared-Memory Multiprocessors. ACM Trans. Comput. Syst., Vol. 9, No. 1, pp. 21-65, 1991.

- 〔Craig93〕T. Craig. Building FIFO and Priority-Queuing Spin Locks from Atomic Swap. Technical report, 1993.

- 〔LuchangcoNS06〕V. Luchangco, D. Nussbaum, and N. Shavit. A Hierarchical CLH Queue Lock. Parallel Processing, 12th International Euro-Par Conference, Lecture Notes in Computer Science, Vol. 4128, pp. 801-810, Springer, 2006.

- 〔k42〕M. A. Auslander, D. J. Edelsohn, O. Y. Krieger, B. S. Rosenburg, and R. W. Wisniewski. Enhancement to the mcs lock for increased functionality and improved programmability, U.S. patent application 10/128,745, 2003.

- 〔Boyd-Wickizer12〕S. Boyd-wickizer, M. Frans Kaashoek, R. Morris, and N. Zeldovich. Non-scalable locks are dangerous, 2012. https://www.kernel.org/doc/ols/2012/ols2012-zeldovich.pdf

- 〔DiceSS06〕D. Dice, R. Shalev, and M. Shavit. Transactional Locking II. 20th International Symposium, DISC 2006, Lecture Notes in Computer Science, Vol. 4167, pp. 194-208, Springer, 2006.

- 〔cve-2019-11135〕CVE-2019-11135: TSX Asynchronous Abort condition on some CPUs utilizing speculative execution may allow an authenticated user to potentially enable information disclosure via a side channel with local access, https://cve.mitre.org/cgi-bin/cvename.cgi?name=CVE-2019-11135

- 〔cve-2020-0549〕CVE-2020-0549: Cleanup errors in some data cache evictions for some Intel(R) Processors may allow an authenticated user to potentially enable information disclosure via local access, https://cve.mitre.org/cgi-bin/cvename.cgi?name=CVE-2020-0549

- 〔arm-nef〕New Technologies for the Arm A-Profile Architecture, https://community.arm.com/developer/ip-products/processors/b/processors-ip-blog/posts/new-technologies-for-the-arm-a-profile-architecture

- 〔taom〕M. Herlihy, N. Shavit, V. Luchangco, and M. Spear. The Art of Multiprocessor Programming 2nd Edition. Morgan Kaufmann, 2020.

- 〔CalciuGSPH14〕I. Calciu, J. Gottschlich, T. Shpeisman, G. Pokam, and M. Herlihy. Invyswell: a hybrid transactional memory for haswell's restricted transactional memory. International Conference on Parallel Architectures and Compilation, PACT '14, pp. 187-

200, ACM, 2014.

- ［MatveevS15］A. Matveev and N. Shavit. Reduced Hardware NOrec: A Safe and Scalable Hybrid Transactional Memory. Proceedings of the Twentieth International Conference on Architectural Support for Programming Languages and Operating Systems, ASPLOS '15, pp. 59-71. ACM, 2015.

- ［ZhangHCB15］M. Zhang, J. Huang, M. Cao, and M. D. Bond. Low-overhead software transactional memory with progress guarantees and strong semantics. Principles and Practice of Parallel Programming, PPoPP 2015, pp. 97-108. ACM, 2015.

- ［tm］T. Harris, J. Larus, R. Rajwar, and M. Hill. Transactional Memory, 2nd Edition. Morgan and Claypool Publishers, 2010.

- ［Michael04］M. M. Michael. Hazard Pointers: Safe Memory Reclamation for Lock-Free Objects. IEEE Trans. Parallel Distributed Syst., Vol. 15, No. 6, pp. 491-504, 2004.

- ［YangW17］A. M. Yang and T. Wrigstad. Type-assisted automatic garbage collection for lock-free data structures. International Symposium on Memory Management, ISMM 2017, pp, 14-24, ACM, 2017.

- ［KangJ20］J. Kang and J. Jung. A marriage of pointer- and epoch-based reclamation. International Conference on Programming Language Design and Implementation, PLDI 2020, pp. 314-328, ACM, 2020.

- ［HerlihyLM03］M. Herlihy, V. Luchangco, and M. Moir. Obstruction-Free Synchronization: Double-Ended Queues as an Example. In 23rd International Conference on Distributed Computing Systems, ICDCS 2003, pp. 522-529, IEEE, 2003.

8章　並行計算モデル

- ［Turing］A. M. Turing. Computability and λ-Definability. J. Symb. Log., Vol. 2, No. 4, pp. 153-163, 1937.

- ［understanding］T. Stuart. アンダースタンディング コンピュテーション — 単純な機械から不可能なプログラムまで. オライリー・ジャパン，2014.

- ［tapl］B. C. Pierce. 型システム入門 プログラミング言語と型の理論. オーム社, 2013.

- ［HewittBS73］C. Hewitt, P. Boehler Bishop, and R. Steiger. A Universal Modular ACTOR Formalism for Artificial Intelligence. 3rd International Joint Conference on Artificial Intelligence, pp. 235-245, William Kaufmann, 1973.

- ［AghaMST97］G. Agha, I. A. Mason, S. F. Smith, and C. L. Talcott. A Foundation for Actor Computation. J. Funct. Program., Vol. 7, No. 1, pp. 1-72, 1997.

- ［pdcs］C. A. Varela. Programming Distributed Computing Systems: A Foundational Approach. The MIT Press, 2013.

- ［hewitt］C. Hewitt. Actor Model of Computation for Scalable Robust Information Systems. Symposium on Logic and Collaboration for Intelligent Applications, 2017.

- ［MilnerPW92a］R. Milner, J. Parrow, and D. Walker. A Calculus of Mobile Processes. I. Inf. Comput., Vol. 100, No. 1, pp. 1-40, 1992.
- ［MilnerPW92b］R. Milner, J. Parrow, and D. Walker. A Calculus of Mobile Processes. II. Inf. Comput., Vol. 100, No. 1, pp. 41-77, 1992.
- ［Milner92］R. Milner. Functions as Processes. Mathematical Structures in Computer Science, Vol. 2, No. 2, pp. 119-141, 1992.
- ［thepi］D. Sangiorgi and D. Walker. The Pi-Calculus - a theory of mobile processes. Cambridge University Press, 2001.
- ［DardhaGS17］O. Dardha, E. Giachino, and D. Sangiorgi. Session types revisited. Inf. Comput., Vol. 256, pp. 253-286, 2017.
- ［JespersenML15］T. B. L. Jespersen, P. Munksgaard, and K. F. Larsen. Session types for Rust. 11th ACM SIGPLAN Workshop on Generic Programming, WGP@ICFP 2015, pp. 13-22. ACM, 2015.
- ［ImaiNYY20］K. Imai, R. Neykova, N. Yoshida, and S. Yuen. Multiparty Session Programming with Global Protocol Combinators (Artifact). Dagstuhl Artifacts Ser., Vol. 6, No. 2, pp. 18:1-18:2, 2020.
- ［mpst_ocaml］K. Imai. OCaml-MPST. https://github.com/keigoi/ocaml-mpst/

付録 A　AArch64 アーキテクチャ
- ［armv8］Arm Architecture Reference Manual Armv8, for Armv8-A architecture profile, https://developer.arm.com/docs/ddi0487/latest/arm-architecture-reference-manual-armv8-for-armv8-a-architecture-profile
- ［wlarm64］W. U. and L. D. Pyeatt. ARM 64-Bit Assembly Language. Newnes, 2019
- ［aapcs64］Software Standards for the Arm architecture, https://developer.arm.com/architectures/system-architectures/software-standards

付録 B　x86-64 アーキテクチャ
- ［AMD64］AMD64 Architecture Programmer's Manual Volume 1: Application Programming, https://www.amd.com/system/files/TechDocs/24592.pdf
- ［Intel64］Intel 64 and IA-32 Architectures Software Developer's Manual, https://www.intel.com/content/dam/www/public/us/en/documents/manuals/64-ia-32-architectures-software-developer-instruction-set-reference-manual-325383.pdf
- ［systemv］H. J. Lu, M. Matz, M. Girkar, J. Hubička, A. Jaeger, and M. Mitchell. System V Application Binary Interface AMD64 Architecture Processor Supplement (With LP64 and ILP32 Programming Models). 2021. https://gitlab.com/x86-psABIs/x86-64-ABI

おわりに

　以上、本書では並行プログラミングのしくみについて解説した。冒頭で、並行プログラミングの難しいには 2 種類あり、そのうちの 1 つは、並行プログラミングのしくみを理解していないことによる「難しい」であると述べた。本書を読み通した読者は、並行プログラミングのしくみがわからないことによる難しいは解消されたはずだ。また、たとえすべてを読み通していない、あるいは半分程度しか理解できなかったとしても、大きな学びがあったことは約束するので自信を持ってほしい。

　本章では締めくくりとして、ソフトウェア実装時における設計指針と、おすすめ書籍を述べて、最後に本書の執筆に当たりお世話になった方へ謝辞を述べる。

設計指針

　本書では、いくつもの同期処理アルゴリズムや、並行プログラミングのプログラミングモデルについて説明した。しかし、それらをどう使うかについては説明しなかったため、本節では簡単な設計指針を述べる。なお、設計指針は実装するソフトウェアによって大きく異なるため、あくまでも目安として考えてもらってよい。

　まず、一般的なユーザランドアプリケーションについて説明する。Rust 言語でユーザランドアプリケーションを実装するには、async/await がまず第一選択肢に挙がる。async/await では、チャネルやミューテックスなどの同期処理を用いることができるが、まずはチャネルを用いた設計をおすすめする。チャネルを用いることでデータ共有を軽減することができ、ソフトウェアの見通しを向上させることができる。async/await とチャネルによる組み合わせが、現状の Rust では最も抽象度が高く、最初に考慮すべき設計である。一般的なクライアントとサーバソフトウェアを実装する場合は async/await でよいだろう。

　実行速度やメモリ利用効率を特に意識する必要がある場合は、スレッドとミューテックス、スレッドとチャネル、あるいはアトミック処理の利用を考慮しなければならないだろう。async/await ではなくスレッドが適しているソフトウェアは、扱うファイルディスクリプタや IO の数が動的に大きく変化しないようなソフトウェアである。例えば、ネットワークスイッチやルータなどが該当する。

　OS やデバイスドライバなど、ハードウェアに近いレイヤで動作するソフトウェアは、アトミッ

ク処理が重要となる。Rust の用意したアトミック処理を使うことで、CPU アーキテクチャに依存しないソフトウェアを実装することができるため、是非習得してほしい。いまのところ、OS やデバイスドライバでスレッドや async/await を利用することは難しい。しかし、いくつか超えなければならない障害があるが、将来的には async/await を用いて OS やデバイスドライバを記述できる可能性がある。まだ先の話だろうが、今後の発展が期待される。

おすすめ書籍

本節では、並行プログラミングに関する書籍のうち、著者の個人的なおすすめを厳選して紹介する。

- Douglas Earl Comer、『Xinu オペレーティングシステムデザイン改訂 2 版』、KADOKAWA、2020 年

OS の中核機能に OS プロセス管理があるが、それらについて理解することで、並行プログラミングについてより深く理解することができる。OS の書籍はいくつかあるが、個人的なおすすめはこの書籍である。この書籍では実装を含めて OS プロセス管理について解説しており、本書では扱わなかったプロセスの優先度についても言及している。

- Simon Marlow、『Haskell による並列・並行プログラミング』、オライリー・ジャパン、2014 年

本書は Rust 言語を主に利用して解説したが、この書籍では Haskell という関数型言語を用いて並列・並行プログラミングについて解説している。Haskell では並列と並行を型で表現しており、並行、並列について新たな視点を得ることができるだろう。また、Haskell は、本書でも解説したソフトウェアトランザクショナルメモリを実践的に利用できる数少ないプログラミング言語であるため、一見の価値があるだろう。

- Joe Armstrong、『プログラミング Erlang』、オーム社、2008
- Dave Thomas、『プログラミング Elixir（第 2 版)』、オーム社、2020

Erlang 言語は分散コンピューティングを得意とするプログラミング言語である。Elixir 言語は Erlang で実装されたプログラミング言語であり、BEAM と呼ばれる Erlang を実行するための擬似マシン上で動作する。Erlang や Elixir では、ローカル PC 内のプロセス間通信と、PC 間のプロセス間通信がほぼ同じように記述でき、耐障害性を考慮した設計が容易に行えるようになっている。個人的には、Erlang、Elixir は分散コンピューティングという観点だけで見るならば、現状で最良の選択肢であると考えている。

- Maurice Herlihy、Nir Shavit、Victor Luchangco、Michael Spear、『*The Art of Multiprocessor Programming, 2nd Edition*』、Morgan Kaufmann、2020

この書籍も並行、並列プログラミングについて書かれており、特にロックフリーデータ構造について詳しい。本書ではロックフリーデータ構造については初歩的なことのみ解説したが、ロックフリーデータ構造について詳細を知りたい場合は、この書籍を参考にすると良いだろう。ただし、利用しているプログラミング言語が Java であるのが難点ではある。邦訳は 2008 年の第 1 版が『The Art of Multiprocessor Programming：並行プログラミングの原理から実践まで』（アスキー・メディアワークス、2009）として出版されている。

- Daniel Jackson、『抽象によるソフトウェア設計 Alloy ではじめる形式手法』、オーム社、2011

実装のみではなく、形式的なモデル化によって並行プログラミングを理解するのも良い方法である。Alloy はモデル検査と呼ばれる手法でソフトウェアの設計と検証を行うためツールである。モデル検査では対象を論理式で記述して性質を明確にする。Alloy を用いることで、本書で登場したようなアルゴリズムを深く理解でき、さらに、それらアルゴリズムの検証も行うことが可能になる。モデル検査自体はまだまだマイナーな存在ではあるが、状態が複雑になりがちな並行プログラミングでは非常に強力なツールとなる。

謝辞

情報通信研究機構の津田侑博士、金谷延幸氏には本書の査読を行って頂いた。津田博士は情報通信研究機構で Rust 言語を用いて実際にいくつかのプロダクトを開発しており、その経験をもとにされた貴重なコメントをいくつも頂いた。金谷氏にもハードウェア、CPU、ソフトウェア工学に関する深い知見をもとにされた貴重なコメントを多く頂いた。お忙しい中にも関わらずご対応頂いた両名に感謝する。また、『Linux カーネル Hacks』『Debug Hacks』の執筆および『Effective Debugging』の技術監修も担当された大岩尚宏氏にも本書の査読を行って頂いた。大岩氏には技術的な視点に加え、エディトリアルな視点からも大変鋭い指摘を頂いた。お忙しい中対応して頂いた大岩氏に感謝する。大阪大学の修了生で、現在 NTT コミュニケーションズで活躍されている竹中幹氏にも査読を行って頂いた。見つけにくいバグをいくつも発見して頂き感謝する。
北陸先端科学技術大学院大学 博士後期課程 在学中の三浦良介氏にも、2 章の Rust 言語についてコメントを頂いたことを感謝する。ソフトバンク株式会社および、ソフトバンク株式会社の堀場勝広博士には、セッション型についての研究のサポートを頂いた。堀場博士はコンピュータネットワークが専門ながら、ソフトウェア工学の知見をネットワーク分野にも活かしたいという考えを持ち私と志を同じくする。堀場博士およびソフトバンク株式会社のサポートに感謝する。オライリー・ジャパン編集部の赤池涼子氏には、本書執筆に当たりさまざまな助けを頂き感謝する。氏の助けがなければ、本書が世に出ることはなかっただろう。また、本書の執筆の支えとなり、リレー

走のイメージ図を描いて頂いた妻の文恵にも感謝する。

索　引

● 著者紹介

高野 祐輝 (たかの ゆうき)

コンピュータサイエンティストでハッカー。石川高専、北陸先端科学技術大学院大学を経て、2012 年に情報通信研究機構へ入所。2018 年 10 月からは大阪大学 特任准教授として教鞭を執る。現在は、システムソフトウェアとプログラミング言語理論の融合を模索すべく、Rust 言語でプログラミング言語処理系、OS、ファームウェア、セッション型システムなどの設計・実装を行っている。博士（情報科学）。

● 査読協力

津田 侑 (つだ ゆう)

国立研究開発法人情報通信研究機構 サイバーセキュリティ研究室 主任研究員。サイバー攻撃対策の研究開発に従事し、その中で Rust 言語を用いたプロジェクトをいくつか進めている。Ruby 好き。京都大学博士（情報学）。

金谷 延幸 (かなや のぶゆき)

1992 年に株式会社富士通研究所へ入社し、現在は国立研究開発法人情報通信研究機構に出向中。サイバー攻撃対策の研究開発に従事。オライリーの Perl 本をすべて所有する Perl 好き。

大岩 尚宏 (おおいわ なおひろ)

サーバー向けや組み込み向けの Linux において、ユーザー空間・カーネルを問わず、調査や不具合の解析をしている。共著書に『Debug Hacks—デバッグを極めるテクニック＆ツール』、『Linux カーネル Hacks—パフォーマンス改善、開発効率向上、省電力化のためのテクニック』、技術監修書に『Effective Debugging—ソフトウェアとシステムをデバッグする 66 項目』ほか。

竹中 幹 (たけなか もとき)

大阪大学、同大学院を卒業・修了後、2021 年にエヌ・ティ・ティ・コミュニケーションズ株式会社に入社。学生時にはネットワーク防御システムの研究を行い、現在はネットワークの構築や自動化の研究開発を行っている。

● カバー説明

表紙はハシナガチョウチョウウオ（英語名 Copperband Butterflyfish、学名 Chelmon rostratus）です。鮮やかな黄色の縞模様と長い「吻」が特徴的です。西太平洋とアンダマン海から琉球諸島、オーストラリア周辺の海で姿を見ることができます。雌雄同体で体長は約 20 センチ、水深 1 〜 25 メートルのサンゴ礁や岩場、河口付近に単独またはつがいで生息します。その長い吻でサンゴや岩の間に隠れている小型の甲殻類を捕食します。その鮮やかな外見から観賞用として人気がありますが、縄張り意識が強く、また餌付けしにくいことから、飼育の難易度は高いとされています。

並行プログラミング入門
―Rust、C、アセンブリによる実装からのアプローチ―

2021年 8 月20日　初版第1刷発行
2021年10月14日　初版第2刷発行

著　　　者	高野　祐輝(たかの　ゆうき)	
発　行　人	ティム・オライリー	
制　　　作	スタヂオ・ポップ	
印刷・製本	日経印刷株式会社	
発　行　所	株式会社オライリー・ジャパン	
	〒160-0002　東京都新宿区四谷坂町12番22号	
	TEL　(03)3356-5227	
	FAX　(03)3356-5263	
	電子メール　japan@oreilly.co.jp	
発　売　元	株式会社オーム社	
	〒101-8460　東京都千代田区神田錦町3-1	
	TEL　(03)3233-0641(代表)	
	FAX　(03)3233-3440	

Printed in Japan (ISBN978-4-87311-959-5)
落丁、乱丁の際はお取り替えいたします。